なるほど微積分

村上 雅人 著

# なるほど微積分

海鳴社

# まえがき

　1971年にカリフォルニア州の高校に通っていた時の話である。有名な米国の上院議員が来校し演説を行った。その中で、議員は自らの体験として高校の授業の中でもっとも退屈かつ無駄であったのが、数学と物理だったと唱えた。会場からやんやの喝采を浴びた彼は、得意満面に、その証拠に数学なんぞまったくできなかった自分が上院議員として活躍している。国政をつかさどるのに数学など全く役に立たない何よりの証拠だとのたまうた。(ついでにアメリカ社会で成功するためにも。)

　当時アメリカの多くの高校では、すでに数学は必修ではなく選択科目のひとつであったから、政治屋(政治家とは呼ばない)の演説の中で、あえてそんなことを強調する必要もないのにと思ったが、よほど数学へのうらみが強かったのであろう。といっても、数学に限らず、当時の高校での必修科目は数えるほどで、ほとんどが選択科目であったから、多くの生徒は勉強などせずに、せっせとバイトで稼いでいた。

　その後のアメリカの凋落については、あえて言うまでもないが、多くの有名企業や銀行が危機に瀕し、ジャパンバッシングが始まったのもこの頃であったと記憶している。Japan as No. 1 などと持ち上げられ、アメリカのつぎに世界を支配するのは日本であると誰もが思っていた。

　しかしその後、アメリカは必死になって日本の教育制度(制度ではなく教育方針かもしれないが)を見本とした教育改革に乗り出した。アメリカ国民もかつての「自由だけがすべて」という考えを反省し、自由を享受するためには、義務も果たさなければならないという責任感を思い起こした。そして、多くのひとが日本にみならって努力する大切さを認識するようになった。

　ところが、見本となった日本では、受験ひとすじという教育への反省から、「ゆとり教育」が始まった。理系出身の人間が社会では重用されないという官僚社会の悪しき慣習も手伝って、子供の理数科ばなれは強まり、小学校の算数さえできない大学生で日本中が溢れかえるようになった。バブルのせいにされるが、国力もすっかり衰え、現在では回復のきざしさえ見えていない。

　一方、アメリカはかつての栄光を取り戻し、その栄華を極めるかに見えた。ところが、面白いことに1999年に米国上院の院内総務と呼ばれる偉い(？)

ひとが、演説で「数学など人間生活や社会にとって何の役にも立たないから、学校で苦労して勉強する必要はない」という発言をしたとアメリカの新聞が報じた。歴史は繰り返すというが、1971 年の議員の演説とよく似ていて面白いと感じていたら、どうした符合か、アメリカの凋落が再び始まった。

　日本でも、数学の勉強など必要ないと唱える御仁は結構多い。あるひとが「世に数学など用なし」と言ったら、有名な数学者が「それは世ではなく、予のまちがいだろう」と諌めたというエピソードがある。

　認識の差はあろうが、現代社会がスムースに動いているのは、多分に数学のおかげである。給料や税金の計算にも数学が使われている。電話やテレビなども含めて、すべての電化製品には、何らかのかたちで数学が関与している。数学がなくとも不自由はないと感じているひとであっても、間接的に数学の世話になっているのである。

　これだけ数学がいたるところで利用される理由は簡単で、その高い論理性と汎用性にある。つまり、数学には例外がないので、だれもが安心して使うことができる。世界で唯一の共通言語でもある。日本では $1+1=2$ なのに、海外では $1+1=3$ となったのでは、とたんにあらゆる機械が誤作動を起こすであろう。

　あまり認知されていないが、数学にはもうひとつ重要な役割がある。数学の問題を解くときには、論理的な思考力が要求される。つまり、子供たちにとって、一見何の役にも立たない数学であっても、数学問題を解く過程で、自然と論理的思考力を養う訓練をしているのである。現在の日本社会に蔓延した数学ばなれ（あるいは数学嫌い）は、近い将来日本から「論理性」という言葉が消失することを意味しているのではなかろうか。

　本書で紹介する「微積分」は専門分野だけではなく、一般社会においても重要な数学の分野である。しかも、そのアプローチ手法は、数学に限らず、われわれがなんらかの問題に直面したときの対処法のお手本となるものである。

　皮肉にも、微積分は多くのひとが習うだけに、多くのひとに毛嫌いされるという側面を持っている。また、微積分に対する認識も、計算問題あるいは公式を丸暗記して解答を得る退屈な数学といった程度である。これでは、せっかく微積分という人類にとって貴重な財産を生み出してくれたニュートンやライプニッツに申し訳ない。

　数学の大御所までひきあいに出して、少し大袈裟になったが、本書で示したかったのは、微積分の効用である。ただし、それを理解するためには、そ

## まえがき

の本質を知る必要がある。そこで、数学に興味のある高校生ならばある程度理解できるように微積分の基礎から紹介した。さらに、それが専門課程や研究分野でどのように利用されているかも紹介したつもりである。本書がきっかけとなって、微積分が単なる計算問題ではなく、数学における人類の至宝のひとつであるということを理解していただければ幸甚である。

2001年3月 　　　　　　　　　　　　　　　　　　　　　　　　　　著　者

# もくじ

まえがき ………………………………………………………………… 5

序 章　微積分とは何か ………………………………………………… 11
　　　　0.1　微積分は無駄な学問か？　11
　　　　0.2　微分とは？　12
　　　　0.3　積分とは？　15
　　　　0.4　微積分の効用は？　15
　　　　0.5　微積分の数学的意味　16

第1章　微分とは何か …………………………………………………… 17
　　　　1.1　微分の定義　17
　　　　1.2　関数の微分　18
　　　　1.3　微分の基礎公式　30
　　　　1.4　高階導関数　33
　　　　1.5　指数関数　35
　　　　1.6　自然対数と常用対数　36
　　　　1.7　三角関数　40
　　　　1.8　合成関数の微分　44
　　　　1.9　逆関数の微分　47
　　　　1.10　偏微分　51
　　　　1.11　全微分　56
　　　　1.12　導関数の応用　58
　　　　補遺 1-1　弧度法　70
　　　　補遺 1-2　三角関数の公式　71
　　　　補遺 1-3　$\sin\theta/\theta$ の極限　75
　　　　補遺 1-4　その他の三角関数　76

第2章　積分とは何か …………………………………………………… 78
　　　　2.1　不定積分　78
　　　　2.2　積分の効用　80

  2.3 定積分 83
  2.4 一般の関数の積分 92
  2.5 置換積分 98
  2.6 部分積分 101
  2.7 積分公式 106
  2.8 重積分 111
  2.9 定積分の応用 125
  補遺 2-1 原始関数の微分 138

第 3 章 微分を利用して関数を展開する····························*140*
  3.1. 関数の級数展開 140
  3.2. 指数関数の展開 142
  3.3. 三角関数の展開式 143
  3.4. 対数関数の展開 146
  3.5. 級数展開を微積分に利用する 150
  3.6. オイラーの公式 156
  3.7. 三角関数と双曲線関数 162

第 4 章 テーラー展開·······································*167*
  4.1. テーラー展開の一般式 167
  4.2. テーラー展開と微分の関係 169
  4.3. テーラー展開の実際 169
  4.4. テーラー展開の意味 170

第 5 章 微分方程式·········································*176*
  5.1. 微分方程式をつくる 177
  5.2. 指数関数を利用した微分方程式の解法 185
  5.3. 電気回路の解析 191
  5.4. 特殊関数 197
  5.5. ベッセル微分方程式 198
  5.6. ルジャンドル微分方程式 204
  5.7. 偏微分方程式 207
  補遺 5-1 微分方程式の分類 209

第 6 章 フーリエ級数展開·····································*215*
  6.1. フーリエ級数 215
  6.2. フーリエ級数展開の一般式 222

　　　　6.3.　任意の周期のフーリエ級数展開　224
　　　　6.4.　熱伝導方程式の導出　226
　　　　6.5.　フーリエ級数による偏微分方程式の解法　227
　　　　6.6.　波動方程式　230

第7章　ラプラス変換　　　　　　　　　　　　　　　　　　　　　236
　　　　7.1.　ラプラス変換の定義　237
　　　　7.2.　ラプラス変換による微分方程式の解法　244
　　　　7.3.　ラプラス変換の利用分野　247
　　　　補遺 7-1　ラプラス逆変換　248

第8章　複素積分　　　　　　　　　　　　　　　　　　　　　　　250
　　　　8.1.　複素積分の特徴　250
　　　　8.2.　なぜ $\oint_C f(z)dz = 0$ か？　250
　　　　8.3.　$\oint_C f(z)dz \neq 0$ はどんな場合か？　254
　　　　8.4.　なぜ複素積分の値は一定か　255
　　　　8.5.　複素積分による実数積分の解法　255
　　　　8.6.　複素積分の真髄　260
　　　　8.7.　留数とは何か？　261
　　　　8.8.　ローラン級数展開　262
　　　　8.9.　ローラン展開と留数　263
　　　　8.10.　留数の求め方　263
　　　　8.11.　留数が複数ある場合　265
　　　　8.12.　複素積分を使う　266
　　　　8.13.　複素積分のパターン　269

終　章　微積分と無限　　　　　　　　　　　　　　　　　　　　　277
　　　　E.1.　数学的な無限　278
　　　　E.2.　オイラーの誤解　282
　　　　E.3.　特異点と無限——微分によるアプローチ　285

索　引　　　　　　　　　　　　　　　　　　　　　　　　　　　　291

# 序章　微積分とは何か

## 0.1. 微積分は無駄な学問か？

　世の中には、お金の勘定は別として、数学を全く使わずに一生を過ごすひとも多い。高校生のころに仕方なくかじったものの、大学入試さえ終われば後は数学など必要ないというのも確かである。意外に思うかもしれないが、理工系の研究者であっても、数学とは無縁というひとが多いのである。

　しかし、数学を知っているのと知らないのでは、人生に大きな違いが出る。これは、音楽や芸術が人生になくとも生きていけるということとよく似ている。生きるために必須ではないが、それに出会えば人生が豊かになる。

　物事を眺める時に、数学的思考を取り入れると違った側面が見えることがよくある。なかでも「微積分」は重要な数学的思考法そのものであり、多くの分野に波及効果がある。その手法を知っているのと知らないのでは、何らかの現象を解析するときに大きな差が出る。それについては、おいおい本書で明らかにしていきたい。

　数学の特長は、首尾一貫した論理性にある。多くの学問で許される例外が、数学では全く認められない。これが、国の制度や法律であれば、政治家や官僚が自分達の都合のよいように、ねじ曲げて解釈するため、まったく論理的な議論が通じない。数学は、こんないい加減を許さない世界である。

　さらに高度に抽象化されているため、言語が通じなくとも、数学は世界中のひとが同じ土俵で取り組むことができる。いわば、誰にでも開かれた学問である。それだからこそ、大きな発展を遂げるとともに、誰にでも利用できる道具となっているのである。どんなにまずしい人であっても、その人が数学を使うことを拒んだりはしない。これが言語となると、例外のオンパレードであるから、同じ国の中でさえ通じない場合がある。

　また、数学には裏切られることがない。つまり、筋道をたてて取り組めば必ず正しい答えが得られる。（すべての問題に解があるわけではないが。）数学を経済に利用して大損をしたという話を聞くが、それは数学が悪いのではなく、それを利用する人間が使い方を間違えたからに他ならない。その記録さえ残っていれば、どのような間違いを犯したかの分析を行うことも可能で

ある。

　数学の不幸は（というよりも学校で数学を習う生徒の不幸は）、じっくり時間をかけて、その効用を学習するのではなく、ある決まった期間に、ここまでマスターしなければ落伍者のレッテルを貼られる体制にある。教育の宿命ではあるが、走りの好きなひとでも、明日までに 100m を 10 秒で走らなければダメ人間と言われたら、走る気はなくなるであろう。

　数学教育では、その楽しさや効用を実感する前に、過剰なノルマ達成のために疲労困憊してしまうケースが圧倒的に多い。その代表が微積分と言われている。本来、「微積分」は数学手法として強力な武器であり、それを使いこなせば、理工系だけではなく経済においても便利な道具であるのだが、大部分のひとはそれを実感することができない。

　もちろん、「微積分」が数学の重要な一分野であることは多くのひとが認めるところであり、そもそも、それが高校の教科課程に「微積分」が組み入れられている理由である。ところが、習う側は、とにかくノルマ達成が先で、何のために、こんなものを習うのかを考える余裕もない。

　しかも、効率よく微積分をマスターするためには、多くの公式を丸暗記する方が手っ取りばやい。このため、機械的な計算ができても、それがどんな意味を持っているかまで知ることができない。実際に微積分を単なる計算問題と考えている学生が圧倒的に多い。多くの教科書にも「この公式を覚えていると計算を解くのに便利である」とか「この公式は、よく試験問題にでるから重要である」などと書いてあり、やはり微積分は、できるだけ速く計算するのが大事なのだと思い込まされてしまう。こんなに苦労しても、その後、微積分を使う機会がないのでは、なんと無駄な学問だと思うのも当然である。

　そこで、まず微積分を計算問題としてではなく、微分と積分がどんな意味を持っているかを考えてみよう。

### 0.2.　微分とは？

　微分の「微」という字は、微細、微小、極微というように、何か小さいものという意味を持っている。英語で微分は differentiation であるが、これを和訳すれば「区分する」という意味である。実際に、微分とは、とにかく小さい単位に区分する作業（微細に区分するから微分）に相当する。

　あえて言えば、微分とは機械の解体作業である。例えば、車のことをよく知りたいとする。どうやって走るのか。ギヤチェンジはどうなっているのか。ブレーキはどのようにして働くのか。これらのことを知りたいとしたら、ど

序章　微積分とは何か

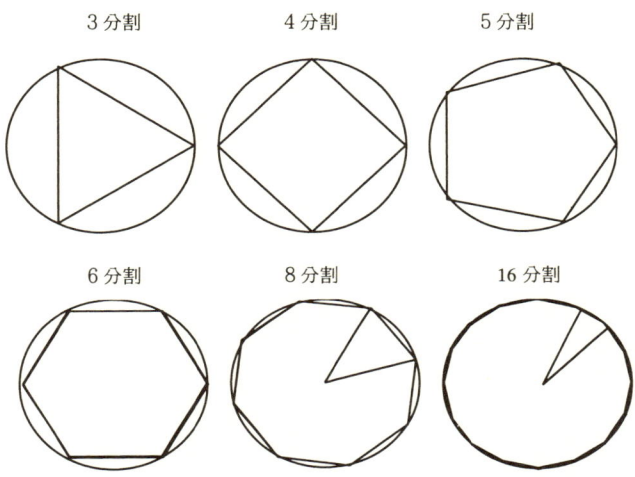

**図 0-1**　円のかたちを解析するときに、円周を等分し、分割点を直線で結ぶ。分割数が少ないうちは円とはほど遠いが、分割数が増えるにしたがって、本来の円のかたちに近づいていく。分割数を増やすと、直線で近似できることが微分の利点である。

うするだろうか。外見だけ見ていたのでは、もちろん分からない。そこで、車を解体して、それぞれのパーツに分解する。すると、ギヤが大きさの違う歯車の組み合わせでできていたり、ブレーキはオイルの圧力でタイヤホイールを押さえつけて回転を弱めるという機構が、はじめて分かる。

微分も、まさに分解して解析する作業である。ただし、数学の微分では、ばらばらに分解するのではなく、分解したパーツの大きさ（あるいは幅）をできるだけ等しくするような工夫をする。こうしないと、数学的にきちんと解析ができないからだ。

これは、図を使って説明した方が分かりやすい。いま、何らかの方法で、図0-1の円（のかたち）を解析したいとする。解析するには、いくつもの方法が考えられるが、とりあえず、円をいくつかのパーツに分解して解析するとしよう。このため、円周を同じ大きさに分割する。もちろん、円弧に沿った曲線で分割できれば問題がないが、それでは、図形のかたち、つまり曲線のかたちが違ったら、うまく対処できない。どんな図形にも対応する汎用性を持たせるには、円上の分割点を直線で結ぶのが簡単である。（この方法であれば、どんな曲線にも対応できる。）ところが、図から明らかなように、3分

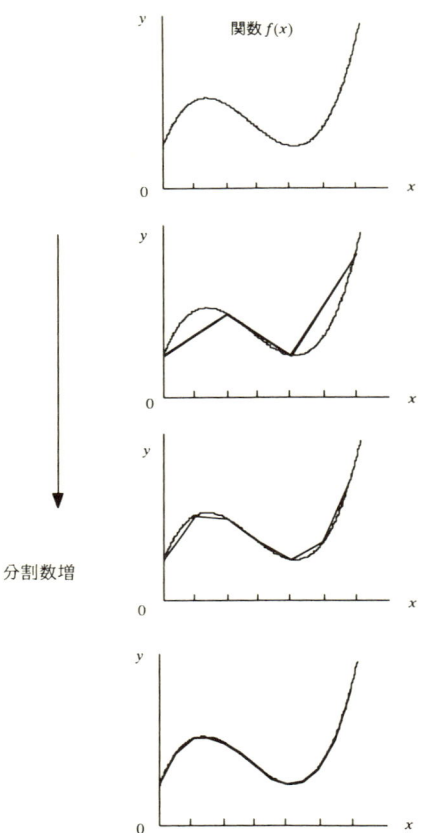

**図 0-2** 関数のグラフの微分解析。円の場合と同様に、グラフを同じ間隔（$x$ の範囲）で分割し、それらを直線で結ぶと、分割数が増えるにしたがって本来の関数のグラフに近づいていく。

この手法は、あらゆる関数に適用できるという汎用性がある。

割や4分割したぐらいでは、円とはほど遠いかたちをしており、あまり意味がないように思える。

しかし、分割数が増えるに従って、事態は変わってくる。6分割、8分割となると、分割点を直線で結んでも、円のかたちに近づいてくる。そして、16分割までいくと、ほぼ円と呼んでも差し支えのないかたちに近づくことが分かる。

この作業をさらに続けて、分割数を限りなく小さくした極限では、直線で分割したとしても（といっても、もはや点であるが）、本来の円のかたちが得られるはずである。（これを証明するのは難しいが。）この操作が微分である。

序章　微積分とは何か

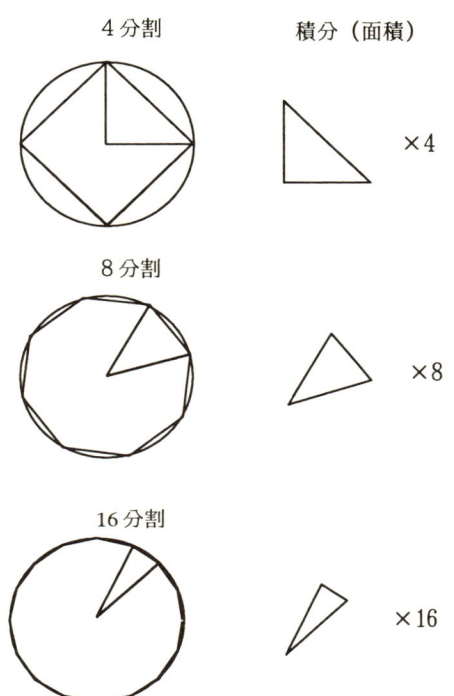

図 0-3　積分は、微分で区分された部位（パーツ）を統合する作業である。円弧を直線で分割したものを足しあわせれば円になる。また、同じ大きさの三角形に分割したものを足しあわせれば、円の面積が得られる。この場合も、区分する数が増えれば、真の値に近づいていく。

　もちろん、この方法は円に限らず、すべての図形に適応できる。
　より一般的には関数のグラフを多くの直線（パーツ）に分解して近似する作業が、数学の分野における微分の代表例である。例えば、図 0-2 のような曲線を、適当な大きさのパーツに分割してそれぞれの点を直線で結ぶと、曲線のかたちの解析ができる。分割数が少なければ、もとの曲線とは程遠いが、分割数が増えるにしたがって、本来のかたちに近づいていく。そして、分割数を限りなく小さくした極限では、（それぞれの微小部分では曲線の傾きを与える）本来の曲線を表現することができるようになる。

## 0.3.　積分とは？

　それでは、積分はなにか。英語では integration という。日本語に訳すと「部分をまとめて統合する」という意味になる。車の解体で考えれば、積分とは、分解されたパーツを足し合わせて、車をつくる作業に相当する。
　積分とは分割された部分の足し合わせである。先程の円で考えれば、この

場合の分割の単位（パーツ）は、円弧を分割した1個1個の直線である。これを全部組み合わせて統合すれば、円となる。

実は、これを拡張すると積分は面積を求める作業にも通じる。上の例は、円弧を小さい部分に分割したパーツを統合すると円になるというものであったが、このパーツを、図0-3に示したような、円周上の2点と円の中心を頂点とする三角形と考える。すると、これらパーツを足しあわせれば、この円の面積を近似できる。この場合も、分割数を増やせば増やす程、より正しい値に近づいていき、結局、極限では正確な面積が求められる。これが積分である。

### 0.4. 微積分の効用は？

ただし、微積分は、図のかたちを近似したり、面積を求めるだけが、その効用ではない。何らかの現象を数学的に解析を行う場合の基本と考えた方が良い。つまり、ある現象を分解して、自分が分かりやすい状態で解析を行ったあとで、それを統合して全体像を得る。これが、微積分の典型的な解析パターンである。

人間複雑なことをやろうとしても限界がある。下手にいっきに片付けようとすれば、結局は失敗してしまう。これに対し、地道に一歩一歩進めば、どんなに複雑な現象でも解析はそれほど難しくない。そのうえで、それらを統合すれば、正しい解析ができる。これが微積分の効用である。

わたしは、「微積分」は、まさに「千里の道も一歩から」という諺に相通ずる手法と思っている。千里の道を見たのではどうしたらよいか迷ってしまうが、一歩一歩進んで行けばやがて走破することが可能である。微分は一歩一歩であるが、積分すれば千里になる。少し考えれば、この手法があらゆる分野で利用価値の高い思考法であることが分かるであろう。

### 0.5. 微積分の数学的意味

ここで、数学的な見地から微積分をまとめると、「微分」とは、ある現象がどのように変化するかを局所的に調べる手法であり、「積分」は、その情報をもとに、変化を統合した結果がどうなるかを見極める手法である。いわば、現象の全体を調べる手法と言える。

本書では、微積分の基礎の理解からはじめて、その効用が実感できるような構成にしたつもりである。それでは、実際に微積分の本質に迫ってみよう。

# 第 1 章 微分とは何か

 序章で紹介したように、微分 (differentiation) とは、図形や曲線などを小さな単位に分割して解析する手法である。いきなり、複雑な図形全体を解析しろと言われても対処のしようがないが、それを微小なパーツに分けて、それぞれの部分を解析することはそれほど苦にならない。それが、微分の大きな効用である。

 それでは、微分は数学的にどういう意味を持つものなのだろうか。序章では、微分は局所的な変化の度合を調べる手法であると紹介した。この変化をどのように数学的に扱うのかを、その定義式をもとに考えてみる。

## 1.1. 微分の定義

 微分は、ある関数 $f(x)$ が与えられた時、次の式で定義される。この結果、得られた関数を $f(x)$ の導関数 (derivative) と呼ぶ。

$$\frac{df(x)}{dx} = f'(x) = \lim_{\Delta x \to 0} \frac{f(x + \Delta x) - f(x)}{\Delta x}$$

ここで右辺の意味を考えてみよう。

 図 1-1 に示すように $f(x)$ という関数において、$x$ という点から $\Delta x$ だけ離れた点の関数の値が $f(x+\Delta x)$ である。よって、この式の分子 (numerator): $f(x+\Delta x) - f(x)$ は、分母 (denominator) の $x$ が $\Delta x$ 増えた時に、どの程度 $f(x)$ が増えるかを示すもので $\Delta f(x)$ と書ける。つまり

$$\frac{f(x + \Delta x) - f(x)}{\Delta x} = \frac{f(x + \Delta x) - f(x)}{(x + \Delta x) - x} = \frac{\Delta f(x)}{\Delta x}$$

であって、$\Delta x$ 区間における関数 $f(x)$ の平均の傾きを与えることになる。よって、序章で紹介したように、微分の定義式は、関数がどのように変化をするかを示すものである。

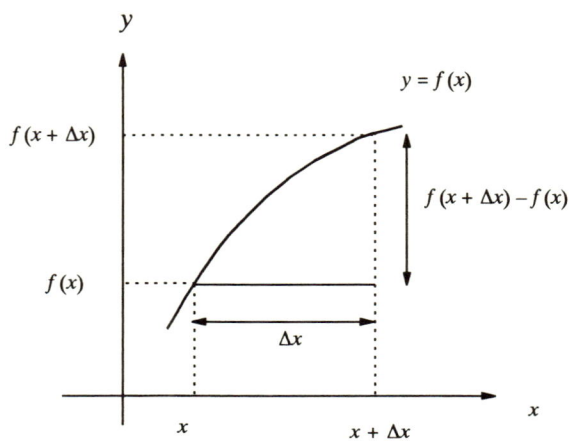

**図 1-1** 関数 $f(x)$ のグラフ。
$(f(x+\Delta x)-f(x))/\Delta x$ は区間 $x$ から $x+\Delta x$ までの平均の傾きを与える。

   lim は英語の limitation: 極限の略で、lim の下に $\Delta x \to 0$ と表記すると、それは $\Delta x$ が 0 に近づいていくと、どんな値に近づくかを意味している。
   よって、微分は、$\Delta x$ をどんどん小さくしていった時に、$f(x)$ の傾きが、どうなるかを求めるものである。この極限では、$\Delta$ を $d$ に置き換えて $df(x)/dx$ と表記するのが通例である。つまり、図 1-2 に示すように、導関数 $df(x)/dx$ は点 $x$ における関数 $f(x)$ の傾きを与えることになる。あるいは、関数が $x$ の増加とともに、どのような変化をするかを示す指標とも言える。また微分は、関数 $f(x)$ をグラフにプロットした時の点 $x$ における接線の傾き (the slope of tangent) にも対応している。それでは、いくつかの関数で、具体的に微分を計算してみよう。

## 1.2. 関数の微分

### 1.2.1. 定数および 1 次関数の微分

まず、$f(x) = 3$ を考える。これは、どの点においても値が 3 の関数であるの

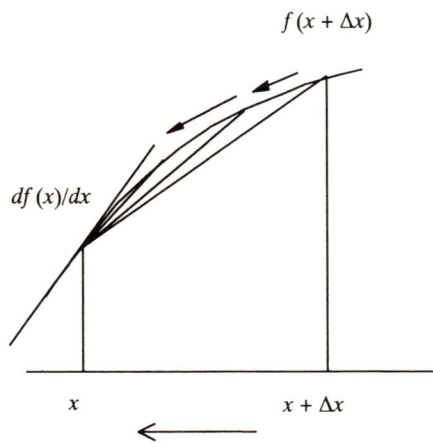

**図 1-2**　図 1-1 において $\Delta x$ を小さくするということは、点 $x$ にどんどん近づいていくことに対応する。その極限では、$(f(x+\Delta x)-f(x))/\Delta x$ は点 $x$ における傾き、あるいは接線の傾きとなる。

で、グラフ化すると、図 1-3 に示したように、$y$ 軸 ($y$ axis) と 3 で交わる $x$ 軸 ($x$ axis) に平行 (parallel) な直線 (straight line) である。この場合 $f(x)=3$、$f(x+\Delta x)=3$ であるから、

$$\frac{df(x)}{dx} = \lim_{\Delta x \to 0} \frac{f(x+\Delta x)-f(x)}{\Delta x} = \frac{3-3}{\Delta x} = 0$$

となって、微分はゼロとなる。つまり、このグラフは変化しないことを示しており、$f(x)=3$ のグラフの傾きが 0 であることに対応する。つまり、定数関数 (constant function) の微分は常にゼロ（変化はない）である。

次に、$f(x)=2x$ を考える。

$$\frac{df(x)}{dx} = \lim_{\Delta x \to 0} \frac{f(x+\Delta x)-f(x)}{\Delta x} = \lim_{\Delta x \to 0} \frac{2(x+\Delta x)-2x}{\Delta x} = \lim_{\Delta x \to 0} \frac{2\Delta x}{\Delta x} = 2$$

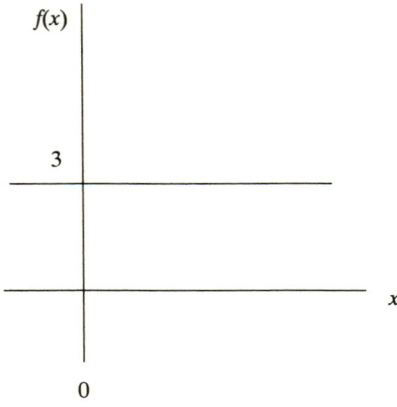

図 1-3　定数関数 $f(x) = 3$ のグラフ。傾きは 0 である。つまり、変化がない。

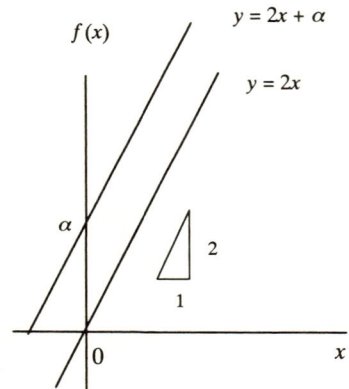

図 1-4　1 次関数 $f(x) = 2x + \alpha$ のグラフ。$\alpha$ に関係なく傾きはつねに 2 である。つまり変化率は一定である。

つまり、この関数の傾きは常に 2 ということになる。ここで、図 1-4 に示すように、$f(x) = 2x + \alpha$ というグラフは、$f(x) = 2x$ に平行であるから、その傾きはすべて 2 である。

実際に

$$\frac{df(x)}{dx} = \lim_{\Delta x \to 0} \frac{f(x + \Delta x) - f(x)}{\Delta x} = \lim_{\Delta x \to 0} \frac{\{2(x + \Delta x) + \alpha\} - (2x + \alpha)}{\Delta x} = \lim_{\Delta x \to 0} \frac{2\Delta x}{\Delta x} = 2$$

となって、微分すると$\alpha$は消えてしまうので、微分した値はすべて 2 と与えられる。これは、少し考えれば当たり前で、微分は変化を示す指標であるから、傾きさえ一定ならば、どこに位置しようと関係がないのである。

これをより一般化して $f(x) = ax + b$ という 1 次関数 (linear function) を考える。この微分は

$$\frac{df(x)}{dx} = \lim_{\Delta x \to 0} \frac{f(x+\Delta x) - f(x)}{\Delta x} = \lim_{\Delta x \to 0} \frac{\{a(x+\Delta x) + b\} - (ax + b)}{\Delta x} = \lim_{\Delta x \to 0} \frac{a\Delta x}{\Delta x} = a$$

と与えられることになり、確かに導関数は傾き$(a)$を与えることが分かる。

**1.2.2.** 2 次関数の微分

次に、$f(x) = x^2$ を取り扱う。このグラフは図 1-5 に示したように、常に傾きが変化している。実際に微分を求めてみよう。

$$\frac{df(x)}{dx} = \lim_{\Delta x \to 0} \frac{f(x+\Delta x) - f(x)}{\Delta x} = \lim_{\Delta x \to 0} \frac{(x+\Delta x)^2 - x^2}{\Delta x}$$

ここで、lim の中身を取り出すと

$$\frac{(x+\Delta x)^2 - x^2}{\Delta x} = \frac{x^2 + 2x\Delta x + \Delta x^2 - x^2}{\Delta x} = 2x + \Delta x$$

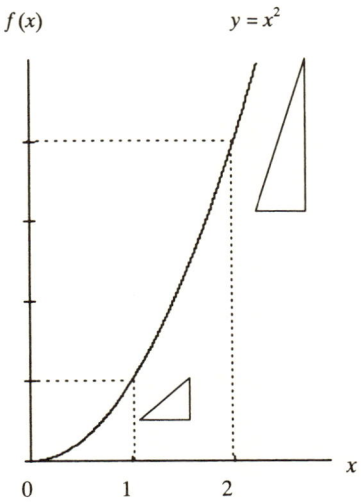

図 **1-5** 2 次関数 $f(x) = x^2$ のグラフ。傾きは変化している。

よって、Δx→0 とすると
$$\frac{df(x)}{dx} = f'(x) = 2x$$
と与えられる。図を見れば明らかなように、$f(x) = x^2$ のグラフは、傾きが $x$ とともに変化している。つまり、傾きが $x$ の関数となっているのである。具体的に数値を代入すると
$$f'(0) = 0 \quad f'(1) = 2 \quad f'(2) = 4 \quad f'(3) = 6$$
となって、$x$ の増加とともに、傾きが増えていく（あるいは、変化の度合が大きくなっていく）ことが分かる。

それでは、一般の2次関数 (quadratic function): $f(x) = ax^2 + bx + c$ の場合を取り扱ってみよう。

$$\frac{df(x)}{dx} = \lim_{\Delta x \to 0} \frac{f(x+\Delta x) - f(x)}{\Delta x} = \lim_{\Delta x \to 0} \frac{\{a(x+\Delta x)^2 + b(x+\Delta x) + c\} - (ax^2 + bx + c)}{\Delta x}$$

ここで lim の中身を取り出すと

$$\frac{\{a(x+\Delta x)^2 + b(x+\Delta x) + c\} - (ax^2 + bx + c)}{\Delta x}$$
$$= \frac{a(x^2 + 2x\Delta x + \Delta x^2) + bx + b\Delta x + c - ax^2 - bx - c}{\Delta x}$$
$$= \frac{2ax\Delta x + a\Delta x^2 + b\Delta x}{\Delta x} = 2ax + b + a\Delta x$$

よって、Δx→0 の極限では $2ax + b$ となる。つまり、導関数は

$$\frac{df(x)}{dx} = f'(x) = 2ax + b$$

と与えられる。

### 1. 2. 3.　3次関数の微分

後は、同様の手法で次数 (degree) が大きい関数の微分は計算できるが、ついでに3次関数 (cubic function) について検討してみよう。$f(x) = x^3$ を考える。

$$\frac{df(x)}{dx} = \lim_{\Delta x \to 0} \frac{f(x+\Delta x) - f(x)}{\Delta x} = \lim_{\Delta x \to 0} \frac{(x+\Delta x)^3 - x^3}{\Delta x}$$

lim の中身を取り出すと

$$\frac{(x+\Delta x)^3 - x^3}{\Delta x} = \frac{x^3 + 3x^2\Delta x + 3x\Delta x^2 + \Delta x^3 - x^3}{\Delta x} = \frac{3x^2\Delta x + 3x\Delta x^2 + \Delta x^3}{\Delta x}$$
$$= 3x^2 + 3x\Delta x + \Delta x^2$$

となる。ここで、$\Delta x \to 0$ とすると

$$\frac{df(x)}{dx} = f'(x) = 3x^2$$

となる。よって、傾きは $x^2$ に比例することになる。具体的に数値を代入すると

$$f'(0) = 0 \quad f'(1) = 3 \quad f'(2) = 12 \quad f'(3) = 27$$

と計算できる。このように 3 次関数の傾きは急激に増大し、$x = 3$ で 27 に到達する。つまり、微分を具体的な数値として求めれば、グラフがどのように変化するかの度合を定量的につかむことができる。

### 1. 2. 4. $n$ 次関数の微分

まとめのうえで、より一般化した $n$ 次関数 (polynomial function of degree $n$) の場合の微分について考えてみよう。ここで関数として $f(x) = ax^n$ を考える。

微分の定義式より

$$\frac{df(x)}{dx} = \lim_{\Delta x \to 0} \frac{a(x+\Delta x)^n - ax^n}{\Delta x}$$

ここで

$$(x+\Delta x)^n = x^n + nx^{n-1}\Delta x + \frac{n(n-1)}{2}x^{n-2}\Delta x^2 + \frac{n(n-1)(n-2)}{3!}x^{n-3}\Delta x^3 + \ldots + \Delta x^n$$

であるから、lim の中に入れると

$$\frac{a(x+\Delta x)^n - ax^n}{\Delta x}$$

$$= \frac{a\left\{x^n + nx^{n-1}\Delta x + \frac{n(n-1)}{2}x^{n-2}\Delta x^2 + \frac{n(n-1)(n-2)}{3!}x^{n-3}\Delta x^3 + \ldots + \Delta x^n\right\} - ax^n}{\Delta x}$$

$$= a\left\{nx^{n-1} + \frac{n(n-1)}{2}x^{n-2}\Delta x + \frac{n(n-1)(n-2)}{3!}x^{n-3}\Delta x^2 + \ldots + \Delta x^{n-1}\right\}$$

この式で $\Delta x = 0$ を代入すれば

$$\frac{df(x)}{dx} = anx^{n-1}$$

が得られる。この式を適用すれば、一般の $n$ 次関数の微分を簡単に求めることができる。例えば

$$f(x) = a_0 + a_1 x + a_2 x^2 + a_3 x^3 + \ldots + a_n x^n$$

の微分は

$$f'(x) = a_1 + 2a_2 x + 3a_3 x^2 + 4a_4 x^3 + \ldots + na_n x^{n-1}$$

で与えられる。

　その他の関数の微分も定義式を使って地道に計算すれば、すべて求めることができる。ただし、すべての微分計算を定義式を使って求めるのは大変である。(時間に余裕があれば、この方式をぜひ薦めるが。)

　そこで、ある規則性(ここでは $d(ax^n)/dx = anx^{n-1}$ という公式)を利用するのが、より効率的である。よって、一般の微分計算には、この式を適用するのが常套手段となっている。

　ただし、公式に頼ってばかりいると、本質を見失ってしまうので、その導出過程はつねに頭の隅に置いておく必要がある。

**演習 1-1** 次の関数の導関数を求めよ。
　(1) $x^6$　(2) $3x^4 + 5x + 8$　(3) $x^8 - 4$

解) (1) $(x^6)' = 6x^5$　(2) $(3x^4 + 5x + 8)' = 12x^3 + 5$　(3) $(x^8 - 4)' = 8x^7$

### 1.2.5. 微分の拡張

ここで、これ以降の微分計算に威力を発揮する手法についてまとめておく。

第1章 微分とは何か

これは、微分概念の拡張とも言われる。

導関数 $dy/dx = f'(x)$ は、ある関数 $f(x)$ をグラフに表した時に、各点 $(x)$ における傾き、つまり関数がどのように変化するかの指標を与える。この考えを延長すると、次のように変形できる。

$$dy = f'(x)dx$$

この式は、図1-6に示すように、$x$ が $dx$ だけ増加（あるいは減少）した時の $y$ の増加（あるいは減少）$dy$ は、$x$ の変化分 $dx$ に傾き $f'(x)$ をかけたもので与えられるということを示している。

実際にこの関係を見てみよう。例として $y = f(x) = x^2$ のグラフを考える。この導関数、つまり、グラフの傾きは

$$y' = f'(x) = 2x$$

と与えられる。ここで $x = 2$ の点を考える。この点でのグラフの傾きは $y' = f'(2) = 2 \cdot 2 = 4$ であり、$y$ の値は $y = f(2) = 2^2 = 4$ である。いま、この点から、わずか $dx = 0.01$ だけ増やしたとする。すると $y$ の値は $y = (2.01)^2 = 4.0401$ となって $dy = 0.0401$ と計算できる。

いま、求めた関係式で、この値を求めると

$$dy = f'(2)dx \simeq 4 \cdot (0.01) = 0.04$$

となり、確かに実際の値とほぼ同じ値が得られる。$dx$ の値（より正確には $\Delta x$ とすべきであるが）を小さくしていけば、この差は縮まって、その極限では、この関係式が等号で成立するのである。（つまり、$\Delta x = dx$ と置ける。）

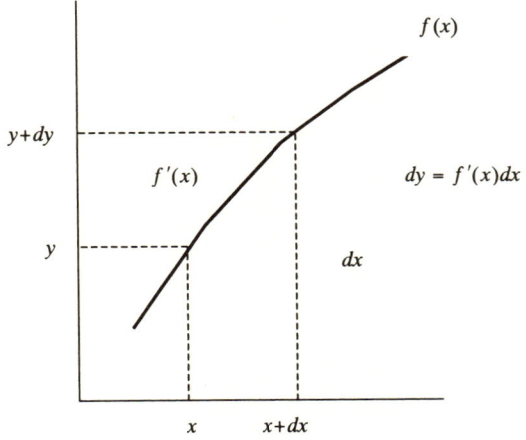

**図1-6** 導関数の拡張。

$dy = f'(x)dx$ と書くと、図に示したように、$dy$ は $dx$ に、その間の傾き $f'(x)$ をかけたものとみなすことができる。このように、考えると、$dx, dy$ は普通の変数と同様に扱うことができる。

このように、$dx$ や $dy$ を微小の変化量と捉え、$f'(x)$ を傾き (を与える係数) と考えると、$dx$ や $dy$ を普通の変数として自由に取り扱うことができるようになる。(このおかげで、微分計算はいっきに自由度が広がる。)

$$\frac{dy}{dx} = f'(x) \rightarrow dy = f'(x)dx$$

の変形も、左辺の分母にある $dx$ を右辺に単に移項したと見ることができる。
　例えば $y = 3x + 6$ の微分に関しては

$$\frac{dy}{dx} = 3 \qquad dy = 3\,dx \qquad \frac{dx}{dy} = \frac{1}{3} \qquad \frac{3}{dy} = \frac{1}{dx}$$

と自由に変形することが可能となる。以降の計算では、この手法を適宜、利用していく。

### 1. 2. 6.　$\sqrt{x}$ の微分

　$x$ の肩にのったべき指数 (exponent) が整数 (integer) ではなく、分数 (fraction) の場合の微分はどうなるのであろうか。例として

$$f(x) = \sqrt{x} = x^{1/2}$$

を取り上げる。これは、指数が $1/2$ の場合に相当する。
　微分の定義式から

$$\frac{df(x)}{dx} = \lim_{\Delta x \to 0} \frac{\sqrt{x+\Delta x} - \sqrt{x}}{\Delta x}$$

ここで、lim の中を整理する。分子、分母に $\sqrt{x+\Delta x} + \sqrt{x}$ をかけて有理化 (rationalization) すると

$$\frac{\sqrt{x+\Delta x} - \sqrt{x}}{\Delta x} = \frac{(x+\Delta x) - x}{\Delta x(\sqrt{x+\Delta x} + \sqrt{x})} = \frac{1}{\sqrt{x+\Delta x} + \sqrt{x}}$$

$\Delta x \to 0$ の極限では

第 1 章 微分とは何か

$$\frac{1}{\sqrt{x+\Delta x}+\sqrt{x}} \to \frac{1}{\sqrt{x}+\sqrt{x}} = \frac{1}{2\sqrt{x}}$$

よって

$$\frac{df(x)}{dx} = \frac{1}{2\sqrt{x}} = \frac{1}{2}x^{-\frac{1}{2}}$$

が得られる。ここで、微分の一般式を思い出すと $y = x^n$ の微分は $dy/dx = nx^{n-1}$ であった。ここで仮に $n = 1/2$ として、そのまま代入すると、この一般式で導関数が得られることが分かる。

**1. 2. 7.** $x^{\frac{1}{n}}$ の微分

それでは、どうしてこのような微分計算が可能になるのであろうか。そこで、次の一般式であらわされる関数

$$y = \sqrt[n]{x} = x^{\frac{1}{n}}$$

の導関数を求めてみよう。($n$ は 0 以外の整数とする。) 両辺を $n$ 乗すると

$$y^n = x$$

となる。この両辺を微分すると $ny^{n-1}dy = dx$ となる。よって

$$\frac{dy}{dx} = \frac{1}{n}y^{1-n} = \frac{1}{n}\left(x^{\frac{1}{n}}\right)^{1-n} = \frac{1}{n}x^{\frac{1}{n}-1}$$

という結果が得られる。ここで、$k = 1/n$ と置くと、$y = x^k$ と書けて、その微分は

$$\frac{dy}{dx} = kx^{k-1}$$

と一般化されることになる。つまり、指数が分数であっても、微分の公式 : $\frac{d}{dx}(x^k) = kx^{k-1}$ を使えることになる。

**演習 1-2** $k$ が有理数 (rational number) の場合にも、微分の一般公式が成立することを示せ。

$$y = x^{\frac{m}{n}}$$

のかたちの関数を考える。($m$ と $n$ は任意の 0 以外の整数とする。)

両辺を $n$ 乗すると
$$y^n = x^m$$

さらに、両辺を微分すると
$$ny^{n-1}dy = mx^{m-1}dx$$

これを整理して
$$\frac{dy}{dx} = \frac{m}{n}x^{m-1}y^{1-n} = \frac{m}{n}x^{m-1}\left(x^{\frac{m}{n}}\right)^{1-n} = \frac{m}{n}x^{\frac{m}{n}-1}$$

となる。これは、一般の有理数に対しても公式
$$\frac{d}{dx}(x^k) = kx^{k-1}$$

が成立することを示している。実は、この公式は指数 $k$ が無理数 (irrational number) であっても成立する。つまり、すべての実数に対して成立する式である。

ただし、その証明は対数の微分を使った方が簡単なので、演習 1-9 で行う。

**演習 1-3**　　次の関数の導関数を求めよ。

(1)　$\dfrac{1}{x^3}$　　(2)　$\sqrt{x}$　　(3)　$x\sqrt{x}$

解)

(1)　$\dfrac{d}{dx}\left(\dfrac{1}{x^3}\right) = \dfrac{d}{dx}(x^{-3}) = (-3)x^{-3-1} = -3x^{-4} = -\dfrac{3}{x^4}$

(2)　$\dfrac{d}{dx}(\sqrt{x}) = \dfrac{d}{dx}\left(x^{\frac{1}{2}}\right) = \dfrac{1}{2}x^{\frac{1}{2}-1} = \dfrac{1}{2}x^{-\frac{1}{2}} = \dfrac{1}{2\sqrt{x}}$

(3)　$\dfrac{d}{dx}(x\sqrt{x}) = \dfrac{d}{dx}\left(x^{\frac{3}{2}}\right) = \dfrac{3}{2}x^{\frac{3}{2}-1} = \dfrac{3}{2}x^{\frac{1}{2}} = \dfrac{3}{2}\sqrt{x}$

第 1 章 微分とは何か

**演習 1-4** $f(x) = \sqrt{ax+b}$ の微分を求めよ。

解) 定義より

$$\frac{df(x)}{dx} = \lim_{\Delta x \to 0} \frac{f(x+\Delta x) - f(x)}{\Delta x} = \lim_{\Delta x \to 0} \frac{\sqrt{a(x+\Delta x)+b} - \sqrt{ax+b}}{\Delta x}$$

ここで、lim の中の分子を有理化して

$$\frac{(\sqrt{a(x+\Delta x)+b} - \sqrt{ax+b})(\sqrt{a(x+\Delta x)+b} + \sqrt{ax+b})}{\Delta x(\sqrt{a(x+\Delta x)+b} + \sqrt{ax+b})}$$

$$= \frac{\{a(x+\Delta x)+b\} - (ax+b)}{\Delta x(\sqrt{a(x+\Delta x)+b} + \sqrt{ax+b})}$$

これを整理すると

$$\frac{a\Delta x}{\Delta x(\sqrt{a(x+\Delta x)+b} + \sqrt{ax+b})} = \frac{a}{\sqrt{a(x+\Delta x)+b} + \sqrt{ax+b}}$$

となる。ここで $\Delta x \to 0$ の極限をとれば

$$\frac{df(x)}{dx} = \frac{a}{2\sqrt{ax+b}}$$

と与えられる。

**演習 1-5** $f(x) = u(x)v(x)$ の微分を求めよ。

解) 定義より

$$\frac{df(x)}{dx} = \lim_{\Delta x \to 0} \frac{f(x+\Delta x) - f(x)}{\Delta x} = \lim_{\Delta x \to 0} \frac{u(x+\Delta x)v(x+\Delta x) - u(x)v(x)}{\Delta x}$$

ここで、lim の中の分子を次のように変形する。

$$u(x+\Delta x)v(x+\Delta x) - u(x)v(x)$$
$$= \{u(x+\Delta x) - u(x)\}\{v(x+\Delta x) - v(x)\}$$
$$+ \{u(x+\Delta x) - u(x)\}v(x) + u(x)\{v(x+\Delta x) - v(x)\}$$

すると、lim の中身は次のように変形できる。

$$\frac{u(x+\Delta x)v(x+\Delta x) - u(x)v(x)}{\Delta x} =$$

$$\frac{\{u(x+\Delta x) - u(x)\}}{\Delta x} \cdot \frac{\{v(x+\Delta x) - v(x)\}}{\Delta x}\Delta x$$

$$+ v(x)\frac{u(x+\Delta x) - u(x)}{\Delta x} + u(x)\frac{v(x+\Delta x) - v(x)}{\Delta x}$$

ここで$\Delta x \to 0$ を代入すると

$$\frac{df(x)}{dx} = \frac{d}{dx}[u(x)v(x)] = \frac{du(x)}{dx}v(x) + u(x)\frac{dv(x)}{dx}$$

という結果が得られる。

### 1.3.　微分の基礎公式

　ここで、微分の基本的な関係をまとめる。まず、自明なものとして、関数を定数倍した場合の微分は $f(x) = k\,u(x)$ と置いて、定義より

$$\frac{df(x)}{dx} = \lim_{\Delta x \to 0}\frac{f(x+\Delta x) - f(x)}{\Delta x} = \lim_{\Delta x \to 0}\frac{ku(x+\Delta x) - ku(x)}{\Delta x}$$

$$= k\lim_{\Delta x \to 0}\frac{u(x+\Delta x) - u(x)}{\Delta x} = k\frac{du(x)}{dx}$$

となる。関数の和と差の微分は

$$f(x) = u(x) \pm v(x)$$

と書けるが、定義より

$$\frac{df(x)}{dx} = \lim_{\Delta x \to 0}\frac{f(x+\Delta x) - f(x)}{\Delta x}$$

$$= \lim_{\Delta x \to 0}\frac{[u(x+\Delta x) \pm v(x+\Delta x)] - [u(x) \pm v(x)]}{\Delta x}$$

$$= \frac{du(x)}{dx} \pm \frac{dv(x)}{dx}$$

が得られる。次に、関数の積

## 第1章 微分とは何か

$$f(x) = u(x)\,v(x)$$

に関しては、演習 1-5 より

$$\frac{df(x)}{dx} = \frac{d}{dx}[u(x)v(x)] = \frac{du(x)}{dx}v(x) + u(x)\frac{dv(x)}{dx}$$

の関係が得られている。次に、関数の商は

$$f(x) = \frac{u(x)}{v(x)}$$

$v(x)$ を移項すると、$f(x)\,v(x) = u(x)$ となって、積の公式を利用すると

$$\frac{du(x)}{dx} = \frac{df(x)}{dx}v(x) + f(x)\frac{dv(x)}{dx}$$

となる。ここで、$f(x) = \dfrac{u(x)}{v(x)}$ を代入して変形すると

$$\frac{du(x)}{dx} = \frac{df(x)}{dx}v(x) + \frac{u(x)}{v(x)}\frac{dv(x)}{dx}$$

よって

$$\frac{df(x)}{dx} = \frac{1}{v^2(x)}\left(\frac{du(x)}{dx}v(x) - u(x)\frac{dv(x)}{dx}\right)$$

という結果が得られる。

ここで $u(x) = 1$ と置けば関数の逆数 (reciprocal): $f(x) = \dfrac{1}{v(x)}$ の微分は

$$\frac{df(x)}{dx} = -\frac{1}{v^2(x)}\frac{dv(x)}{dx}$$

となる。

以上をまとめると、関数の加減乗除の微分に関して、以下の基礎公式が得られる。

(1) $(ku)' = ku'$  (2) $(u \pm v)' = u' \pm v'$

(3) $(uv)' = u'v + uv'$  (4) $\left(\dfrac{u}{v}\right)' = \dfrac{u'v - uv'}{v^2}$

(5) $\left(\dfrac{1}{v}\right)' = -\dfrac{v'}{v^2}$

---

**演習 1-6** 関数の商 $f(x) = \dfrac{u(x)}{v(x)}$ の微分を定義式を使って求めよ。

解） 定義から

$$\frac{df(x)}{dx} = \lim_{\Delta x \to 0} \frac{f(x+\Delta x) - f(x)}{\Delta x} = \lim_{\Delta x \to 0} \frac{[u(x+\Delta x)/v(x+\Delta x)] - [u(x)/v(x)]}{\Delta x}$$

ここで、lim の中の分子を整理する。

$$\frac{u(x+\Delta x)}{v(x+\Delta x)} - \frac{u(x)}{v(x)} = \frac{u(x+\Delta x)v(x) - u(x)v(x+\Delta x)}{v(x+\Delta x)v(x)}$$

ここで $\Delta x \to 0$ では、分母は $v^2(x)$ となる。一方、分子は
$$u(x+\Delta x)v(x) - u(x)v(x+\Delta x) = \{u(x+\Delta x) - u(x)\}v(x) + \{v(x) - v(x+\Delta x)\}u(x)$$
となる。最初の式では、分母に $\Delta x$ があったから、結局

$$\left\{\frac{u(x+\Delta x) - u(x)}{\Delta x}\right\}v(x) - \left\{\frac{v(x+\Delta x) - v(x)}{\Delta x}\right\}u(x) = \frac{du(x)}{dx}v(x) - u(x)\frac{dv(x)}{dx}$$

と計算できる。これに先程の分母の $v^2(x)$ をつけると少々計算が長くなったが

$$\frac{df(x)}{dx} = \frac{1}{v^2(x)}\left(\frac{du(x)}{dx}v(x) - u(x)\frac{dv(x)}{dx}\right)$$

という関係が得られる。

**演習 1-7** 微分の基礎公式を用いて、次の関数の導関数を求めよ。

(1)　$(x+1)(x^2+x+1)$　(2)　$\dfrac{2x+3}{x-2}$　(3)　$x\sqrt{x}$

解）
(1)　$\{(x+1)(x^2+x+1)\}' = (x+1)'(x^2+x+1) + (x+1)(x^2+x+1)'$
　　$= (x^2+x+1) + (x+1)(2x+1) = 3x^2 + 4x + 2$

(2)　$\left(\dfrac{2x+3}{x-2}\right)' = \dfrac{(2x+3)'(x-2) - (2x+3)(x-2)'}{(x-2)^2} = \dfrac{2(x-2) - (2x+3)}{(x-2)^2} = \dfrac{-7}{(x-2)^2}$

(3)　$(x\sqrt{x})' = x'\sqrt{x} + x(\sqrt{x})' = \sqrt{x} + x\dfrac{1}{2\sqrt{x}} = \dfrac{3}{2}\sqrt{x}$

## 1.4. 高階導関数

ある関数 $f(x)$ を微分して得られる導関数は、さらに微分することが可能である。例えば
$$f(x) = x^3$$
を考えてみる。この微分は
$$\dfrac{df(x)}{dx} = 3x^2$$
である。この導関数は、$x$ の関数であるから、さらに微分することが可能である。つまり
$$\dfrac{d}{dx}\left(\dfrac{df(x)}{dx}\right) = \dfrac{d^2 f(x)}{dx^2} = 3\cdot 2x = 6x$$
これを $f(x)$ の 2 階導関数 (second order derivative) と呼び、$f''(x)$ とも表記する。

さらに、この関数も微分でき
$$\dfrac{d}{dx}\left(\dfrac{d^2 f(x)}{dx^2}\right) = \dfrac{d^3 f(x)}{dx^3} = 6$$
これを $f(x)$ の 3 階導関数 (third order derivative) と呼び、$f'''(x)$ と表記する。この関数では、これ以上微分をくり返すとゼロとなるが、階数のより高い関数に対しては、さらに高階の導関数を求めることが可能である。

一般化のために
$$f(x) = ax^n$$
の $n$ 次関数を考える。これを微分すると

$$\frac{df(x)}{dx} = anx^{n-1}$$

が得られる。さらに微分すると

$$\frac{d^2 f(x)}{dx^2} = \frac{d\left(\frac{df(x)}{dx}\right)}{dx} = an(n-1)x^{n-2}$$

となり、一般式で示せば、$k$ 階導関数 ($k$th order derivative) は

$$\frac{d^k f(x)}{dx^k} = f^{(k)}(x) = an(n-1)(n-2)....(n-k+1)x^{n-k} = a\frac{n!}{(n-k)!}x^{n-k}$$

で与えられる。階数 $k$ が 4 以上の場合には $f^{(k)}(x)$ のように表記する。

**演習 1-8** 次の関数の高階導関数を求めよ。
(1) $\sqrt{x}$ (2) $x^5 + 3x^2$

解) (1) 順次、微分公式 $\frac{d}{dx}(x^k) = kx^{k-1}$ に従って、計算を続ければよい。

$$\frac{d}{dx}\left(\sqrt{x}\right) = \frac{d}{dx}x^{\frac{1}{2}} = \frac{1}{2}x^{\frac{1}{2}-1} = \frac{1}{2}x^{-\frac{1}{2}}$$

$$\frac{d^2}{dx^2}\left(\sqrt{x}\right) = \frac{d}{dx}\left(\frac{1}{2}x^{-\frac{1}{2}}\right) = \left(\frac{1}{2}\right)\left(-\frac{1}{2}\right)x^{-\frac{1}{2}-1} = -\frac{1}{4}x^{-\frac{3}{2}}$$

$$\frac{d^3}{dx^3}\left(\sqrt{x}\right) = \frac{d}{dx}\left(-\frac{1}{4}x^{-\frac{3}{2}}\right) = \frac{3}{8}x^{-\frac{5}{2}}$$

以下同様である。

(2) $\frac{d}{dx}\left(x^5 + 3x^2\right) = 5x^{5-1} + 3 \cdot 2x^{2-1} = 5x^4 + 6x$

$\frac{d^2}{dx^2}\left(x^5 + 3x^2\right) = 5 \cdot 4x^{5-2} + 3 \cdot 2 \cdot 1x^{2-2} = 20x^3 + 6$

$$\frac{d^3}{dx^3}\left(x^5+3x^2\right)=5\cdot4\cdot3x^{5-3}=60x^2$$

$$\frac{d^4}{dx^4}\left(x^5+3x^2\right)=5\cdot4\cdot3\cdot2x^{5-4}=120x$$

$$\frac{d^5}{dx^5}\left(x^5+3x^2\right)=5\cdot4\cdot3\cdot2\cdot1x^{5-5}=120 \qquad \frac{d^6}{dx^6}\left(x^5+3x^2\right)=0 \quad \text{以降は}0$$

## 1.5. 指数関数

ここまで、微分計算の方法について紹介してきたが、実は、微分と密接な関係にある関数がある。それが指数関数 (exponential function) である。

自然対数 (natural logarithm) の底 (base) である $e$ は、$a^x$ を $x$ で微分した時に、その値が $a^x$ 自身になるように定義されたものであり、いわば微分の申し子と呼ぶべき関数である。

つまり、$e$ の定義は

$$\frac{da^x}{dx}=a^x$$

を満足する $a$ の値となる。これをより具体的に示すと、

$$\frac{da^x}{dx}=\lim_{\Delta x \to 0}\frac{a^{x+\Delta x}-a^x}{\Delta x}$$

lim の中を括り出すと

$$\frac{a^{x+\Delta x}-a^x}{\Delta x}=\frac{a^x(a^{\Delta x}-1)}{\Delta x}$$

となるので、結局 $\Delta x \to 0$ の時

$$\frac{a^x(a^{\Delta x}-1)}{\Delta x}=a^x \qquad \text{よって} \qquad \frac{(e^{\Delta x}-1)}{\Delta x}=1$$

となる。これを $e$ について解くと

$$e^{\Delta x}=1+\Delta x$$

$$e=\lim_{\Delta x \to 0}(1+\Delta x)^{\frac{1}{\Delta x}}=\lim_{d \to 0}(1+d)^{\frac{1}{d}}$$

となり、これが $e$ の数学的な定義となる。ここで $n=\dfrac{1}{d}$ と置き換えると

$$e=\lim_{n \to \infty}\left(1+\frac{1}{n}\right)^n$$

が得られる。実際に $n$ に数値を代入してみると

$$e_1 = (1+1)^1 = 2 \qquad e_2 = (1+\frac{1}{2})^2 = 2.25$$

$$e_3 = (1+\frac{1}{3})^3 = 2.370\ldots\ldots$$

$$\ldots\ldots\ldots\ldots$$

$$e_\infty = 2.7182818\ldots = e$$

となって、$e$ は無理数 (irrational number) となることが分かる。

ちなみに、$y = e^x$ のグラフを、$y = 2^x$ および $y = 3^x$ のグラフとともに図 1-7 に示す。指数関数のグラフはちょうど、これらグラフの中間に位置する（より 3 に近いが）。

$x = 0$ での接線の傾き (the slope of tangent) $dy/dx$ は、$y = 2^x$ のグラフでは $< 1$、$y = 3^x$ のグラフでは $> 1$ であり、$y = e^x$ でちょうど 1 になっている。これは $y = e^x$ の定義から明らかである。

### 1.6. 自然対数と常用対数

$e$ は自然対数 (natural logarithm) の底 (base) である。対数の定義は $y = a^x$ に対して

$$x = \log_a y$$

となる。ここで $a$ は対数の底 (base) と呼ばれ、1 以外の正の数 ($a > 0$, $a \neq 1$) である。

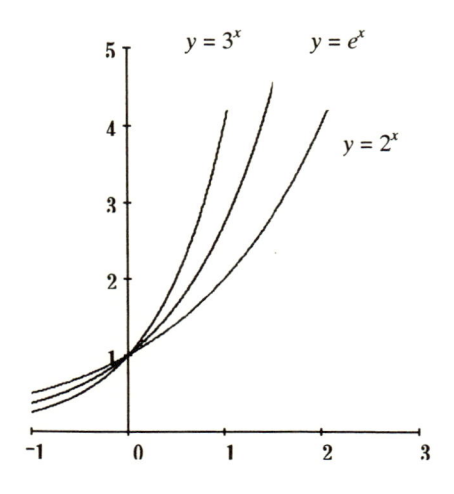

**図 1-7** $y = e^x$ のグラフ。このグラフは $y$ 軸との切片が $y = 1$ であり、$y = 2^x$ と $y = 3^x$ との間に位置する。

簡単な例を示せば $8 = 2^3$ であるから $3 = \log_2 8$ と表記できる。

ただし、よく使われる対数は 2 種類で、$a$ が 10 の場合を常用対数 (common logarithm)、$a$ が $e$ の場合を自然対数 (natural logarithm) と呼んでいる。

それぞれ

$$\log_{10} x = \log x \qquad \log_e x = \ln x$$

と表記し、あえて底を書かないのが通例である。

対数の特徴は、指数関数の性質であるかけ算およびわり算が、それぞれ（より簡単な）足し算と引き算に変わるという利点を生かす計算手法を与える。

例えば指数関数では

$$a^x \cdot a^y = a^{x+y} \qquad a^x/a^y = a^{x-y}$$

という特徴がある。ここで、$A = a^x, B = a^y$ と置く。すると

$$\log_a A \cdot B = \log_a a^{x+y} = x + y = \log_a A + \log_a B$$
$$\log_a A / B = \log_a a^{x-y} = x - y = \log_a A - \log_a B$$

の関係が得られる。つまり、対数ではかけ算が足し算に、わり算がひき算になるという性質がある。

ここで疑問に思うのは、底が 10 の常用対数なら使いようもあるが、わざわざ底に無理数の $e$ (2.7182818……) を使う自然対数にどんな意味があるかということである。

はっきり言えば、自然対数を使っても計算の役には立たない。それでは、何がメリットかというと、$e$ を使うことによって、微分計算が簡単に行なえるという一言につきる。微分したものが、それ自身になるという性質は、物理数学において大活躍するだけでなく、多くの自然現象を表現するのに役立っている。もし $e$ がなかったら、現代科学の数学的表現はおそらく何世紀も遅れていただろうと思われるくらい重要な位置を占めているのである。これは、物理や工学では微分方程式 (differential equation) が主役となっており、そこで $e$ が大活躍するからである。（これについては、第 5 章でくわしく取り扱う。）

まず、定義から指数関数 $y = e^x$ を $x$ で微分すると

$$\frac{dy}{dx} = e^x = y$$

つまり、微分したものがそれ自身になる。次に、自然対数の微分も簡単に行なえる。

$$y = \ln x$$

とする。これは
$$x = e^y$$
を意味している。ここで、すこし技巧を使う。せっかく、指数関数の微分が、それ自身になるという性質があるから、この特徴をうまく利用しない手はない。

そこで、$x = e^y$ の両辺を $y$ で微分するのである。すると簡単に
$$\frac{dx}{dy} = e^y$$
の関係が得られる。これをひっくり返せば、
$$\frac{dy}{dx} = \frac{1}{e^y} = \frac{1}{x}$$
と与えられる。つまり、$\ln x$ の微分は $1/x$ となる。

指数関数は、微分してもそれ自身に戻るが、対数の場合は、いわば、その裏返しであるから、逆数 (reciprocal) になってしまうというわけである。それでも、対数の微分が、これだけ簡単になるというのも便利であろう。

**演習 1-9** 関数 $y = x^k$ の指数 $k$ が無理数であっても、公式 $\frac{dy}{dx} = k x^{k-1}$ が成立することを証明せよ。

解) まず、最初に指数 $k$ が $\sqrt{2}$ である関数 $y = x^{\sqrt{2}}$ の微分を求めてみよう。両辺の自然対数をとると
$$\ln y = \sqrt{2} \ln x$$
となる。ここで微分を行うと
$$\frac{dy}{y} = \sqrt{2} \frac{dx}{x}$$
となって、整理すると
$$\frac{dy}{dx} = \sqrt{2} \frac{y}{x} = \sqrt{2} \frac{x^{\sqrt{2}}}{x} = \sqrt{2} x^{\sqrt{2}-1}$$
が得られる。$k$ が $\sqrt{2}$ ではなく、一般の無理数の場合でも、同様の結果が得られる。よって、$k$ がすべての無理数に対して

## 第1章 微分とは何か

$$\frac{d}{dx}(x^k) = kx^{k-1}$$

の関係が成立する。

**演習 1-10** $y = a^x$ の導関数を求めよ。

解) 両辺の自然対数をとると

$$\ln y = x \ln a$$

となる。ここで両辺を、微分すると

$$\frac{dy}{y} = \ln a \, dx$$

$y$ と $dx$ を移項して

$$\frac{dy}{dx} = (\ln a)y = (\ln a)a^x$$

となる。

**演習 1-11** $y = \exp kx$ の導関数を求めよ。

解) $t = kx$ と置くと $dt = k \, dx$ の関係にあり、最初の式は $y = \exp t$ となる。これを、$t$ に関して微分すると

$$\frac{dy}{dt} = \exp t$$

両辺に、$t = kx$ および $dt = k \, dx$ を代入すると

$$\frac{dy}{k \, dx} = \exp kx$$

となって、結局

$$\frac{dy}{dx} = k \exp kx$$

となる。
ついでに、さらに微分を続けた場合には、

$$\frac{d^2 y}{dx^2} = k^2 \exp kx \qquad \frac{d^3 y}{dx^3} = k^3 \exp kx \qquad \cdots\cdots \qquad \frac{d^n y}{dx^n} = k^n \exp kx$$

となって、単に係数 $k$ のべき指数(exponent)が増えていくだけである。このように指数関数では高階の微分が単純なかたちになる。これも、指数関数 $e$ を導入する効用のひとつである。

### 1.7. 三角関数

微分の対象としては、三角関数(trigonometric function)も重要である。なぜなら、多くの物理現象は波の性質を有しており、その解析に三角関数が欠かせないからである。さらに、三角関数には微分に関して面白い性質がある。それは、$\sin\theta$ や $\cos\theta$ は 4 階微分すると、それ自身に戻るという特徴である。

そこで、まず三角関数について簡単に復習した後、その微分がいったいどういう性質を持つかについて具体的に見てみよう。

#### 1.7.1. 三角関数の定義

三角関数の定義は簡単で、図 1-8 に示したように、直角三角形の最も長い辺の長さを $c$ とすると

$$\sin\theta = \frac{a}{c} \qquad \cos\theta = \frac{b}{c} \qquad \tan\theta = \frac{a}{b}$$

と与えられる。これら関数には密接な関係がある。

ピタゴラスの定理(Pythagorean theorem)である

$$a^2 + b^2 = c^2$$

を使えば

$$\sin^2\theta + \cos^2\theta = 1 \qquad \tan\theta = \frac{\sin\theta}{\cos\theta}$$

という関係が得られる。(本稿では、三角関数の引数(argument): $\theta$ (角度の単位) として弧度法(circular measure)を採用している。弧度法については、補遺 1-1 を参照されたい。)

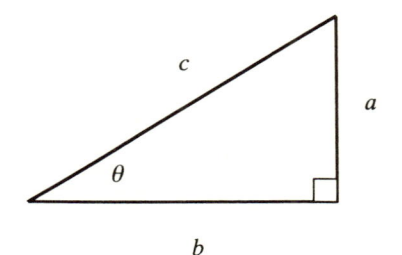

**図 1-8** 三角関数の定義。直角三角形の斜辺の長さを $c$ とし、他の 2 辺の長さを $a, b$ とする。辺 $b$ と辺 $c$ に挟まれた角を $\theta$ とすると、$\sin\theta = a/c$、$\cos\theta = b/c$、$\tan\theta = a/b$ の関係が得られる。

### 1.7.2. 三角関数の微分

それでは、実際に三角関数の微分を計算してみよう。その前に、三角関数を $\theta$ の関数としてグラフに表すとどうなるだろうか。これは、図 1-9 に示すように、1 と $-1$ の間を振動する波として表現できる。この関数の傾きを求めるのが、三角関数の微分である。

まず、$\sin\theta$ の微分は、定義式から

$$\frac{d(\sin\theta)}{d\theta} = \lim_{\Delta\theta \to 0} \frac{\sin(\theta + \Delta\theta) - \sin\theta}{\Delta\theta}$$

となる。ここで、三角関数の加法定理（補遺 1-2 参照）を使うと

$$\sin(\theta + \Delta\theta) = \sin\theta\cos\Delta\theta + \cos\theta\sin\Delta\theta$$

であり、$\Delta\theta \to 0$ の時

$$\cos\Delta\theta \to \cos 0 = 1 \qquad \sin\Delta\theta \to \Delta\theta$$

であるから（補遺 1-3）

$$\sin(\theta + \Delta\theta) \to \sin\theta + \cos\theta \cdot \Delta\theta$$

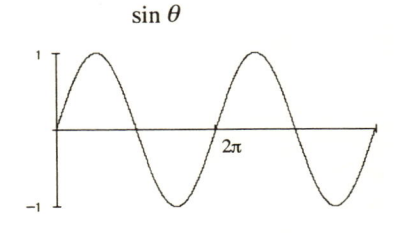

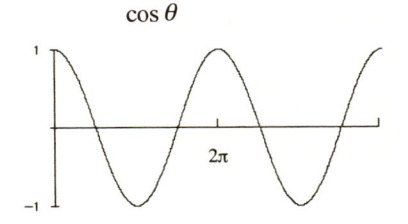

**図 1-9** $\sin\theta$ と $\cos\theta$ を $\theta$ を横軸にしてプロットすると、振幅が 2（$-1$ から 1)で周期が $2\pi$ の波（周期的な振動）となる。これら波は相似であり、ちょうど位相が $\pi/2$ だけ異なる。

となり、上式に代入すると

$$\frac{d(\sin\theta)}{d\theta} = \lim_{\Delta\theta \to 0} \frac{\sin(\theta + \Delta\theta) - \sin\theta}{\Delta\theta} = \lim_{\Delta\theta \to 0} \frac{\cos\theta \cdot \Delta\theta}{\Delta\theta} = \cos\theta$$

となる。つまり、$\sin\theta$ の微分は $\cos\theta$ で得られる。つまり、図 1-9 は、$\sin\theta$ と $\cos\theta$ のグラフであるが、別な見方をすれば $f(\theta) = \sin\theta$ と、その導関数 $f'(\theta)$ のグラフと見ることもできる。同様にして

$$\frac{d(\cos\theta)}{d\theta} = -\sin\theta$$

が得られる。つまり、$\cos\theta$ の微分は負の符号はついているが、$\sin\theta$ となる。

よって、$\sin\theta$ や $\cos\theta$ の微分を繰り返すと

$$\sin\theta \to \cos\theta \to -\sin\theta \to -\cos\theta \to \sin\theta \to \cos\theta$$

となって、4回ごとに循環するという面白い性質がある。

ここで、図を参考にしながら、これら微分について考えてみよう。まず、半径 1 の円を描くと、図 1-10(a)に示すように、円周上の点 $a$ が原点となす角を $\theta$ とすると、線分 $\overline{ab}$ の長さが $\sin\theta$、線分 $\overline{0b}$ の長さが $\cos\theta$ に相当する。$\theta$ が $\Delta\theta$ だけ増えるという変化は、図 1-10(b)のように図示することができる。この時、$\sin\theta$ は、線分の長さ $\overline{ad}$ だけ増えるのに対し、$\cos\theta$ は、線分の長さ $\overline{cd}$ だけ減少する。このことから、まず、$\cos\theta$ の微分は負になることが分かる。また、

$$\frac{\Delta\sin\theta}{\Delta\theta} = \frac{ad}{ac} \qquad \frac{\Delta\cos\theta}{\Delta\theta} = \frac{cd}{ac}$$

となる。これは、$\Delta\theta$ が小さい時には、線分 $\overline{ac}$ の長さが $\Delta\theta$ で与えられるからである。ここで $\Delta\theta \to 0$ では、$\angle cad \to \theta$ であるから、それぞれ $\cos\theta$ と $\sin\theta$ となる。ただし、後者は減少するから負の符号がつくことになる。

**演習 1-12** $\cos\theta$ の微分を求めよ。

解) 定義より

第 1 章　微分とは何か

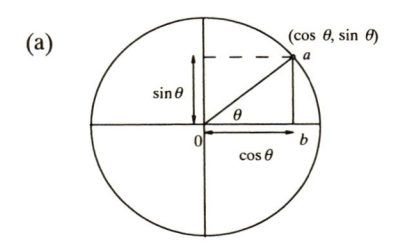

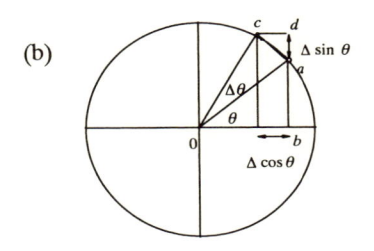

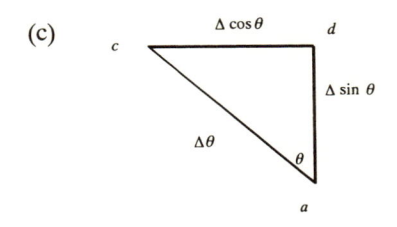

(a)

(b)

(c)

**図 1-10**　三角関数の微分。(a) 単位円上の点は、$(\cos\theta, \sin\theta)$ で与えられる。(b) 角 $\theta$ を $\Delta\theta$ だけ増やすと、$\sin\theta$ は増加し、$\cos\theta$ は減少する。ここで図の三角形 $cad$ を拡大すると、図(c)となり、ここで $\angle cad$ は $\theta + \Delta\theta$ であるが、$\Delta\theta \to 0$ で $\theta$ となる。よって、図から明らかなように、$-\Delta\cos\theta/\Delta\theta = \sin\theta$、$\Delta\sin\theta/\Delta\theta = \cos\theta$ と与えられる。

$$\frac{d(\cos\theta)}{d\theta} = \lim_{\Delta\theta \to 0} \frac{\cos(\theta + \Delta\theta) - \cos\theta}{\Delta\theta}$$

ここで加法定理（addition theorem）から

$$\cos(\theta + \Delta\theta) = \cos\theta\cos\Delta\theta - \sin\theta\sin\Delta\theta$$

であり、$\Delta\theta \to 0$ のとき

$$\cos\Delta\theta \to \cos 0 = 1 \qquad \sin\Delta\theta \to \Delta\theta$$

であるので

$$\frac{d(\cos\theta)}{d\theta} = \lim_{\Delta\theta \to 0}\frac{\cos(\theta+\Delta\theta)-\cos\theta}{\Delta\theta} = \lim_{\Delta\theta \to 0}\frac{-\sin\theta\,\Delta\theta}{\Delta\theta} = -\sin\theta$$

となる。

**演習 1-13** $\tan\theta$ の微分を求めよ。

解) $\tan\theta = \dfrac{\sin\theta}{\cos\theta}$ であるから、1-3 項の関数の商に関する微分を利用する。

$$\frac{d}{dx}\left(\frac{u(x)}{v(x)}\right) = \frac{1}{v^2(x)}\left(\frac{du(x)}{dx}v(x) - u(x)\frac{dv(x)}{dx}\right)$$

よって

$$\frac{d(\tan\theta)}{d\theta} = \frac{d}{d\theta}\left(\frac{\sin\theta}{\cos\theta}\right) = \frac{1}{\cos^2\theta}(\cos\theta\cdot\cos\theta - \sin\theta\cdot(-\sin\theta)) = \frac{1}{\cos^2\theta}$$

となる。

## 1.8. 合成関数の微分

微分を行う時によく利用する手法として合成関数(composite function)の微分がある。例えば

$$y = \sin(x^2+1)$$

を微分しろと言われた時に、どう対処すれば良いであろうか。

まず、$\sin u$ の微分は $\cos u$ ということは分かっているので、これをうまく使いたい。そこで

$$u(x) = x^2 + 1$$

と置く。すると

$$\sin(x^2+1) = \sin u$$

となるので

$$\frac{dy}{du} = \cos u$$

が得られる。ただし、求めたいのは、あくまでも $x$ に関する導関数

$$\frac{dy}{dx} = \frac{d\sin(x^2+1)}{dx}$$

である。ここで $u(x) = x^2 + 1$ と置いたから $du/dx = 2x$ となる。ここで、次のような変形

$$\frac{dy}{dx} = \frac{dy}{du}\frac{du}{dx}$$

を考え、$dy/du$ と $du/dx$ にそれぞれの値を代入すると

$$\frac{dy}{dx} = \cos u \cdot 2x = 2x\cos(x^2 + 1)$$

という結果が得られる。この考え方は一般の微分に対しても適用できる。
　$y$ が $u$ の関数として
$$y = f(u)$$
であり、さらに $u$ が $x$ の関数
$$u = g(x)$$
とすると、$y$ を $u$ で微分したものに、$u$ を $x$ で微分したものをかけると、結果として $y$ を $x$ で微分した導関数が得られる。すなわち

$$\frac{dy}{dx} = \frac{dy}{du} \cdot \frac{du}{dx} = f'(u) \cdot g'(x)$$

という関係が成立する。このような関数を合成関数 (composite function) と呼んでいる。この合成関数の微分関係は、非常に便利である。
　なぜなら、複雑な関数式 $y = F(x)$ が与えられた場合に、自分がなじみのある関数形 $y = f(u)$ に簡略化して $u$ で微分したのち、あとは $u = g(x)$ の微分を行って、それらの積を計算すれば済むからである。
　それでは、どうして、このような変換が可能なのであろうか。微分の定義に沿って考えてみよう。まず、$y = f(u)$ の微分は

$$\frac{dy}{du} = \lim_{\Delta u \to 0} \frac{f(u + \Delta u) - f(u)}{\Delta u}$$

ここで $\Delta u$ は

$$\Delta u = g(x + \Delta x) - g(x)$$

であることに注意する。これを踏まえて $dy/dx$ を求めてみよう。定義から

$$\frac{dy}{dx} = \lim_{\Delta x \to 0} \frac{(y + \Delta y) - y}{\Delta x} = \lim_{\Delta x \to 0} \frac{\Delta y}{\Delta x}$$

ここで、分子分母に同じ数をかけても、その値は変化しないから

$$\lim_{\Delta x \to 0} \frac{\Delta y}{\Delta x} = \lim_{\Delta x \to 0} \frac{\Delta y \cdot \Delta u}{\Delta x \cdot \Delta u}$$

と書くことができる。つぎに $\Delta x \to 0$ のとき
$$\Delta u = g(x + \Delta x) - g(x) \to g(x) - g(x) = 0$$
であるから、$\Delta u \to 0$ は $\Delta x \to 0$ と同じことを意味している。
　よって、上式は

$$\frac{dy}{dx} = \lim_{\Delta x \to 0} \frac{\Delta y \cdot \Delta u}{\Delta x \cdot \Delta u} = \lim_{\Delta u \to 0} \frac{\Delta y}{\Delta u} \cdot \lim_{\Delta x \to 0} \frac{\Delta u}{\Delta x}$$

と変形できる。これは

$$\frac{dy}{dx} = \frac{dy}{du} \cdot \frac{du}{dx}$$

が成立することを示している。

**演習 1-14** $y = (x^2 + 2x + 1)^5$ を微分せよ。

解） $u = x^2 + 2x + 1$ と置く。すると、$y = u^5$ であるから

$$\frac{dy}{du} = 5u^4 \qquad \frac{du}{dx} = 2x + 2$$

となる。よって

$$\frac{dy}{dx} = \frac{dy}{du} \cdot \frac{du}{dx} = 5u^4 \cdot (2x + 2) = 5(2x + 2)(x^2 + 2x + 1)^4$$

と与えられる。

**演習 1-15** $y = \sqrt{2x^2 + 3x + 4}$ を微分せよ。

解）　　$u = 2x^2 + 3x + 4$ と置く。すると $y = \sqrt{u} = u^{\frac{1}{2}}$ であるから

$$\frac{dy}{du} = \frac{1}{2}u^{-\frac{1}{2}} = \frac{1}{2\sqrt{u}} \qquad \frac{du}{dx} = 4x + 3$$

となり

$$\frac{dy}{dx} = \frac{dy}{du} \cdot \frac{du}{dx} = \frac{4x+3}{2\sqrt{u}} = \frac{4x+3}{2\sqrt{2x^2+3x+4}}$$

と与えられる。

### 1.9. 逆関数の微分

微分積分でよく使われるものに逆関数（inverse function）がある。逆関数は

$$y = f^{-1}(x) \quad と書いて \quad x = f(y)$$

の関係にある。例えば

$$\sin\left(\frac{\pi}{2}\right) = 1$$

の時

$$\sin^{-1}(1) = \frac{\pi}{2}$$

と書くことができる。三角関数以外で逆関数をあまり使うことはないが、互いに逆関数の関係にある組み合わせとして

$$\begin{cases} y = e^x \\ y = \ln x \end{cases}$$

が挙げられる。グラフで描けば、図 1-11 に示すように、逆関数は $y = x$ に関して鏡像 (mirror image) 関係にある。

逆関数の微分の公式は

$$\frac{dy}{dx} = \frac{1}{\frac{dx}{dy}} = \frac{1}{f'(y)}$$

で与えられる。例として

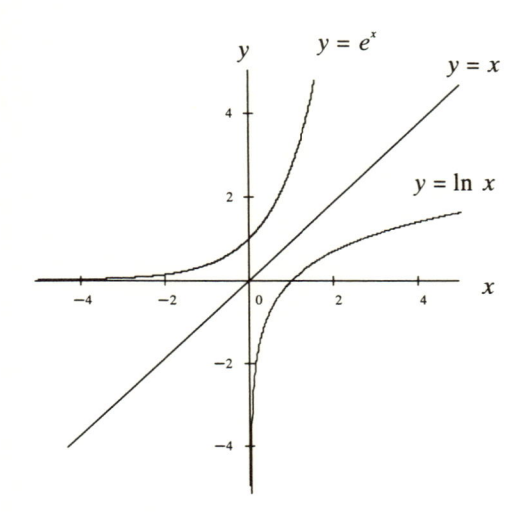

**図 1-11** $y=e^x$ と $y=\ln x$ のグラフ。$y=x$ に関して鏡像関係にある。これをお互いに逆関数と呼んでいる。

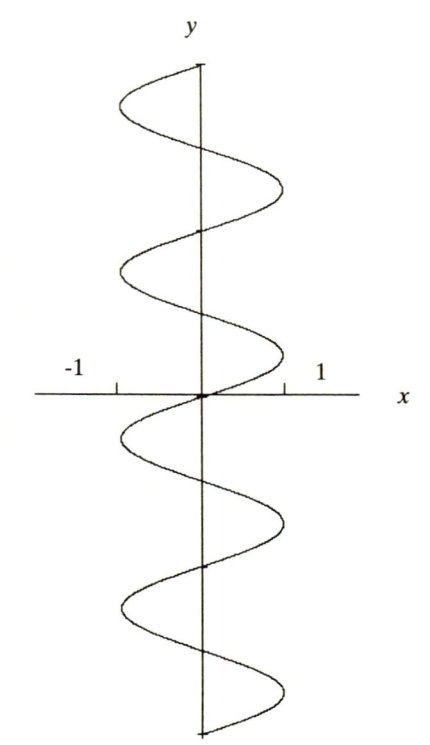

**図 1-12** $y=\sin^{-1}x$ のグラフ。図から明らかなように、ひとつの $x$ の値に対して、数多くの $y$ の値が対応する。このような関数を多価関数と呼ぶ。

を考える。

$$y = \sin^{-1} x$$

（三角関数では逆関数 $\sin^{-1}x$ は $\arcsin x$ とも表記される。この他 $\cos^{-1}x = \arccos x$, $\tan^{-1}x = \arctan x$ とも表記する。）この時

$$x = \sin y$$

であるから

$$\frac{dx}{dy} = \cos y$$

となる。ここで

$$\sin^2 y + \cos^2 y = 1$$

の関係にあるから

$$\cos y = \pm\sqrt{1 - \sin^2 y} = \pm\sqrt{1 - x^2}$$

と変形できるので、結局

$$\frac{d}{dx}(\sin^{-1} x) = \frac{1}{\frac{dx}{dy}} = \frac{1}{\cos y} = \pm\frac{1}{\sqrt{1 - x^2}}$$

と与えられる。これは、有名な微分の公式であり、積分にも利用される。

ただし、図1-12に示すように、$y = \sin^{-1}x$ のグラフを書くと、ひとつの $x$ の値に対して $y$ の値が無数にある。（このような関数を多価関数:multiple-valued function と呼ぶ。）

これでは具合が悪いので、図1-13に示すように、$-1 \le x \le 1$ の範囲で、この関数の定義域(domain range)を $-\pi/2 \le y \le \pi/2$ とする。すると、$x$ と $y$ が一対一に対応する。（多価関数では、この範囲を主枝(principal branch)とも呼び、その値を主値(principal value)と呼んでいる。）こうすれば、微分もひとつになり

$$\frac{d}{dx}(\sin^{-1} x) = \frac{1}{\sqrt{1 - x^2}}$$

と書ける。一般の教科書では、これが公式として採用されている。

**演習 1-16**　$y = \cos^{-1} x$ の微分を求めよ。

解）　$x = \cos y$ であるから

$$\frac{dx}{dy} = -\sin y$$

よって

$$\frac{d}{dx}\left(\cos^{-1} x\right) = \frac{1}{\dfrac{dx}{dy}} = \frac{1}{-\sin y} = \mp\frac{1}{\sqrt{1-x^2}}$$

となる。

　$\cos^{-1} x$ の場合も $\sin^{-1} x$ と同様に定義域を規定するが、$-1 \leq x \leq 1$ の範囲で、$0 \leq y \leq \pi$（を主値）とする。（$\sin^{-1} x$ と同じ定義域では、$y$ の値がひとつにならないことに注意する。）

　このとき、導関数もひとつになり

$$\frac{d}{dx}\left(\cos^{-1} x\right) = -\frac{1}{\sqrt{1-x^2}}$$

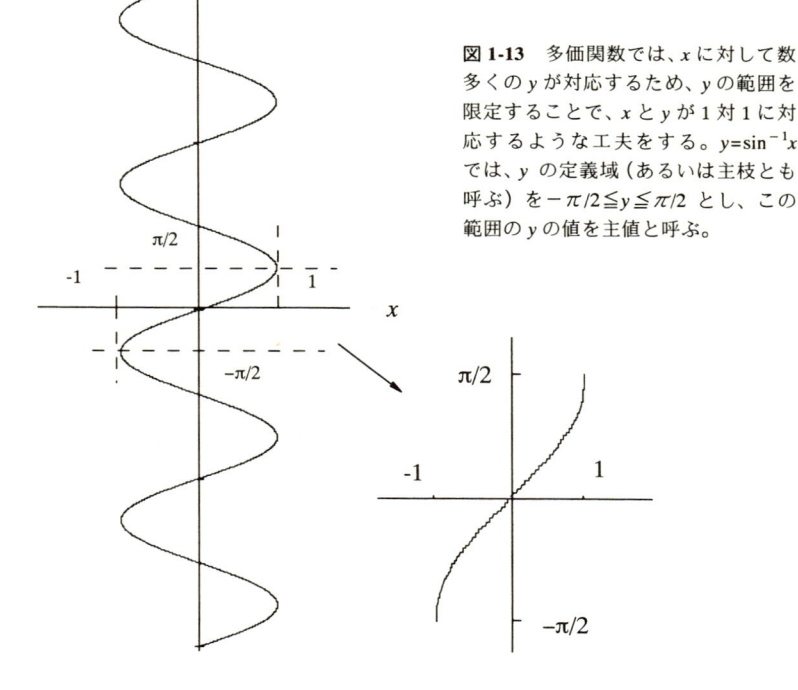

**図1-13**　多価関数では、$x$ に対して数多くの $y$ が対応するため、$y$ の範囲を限定することで、$x$ と $y$ が1対1に対応するような工夫をする。$y = \sin^{-1} x$ では、$y$ の定義域（あるいは主枝とも呼ぶ）を $-\pi/2 \leq y \leq \pi/2$ とし、この範囲の $y$ の値を主値と呼ぶ。

と与えられる。

**演習 1-17**　　$y = \tan^{-1} x$ を求めよ。

解）　$x = \tan y$ であるから

$$\frac{dx}{dy} = \frac{1}{\cos^2 y}$$

となる。よって

$$\frac{d}{dx}\left(\tan^{-1} x\right) = \frac{1}{\frac{dx}{dy}} = \cos^2 y$$

となる。ここで

$$x^2 = \tan^2 y = \frac{\sin^2 y}{\cos^2 y} = \frac{1 - \cos^2 y}{\cos^2 y}$$

これを $\cos^2 y$ について解くと

$$\cos^2 y = \frac{1}{1 + x^2}$$

となって、結局

$$\frac{d}{dx}\left(\tan^{-1} x\right) = \cos^2 y = \frac{1}{1 + x^2}$$

となる。これら三角関数の逆関数の微分は、後程示すように、積分解法に広範囲に利用される。

## 1.10.　偏微分

いままで取り扱ってきた関数は、変数が1個しかない場合を想定しているが、関数によっては2個以上の変数を持つ場合がある。この場合の微分はどうなるのであろうか。

まず、両方の変数が同時に変化したのでは、取り扱いが面倒である。そこで、どちらかの変数は変化しないと仮定して、変化する変数のみに着目して微分を行う。この微分操作を偏微分 (partial differentiation) と呼んでいる。

### 1.10.1.　偏微分を求める

実際に偏微分を行ってみよう。いま関数 $f(x, y)$ があって、これが $x$ と $y$ の

ふたつの変数を持っているとする。この時、偏微分の記号を∂と表記すると関数 $f(x, y)$ で $x$ だけが変化するとみなした場合の偏微分は

$$\frac{\partial f(x, y)}{\partial x} = \lim_{\Delta x \to 0} \frac{f(x + \Delta x, y) - f(x, y)}{\Delta x}$$

と定義できることになる。同様にして、変数 $y$ に関する偏微分は

$$\frac{\partial f(x, y)}{\partial y} = \lim_{\Delta y \to 0} \frac{f(x, y + \Delta y) - f(x, y)}{\Delta y}$$

と定義できる。変数の数がたとえ増えたとしても、偏微分は、他の変数はすべて固定して、注目する変数の微分だけを実施すれば良い。

これで、偏微分に関しては、必要な事項の説明は終わりであるが、具体例で偏微分を経験してみよう。

$$z = f(x, y) = x^2 + y^2$$

という関数を考える。これは、$x$ と $y$ の長さを有する長方形を考えると、その対角線の長さの 2 乗であり、図 1-14 に示すように、対角線を 1 辺とする正方形の面積に相当する。

この関数の $x$ に関する偏微分とはいったい何であろうか。これは、図において $y$ はそのままにして、$x$ を $dx$ だけ増やした時に、$z$ がどれだけ増えるかを示す指標と考えられる。偏微分の定義から

$$\frac{\partial f(x, y)}{\partial x} = \lim_{\Delta x \to 0} \frac{\{(x + \Delta x)^2 + y^2\} - (x^2 + y^2)}{\Delta x}$$

となる。ここで lim の中は

$$\frac{2(\Delta x)x + (\Delta x)^2}{\Delta x} = 2x + \Delta x$$

と計算できるので、$\Delta x \to 0$ の極限では $2x$ となる。よって

$$\frac{\partial f(x, y)}{\partial x} = 2x$$

第 1 章　微分とは何か

と求められる。これは、$x$ がわずかに増加した時に、$z = x^2 + y^2$ は、$\Delta x$ に対して $2x$ という傾きで増えていくことを示している。

　実際に数値を与えて調べてみよう。いま $x = 3, y = 3$ とすると
$$z = x^2 + y^2 = 3^2 + 3^2 = 9 + 9 = 18$$
である。ここで、$x$ が $\Delta x = 0.1$ だけ増加したとする。すると
$$z = (3.1)^2 + 3^2 = 9.61 + 9 = 18.61$$
となって
$$\Delta z = 0.61$$
となる。

　ここで、$x = 3$ であるから、偏微分計算から見積もられる $\Delta z$ の増加の勾配は $2x = 6$ となる。すると
$$\Delta z = 6\Delta x = 6\,(0.1) = 0.6$$
となって、実際の増加分 0.61 に近い値が得られる。もちろん $\Delta x$ をもっと小さくすれば、両者はもっと近づき、$\Delta x \to 0$ の極限で、一致することになる。

　ついでに、$y$ の偏微分も求めてみよう。

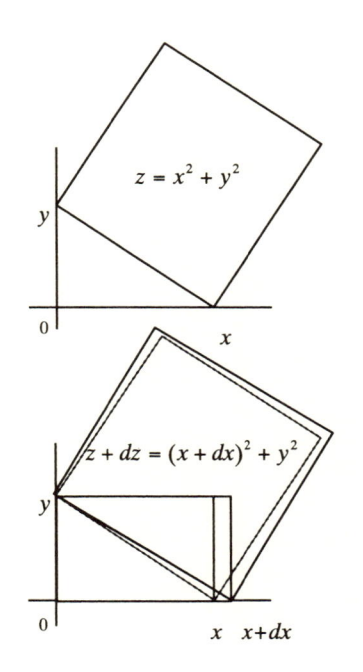

**図 1-14** $z = x^2 + y^2$ のグラフを無理やり 2 次元で描くと、$z$ は図の正方形の面積に相当する。ここで、$y$ はそのままで、$x$ だけをわずかに増大した時の $z$ の増加分が、偏微分に相当する。

$$\frac{\partial f(x,y)}{\partial y} = \lim_{\Delta y \to 0} \frac{\{x^2 + (y+\Delta y)^2\} - (x^2 + y^2)}{\Delta y}$$

これを同様に計算すると

$$\frac{\partial f(x,y)}{\partial y} = 2y$$

となる。

**演習 1-18** 次の関数の $x$ および $y$ に関する偏導関数を求めよ。

(1) $z = x^3 y^2$ (2) $z = 3x^2 y + 3xy^2$ (3) $z = \dfrac{x}{y}$

解）

(1) $\dfrac{\partial z}{\partial x} = \dfrac{\partial f(x,y)}{\partial x} = 3x^2 y^2 \qquad \dfrac{\partial z}{\partial y} = \dfrac{\partial f(x,y)}{\partial y} = 2x^3 y$

(2) $\dfrac{\partial z}{\partial x} = \dfrac{\partial f(x,y)}{\partial x} = 6xy + 3y^2 \qquad \dfrac{\partial z}{\partial y} = \dfrac{\partial f(x,y)}{\partial y} = 3x^2 + 6xy$

(3) $\dfrac{\partial z}{\partial x} = \dfrac{\partial f(x,y)}{\partial x} = \dfrac{1}{y} \qquad \dfrac{\partial z}{\partial y} = \dfrac{\partial f(x,y)}{\partial y} = -\dfrac{x}{y^2}$

### 1.10.2. 高階の偏微分

普通の微分でも高階の導関数があったように、偏微分においても高階の導関数を求めることができる。ただし、普通の微分と違うのは

$$\frac{\partial^2 f(x,y)}{\partial x \partial y}$$

のように、ふたつの変数で偏微分できることである。ここで例として

$$f(x,y) = ax^2 + bxy + cy^2$$

という関数を考えてみよう。この偏微分は

$$\frac{\partial f(x,y)}{\partial x} = 2ax + by$$

$$\frac{\partial f(x,y)}{\partial y} = bx + 2cy$$

と与えられる。この関数の2階の偏導関数は

$$\frac{\partial^2 f(x,y)}{\partial x^2} = \lim_{\Delta x \to 0} \frac{\{2a(x+\Delta x) + by\} - (2ax + by)}{\Delta x} = 2a$$

$$\frac{\partial^2 f(x,y)}{\partial x \partial y} = \lim_{\Delta y \to 0} \frac{\{2ax + b(y+\Delta y)\} - (2ax + by)}{\Delta y} = b$$

$$\frac{\partial^2 f(x,y)}{\partial y^2} = \lim_{\Delta y \to 0} \frac{\{bx + 2c(y+\Delta y)\} - (bx + 2cy)}{\Delta y} = 2c$$

となる。ここでは、

$$\frac{\partial^2 f(x,y)}{\partial x \partial y}$$

を求めるときに、

$$\frac{\partial f(x,y)}{\partial x} = 2ax + by$$

を $y$ で偏微分したが、

$$\frac{\partial f(x,y)}{\partial y} = bx + 2cy$$

を $x$ で偏微分しても同じ答えが得られることに注意されたい。

　もちろん、原理的には3階、4階の偏導関数も存在するが、かなり煩雑になるうえ、実際の応用においては、2階の偏導関数までしか扱わない場合がほとんどである。

**演習 1-19**　　関数 $z = f(x,y) = 3x^4 + x^2y + 2y^3$ の高階の偏導関数を求めよ。

　**解）**　　まず、1次の偏導関数は

$$\frac{\partial z}{\partial x} = 12x^3 + 2xy \qquad \frac{\partial z}{\partial y} = x^2 + 6y^2$$

と求められる。つぎに、2階の偏導関数は

$$\frac{\partial^2 z}{\partial x^2} = 36x^2 + 2y \qquad \frac{\partial^2 z}{\partial x \partial y} = \frac{\partial^2 z}{\partial y \partial x} = 2x \qquad \frac{\partial^2 z}{\partial y^2} = 12y$$

となる。さらに 3 階の偏導関数は

$$\frac{\partial^3 z}{\partial x^3} = 72x \qquad \frac{\partial^3 z}{\partial x^2 \partial y} = 2 \qquad \frac{\partial^3 z}{\partial y^3} = 12$$

と与えられる。

### 1.11.　全微分

ある関数 $z$ が $x$ と $y$ の 2 変数を持つとする。

$$z = f(x, y)$$

この時

$$dz = \frac{\partial z}{\partial x} dx + \frac{\partial z}{\partial y} dy$$

のことを関数 $z = f(x, y)$ の全微分（total differential）と呼ぶ。ここで、この関数を一般に図示するためには、3 次元空間が必要になるが、分かりやすく、全微分の意味を知るために

$$z = f(x, y) = xy$$

という関数を例にして考えてみよう。$xy$ は、図 1-15 に示すように、横軸の長さが $x$ で、たて軸の長さが $y$ の長方形の面積である。すると、$dz$ とは、これらの長さが変化した時に、どのように面積が変化するかを示すものと考えられる。

ここで、もし、$y$ 軸の長さが一定で、$x$ のみが増加するのであれば

$$dz = \frac{\partial z}{\partial x} dx = ydx$$

と書くことができる。これは偏微分の考え方そのものである。しかし、一緒に $y$ も変化しているとすると、その増加分も $dz$ に組み入れる必要がある。その成分が

第1章 微分とは何か

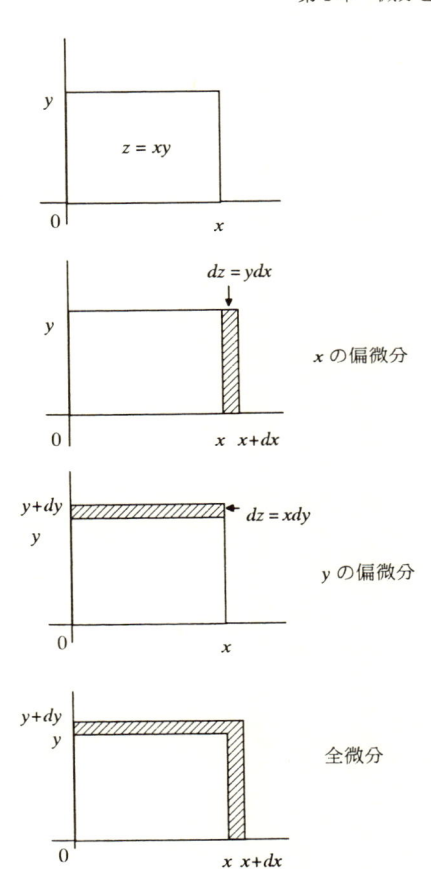

**図 1-15** $z = xy$ という関数を考えると、$z$ は図の長方形の面積となる。ここで、$x$ あるいは $y$ だけをわずかに増大させた時の $z$ の増加分が偏導関数（それぞれ $\partial z/\partial x, \partial z/\partial y$）を与える。これに対し、$x$ と $y$ の両方を増加させた時の $z$ の増加分が全微分となる。

$$\frac{\partial z}{\partial y}dy = xdy$$

である。よって、$x, y$ 両方の変化を考慮に入れた $z$ の増加分は

$$dz = \frac{\partial z}{\partial x}dx + \frac{\partial z}{\partial y}dy = ydx + xdy$$

で与えられることになる。これが全微分である。いわば、ふたつの変数が同時に変化した時の、関数全体の増加分（あるいは減少分）に相当する。

ただし図をよく見ると分かるように、全微分は $dxdy$ だけ $x$ の偏微分と $y$ の偏微分を足した面積よりも大きくなっている。しかし、この図は分かりやすいように大きくしたので、この部分が誤差として示されているが、実際には、$dx$ と $dy$ の両方ともが 0 になる極限の話であるので、この項は無視できる。

**演習 1-20**　つぎの関数の全微分を求めよ。

(1)　$z = x^2 y + 2x$　　(2)　$z = x^3 y^2$

解）

(1)　$\frac{\partial z}{\partial x} = 2xy + 2$, $\frac{\partial z}{\partial y} = x^2$ であるから $dz = \frac{\partial z}{\partial x}dx + \frac{\partial z}{\partial y}dy = (2xy + 2)dx + x^2 dy$

(2)　$\frac{\partial z}{\partial x} = 3x^2 y^2$, $\frac{\partial z}{\partial y} = 2x^3 y$ であるから $dz = \frac{\partial z}{\partial x}dx + \frac{\partial z}{\partial y}dy = 3x^2 y^2 dx + 2x^3 y dy$

### 1.12.　導関数の応用

#### 1.12.1　極大と極小

導関数

$$\left(\frac{df(x)}{dx}, \frac{dy}{dx}, f'(x), y'\right)$$

は、ある関数 $f(x)$ をグラフ化した時の、各点 ($x$) における勾配に対応することはすでに説明した。この導関数を利用することで、グラフ（あるいは関数 $f(x)$ が変数 $x$ にどのように依存するか）に関するいろいろな情報を得ることが可能である。例えば、ある点 $x$ において

$f'(x) > 0$ ということは、関数が増加していること
$f'(x) < 0$ ということは、関数が減少していること

を示している。例として

第1章　微分とは何か

$$f(x) = x^2$$

という関数を考えてみる。（図 1-16 参照）この導関数は

$$f'(x) = 2x$$

であるから

$x = -2$ では $f'(-2) = -4$ となって $f(x)$ は減少すること
$x = 2$ では　$f'(2) = 4$　となって $f(x)$ は増加すること

が分かる。

また、$f'(x) = 0$ となる点 $x$ では関数 $f(x)$ の傾きがゼロになる。これは、関数が極大 (maximum) あるいは極小 (minimum) を示すことに対応している。（後に紹介するように極値ではなく、変曲点 (inflection point) になるケースもある。）

いまの場合

$$f'(x) = 2x = 0$$

を満足するのは、$x = 0$ であり、グラフから分かるように、この点で $f(x)$ は極

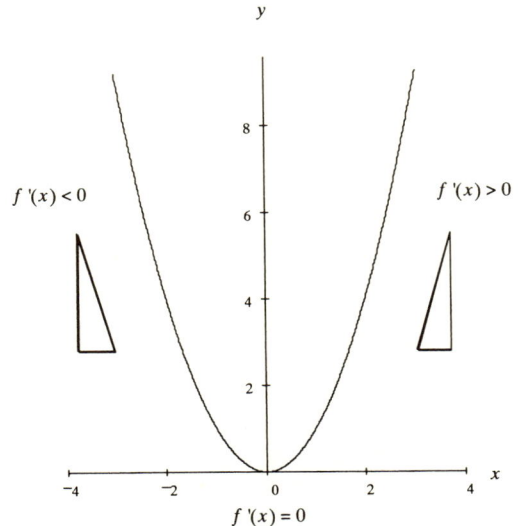

図 1-16　$y = x^2$ のグラフ。

小となっている。ただし、$f(x) = x^2$の場合は、グラフ化は簡単であるから、導関数の効用は実感できないかもしれない。そこで、例えば
$$f(x) = 2x^3 - 9x^2 + 3x + 4$$
という関数が与えられたとしたらどうであろうか。よほど慣れたひとでない限り、すぐにグラフのかたちを思い浮かべるのは難しい。（最近の数学計算ソフトは進んでいて、この式をインプットすると、ただちにグラフ化してくれるが。）

このような場合に、導関数が威力を発揮する。いま、この関数の微分を求めると
$$f'(x) = 6x^2 - 18x + 3$$
となる。ここで
$$x = -2 \text{ では} f'(-2) = 63 \qquad x = 2 \text{ では} f'(2) = -9$$
となり、関数のグラフは、$x = -2$では増加、$x = 2$では減少傾向にあることが、すぐに分かる。また、$f'(x) = 0$となる点$x$を求めると

$$x = \frac{18 \pm \sqrt{(-18)^2 - 4 \cdot 6 \cdot 3}}{12} = \frac{18 \pm \sqrt{252}}{12} = \frac{3 \pm \sqrt{7}}{2}$$

で極値をとることも分かる。

ただし、このままでは、これらの点で極大であるのか極小であるのかの区別がつかない。それを判定するにはどうするか。これには、極値の前後の点で、導関数の値を計算する。例えば、
$$x = 2, 3 \quad \left(2 < \frac{3 + \sqrt{7}}{2} < 3\right)$$
を代入すると
$$f'(2) = 24 - 36 + 3 = -9 \qquad f'(3) = 54 - 54 + 3 = 3$$
となって、この点の前後で、グラフの傾きは、負（−）から正（+）に変わることが分かる。つまり、関数は減少から増加に転ずることになり、結局、この点は極小を与えることになる。同様にして、点
$$x = \frac{3 - \sqrt{7}}{2}$$
の前後では、グラフの傾き$f'(x)$は、正（+）から（−）に変わるので、極大となることが分かる。

第1章　微分とは何か

以上を整理すると

| $x$ |  | $\dfrac{3-\sqrt{7}}{2}$ |  | $\dfrac{3+\sqrt{7}}{2}$ |
|---|---|---|---|---|
| $f'(x)$ | + | 0 | − | 0 |
| $f(x)$ | ↑ | 極大 | ↓ | 極小 |

　最後に、まとめとして、この関数のグラフを図 1-17 に示す。もちろん、このように実際にグラフを描けば、導関数を利用して求めた情報の概要は得ることができる。かといって、すべての関数をグラフ化するのは容易ではないし、グラフ化した場合でも、関数の微妙な変化は見た目だけで判断が難しい。よって、その詳細な解析には必ず導関数が必要となる。

**演習 1-21**　　$f(x) = x^3$ が増加関数であることを示せ。

　解）　　$f'(x) = 3x^2$ であり、$x^2$ は常に正または 0 であるから、$f'(x) \geq 0$ で、関数は増加関数である。

**演習 1-22**　　関数 $f(x) = xe^{-x}$ の極値を求めよ。

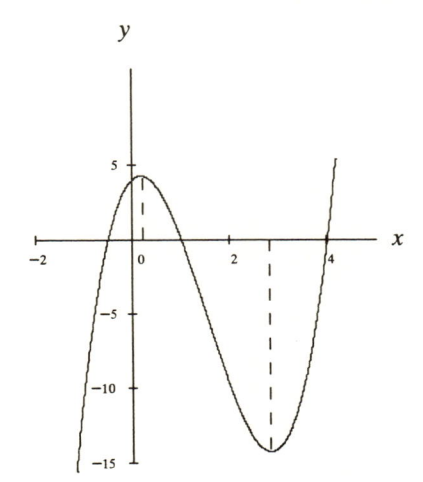

図 1-17　$y = 2x^3 - 9x^2 + 3x + 4$ のグラフ。

解） $f'(x) = (x)'e^{-x} + x(e^{-x})' = e^{-x} + -xe^{-x} = (1-x)e^{-x}$ となり、$e^{-x} \neq 0$ であるから、$f'(x) = 0$ を与えるのは $x = 1$ となる。

ちなみに $x < 1$ で $f'(x) > 0$、$x > 1$ で $f'(x) < 0$ であるから、$x = 1$ で極大となる。

### 1.12.2. 2階導関数の応用

導関数を使うことで、関数の傾きが分かり、これによって、増減や極値を求めることが可能になる。しかし、増加関数といっても、図 1-18 に示すように、傾きが増えているのか、それとも減っているのか、あるいは一定であるのかの判断がつかない。これに対処するにはどうしたらよいか。事は簡単で 2 階導関数を見ればよいのである。

2 階導関数は、1 階導関数の傾き（変化）の指標である。よって、関数の値が増加していても、つまり $f'(x) > 0$ であっても、その増加の度合が減っている場合には、$f''(x) < 0$ となる。ここで、例として演習 1-21 で取り扱った関数 $f(x) = x^3$ について調べてみよう（図 1-19 参照）。まず、この関数は、$f'(x) \geq 0$ であるので、つねに増加する関数であることは演習で示した通りである。

ここで、その 2 階導関数は

$$f''(x) = 6x$$

であるから、$x < 0$ では $f''(x) < 0$ となる。つまり、この領域では、増加関数ではあるが、その増加の度合（傾き）は次第に減っていることになる。（上に凸のグラフになる。）

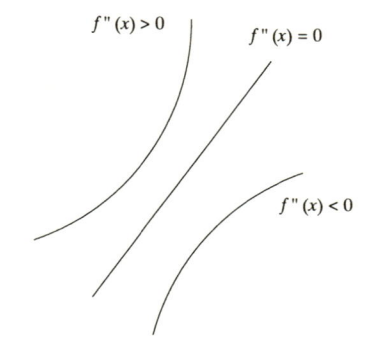

図 **1-18** 増加関数。すべてのグラフが増加関数であるが、それぞれで増加の度合が異なる。この変化は 2 階導関数で探ることができる。

**図 1-19** $y = x^3$ のグラフ。

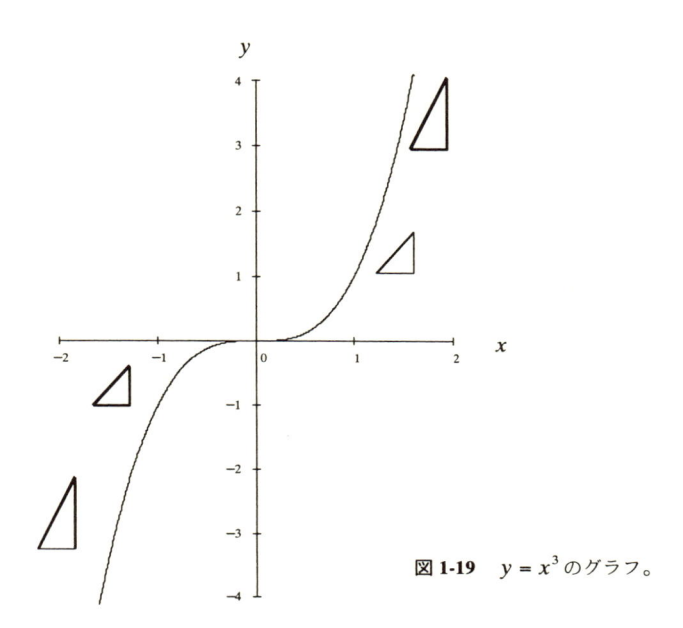

　次に、$x = 0$ では、$f'(x) = 0$ である。これは、前の節では極値を与える条件として紹介した。ところが、$f(x) = x^3$ では、この前後で導関数の値がいずれも正であるから、極値をとらないことになる。この場合、2 階導関数は $f''(x) = 0$ である。つまり、$f(x)$ はいったん増加の度合が停滞することになるものの極大や極小はとらない。このような点を変曲点 (inflection point) と呼んでいる。

　$x > 0$ では、$f''(x) > 0$ となるので、傾きはどんどん増えていくことになる。（下に凸のグラフ、あるいは上に凹のグラフになる。）

　このように、2 階導関数を使えば、関数の増減に加えて、その増え方や減り方（傾き）がどのような傾向にあるかまで知ることができる。

　さらに、2 階導関数は、極大および極小の判定にも使うことができる。さきほど、関数

$$f(x) = 2x^3 - 9x^2 + 3x + 4$$

において、$f'(x) = 6x^2 - 18x + 3 = 0$ より、極値が点 $x = \dfrac{3 \pm \sqrt{7}}{2}$ で得られることを示した。そして、これらの点が極大あるいは極小いずれを与えるかを判定するのに、前後の導関数の増減で判断できることを示したが、実は、2 階導関数を利用して判別することも可能である。いま

であるから

$$f''(x) = 12x - 18$$

$$f''(\frac{3+\sqrt{7}}{2}) = 12(\frac{3+\sqrt{7}}{2}) - 18 = 6\sqrt{7} > 0$$

$$f''(\frac{3-\sqrt{7}}{2}) = 12(\frac{3-\sqrt{7}}{2}) - 18 = -6\sqrt{7} < 0$$

と計算できる。

$$x = \frac{3+\sqrt{7}}{2}$$

では、2階導関数の値が正である。よって、1階導関数は増加することを示している。極値の前後で1階導関数が増加する変化は、負から正への変化しか考えられないので、この点は極小を与えることになる。一方、

$$x = \frac{3-\sqrt{7}}{2}$$

では、2階導関数の値が負である。よって1階導関数は減少することを示している。極値の前後で、1階導関数が減少する変化は正から負へと転ずる変化に対応するから、この点は極大を与えるということになる。このように、極値が与えられた時、その点で

$$f''(x) < 0 \text{ ならば極大}$$
$$f''(x) > 0 \text{ ならば極小}$$

と判定することができる。

ただし、$f(x) = x^3$の場合のように、$f''(x) = 0$の場合は極値をとらずに変曲点となる場合もある。この場合は、3階導関数で判断することができ、$f'''(x) \neq 0$ならば変曲点となるのであるが、もっと簡単に、$x^5$, $x^7$のように指数が奇数の場合は、変曲点をとり、$x^4, x^6$のように偶数の場合は、極値をとることになる。これに関しては、順次、高階導関数がどうなるかを見ていけば、簡単に判断できるので、それほど問題ではない。

**演習 1-23**　$f(x) = (x+1)^2(x-2)^3$ の変曲点を求めよ。

解）導関数は

$$f'(x) = \{(x+1)^2\}'(x-2)^3 + (x+1)^2\{(x-2)^3\}' = 2(x+1)(x-2)^3 + (x+1)^2\{3(x-2)^2\}$$
$$= \{2(x-2) + 3(x+1)\}(x+1)(x-2)^2 = (5x-1)(x+1)(x-2)^2$$

ここで $f'(x) = 0$ とおくと $x = -1,\ 1/5,\ 2$ となって、これら点で極値あるいは変曲点をとることになる。さらに、2階導関数は

$$f''(x) = 5(x+1)(x-2)^2 + (5x-1)(x-2)^2 + 2(5x-1)(x+1)(x-2)$$

で、$f'(x) = 0$ を満足する $x$ の中で $f''(x) = 0$ となるのは、$x = 2$ だけである。よって、この点が変曲点を与える可能性がある。実際、この前後で導関数 $f'(x)$ が正であるので、変曲点となる。

**1.12.3. 最大と最小を求める**

導関数の応用において、もっとも理工系学問へ利用されるのが、最大値および最小値を求める手法であろう。これは、何らかの関数が与えられた時、それがどの時点で最大となるか、あるいは最小となるかの情報が非常に重要な場合が多いからである。

例えば、物理現象や化学反応を解析する場合、そのエネルギーが最低の状態が最も安定であるとして、平衡点を求めるのが常套手段である。

経済においても、株価が何らかの関数として与えられるとすると、どこで価格が最大になるかは、大きな関心事である。投資をできるだけおさえて、成果を最大にするにはどうしたらよいかという問題も、（それほど単純ではないが）数学的には導関数を利用することになる。

それでは、実際の問題を例にとって、この最大最小問題にアプローチしてみよう。

いま、長方形が与えられたとする。この時、同じ面積で周の長さが最小になるのは、どういう形状であろうか。ここで、辺の長さを $x$ と $y$ とし、面積を $S$ とすると、

$$S = xy$$

の関係にある。この場合、$S$ は定数となる。ここで周の長さ $z$ は

$$z = 2x + 2y$$

である。ここで

$$y = \frac{S}{x}$$

であるから

$$z = f(x) = 2\left(x + \frac{S}{x}\right)$$

となる。ここで、この極値は

$$\frac{dz}{dx} = f'(x) = 2\left(1 - \frac{S}{x^2}\right) = 0$$

で与えられるが、$x$ は辺の長さであるので、負にはならないから $x = \sqrt{S}$ となる。

さらに $x < \sqrt{S}$ で、$f'(x) < 0$、$x > \sqrt{S}$ で $f'(x) > 0$ であるから、この点は極小(最小)を与えることが分かる。この場合

$$y = \frac{S}{x} = \frac{S}{\sqrt{S}} = \sqrt{S} = x$$

であるから、結局、面積が一定の長方形で、周の長さが最小のものは正方形であることが分かる。

このように、何らかの最大、最小を求める場合、それを適当な変数の関数と考えて、その導関数を求め、それがゼロとなる条件を計算すればよいことになる。つまり、どんなに複雑な現象であっても、いったん、適当な変数の関数としてあらわせれば、微分、つまり導関数を求めることはそれほど難しくないのである。つまり、この手法は、数学的解析において強力な武器となる。

**演習 1-24** 円に内接する長方形で最も周の長いものを求めよ。

**解)** 円の直径を $D$ とし、長方形の辺の長さを $x$ および $y$ とすると

$$x^2 + y^2 = D^2$$

の関係にある(図 1-20 参照)。周の長さは

$$z = 2x + 2y$$

で与えられる。ここで

$$y = \sqrt{D^2 - x^2}$$

より

第1章 微分とは何か

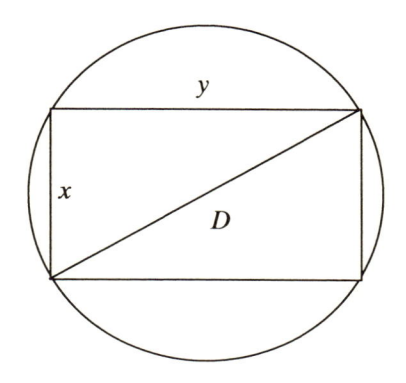

**図 1-20** 円に内接する長方形。

$$z = 2x + 2\sqrt{D^2 - x^2}$$

よって、導関数は

$$\frac{dz}{dx} = 2 + 2\left(\frac{-2x}{2\sqrt{D^2 - x^2}}\right) = 2 - \frac{2x}{\sqrt{D^2 - x^2}}$$

これがゼロになる $x$ が極値を与える。

$$2 - \frac{2x}{\sqrt{D^2 - x^2}} = 0$$

これを変形して

$$2\sqrt{D^2 - x^2} - 2x = 0 \quad x = \sqrt{D^2 - x^2}$$

両辺を平方して整理すると

$$2x^2 = D^2$$

となり、辺の長さは負にならないから

$$x = \sqrt{\frac{D^2}{2}} = \frac{D}{\sqrt{2}}$$

が得られる。ここで $x < \frac{D}{\sqrt{2}}$ では $\frac{dz}{dx} > 0$、$x > \frac{D}{\sqrt{2}}$ では $\frac{dz}{dx} < 0$ であるから、この点の前後では、関数の傾きが正から負に変わるので、極大になることが分かる。また

$$y = \sqrt{D^2 - x^2} = \sqrt{D^2 - \frac{D^2}{2}} = \sqrt{\frac{D^2}{2}} = \frac{D}{\sqrt{2}} = x$$

となるから、結局、円に内接する長方形で、周の長さが最大のものは正方形である。

**1.12.4. 接線および法線**

導関数 $f'(x)$ は、ある点 $x$ における接線の傾きを与える。例えば
$$y = f(x) = x^2$$
の場合、傾きは $f'(x) = 2x$ で与えられるから、$(2, 4)$ における接線の傾きは 4 となる。さらに、これを利用すると接線の方程式もすぐに得られる。傾きが 4 であるから、
$$y = 4x + b$$
とおける。さらに、点 $(2, 4)$ を通るということから $4 = 4\cdot 2 + b$ となって $b = -4$ となり、接線の方程式は
$$y = 4x - 4$$
と与えられる。あるいは傾きが 4 で、点 $(2,4)$ を通ることから、直接
$$y - 4 = 4(x - 2)$$
と書くこともできる（図 1-21 参照）。

これを一般化して、関数 $f(x)$ の点 $(a, f(a))$ における接線の方程式は
$$y - f(a) = f'(a)(x - a)$$
で与えられる。同様に、法線の方程式も導関数で表すことができる。法線とは、接線に直角に交わる線であるから、その傾きは
$$-\frac{1}{f'(x)}$$
で与えられる。よって法線の方程式は
$$y - f(a) = -\frac{1}{f'(a)}(x - a)$$
で与えられる。よって、$y = x^2$ の点 $(2,4)$ における法線は
$$y - 4 = -\frac{1}{4}(x - 2)$$
整理すると $y = -\frac{1}{4}x + \frac{9}{2}$ となる。

**演習 1-25** $y = x^3$ において、点 $(1, 1)$ における接線および法線の方程式を求めよ。

第1章 微分とは何か

解） $y' = f'(x) = 3x^2$ であるから、点(1, 1)における接線および法線の傾きは、それぞれ3および−(1/3)となる。よって

$$y - 1 = 3(x - 1) \qquad y - 1 = -\frac{1}{3}(x - 1)$$

整理して

$$y = 3x - 2 \qquad y = -\frac{1}{3}x + \frac{4}{3}$$

となる。

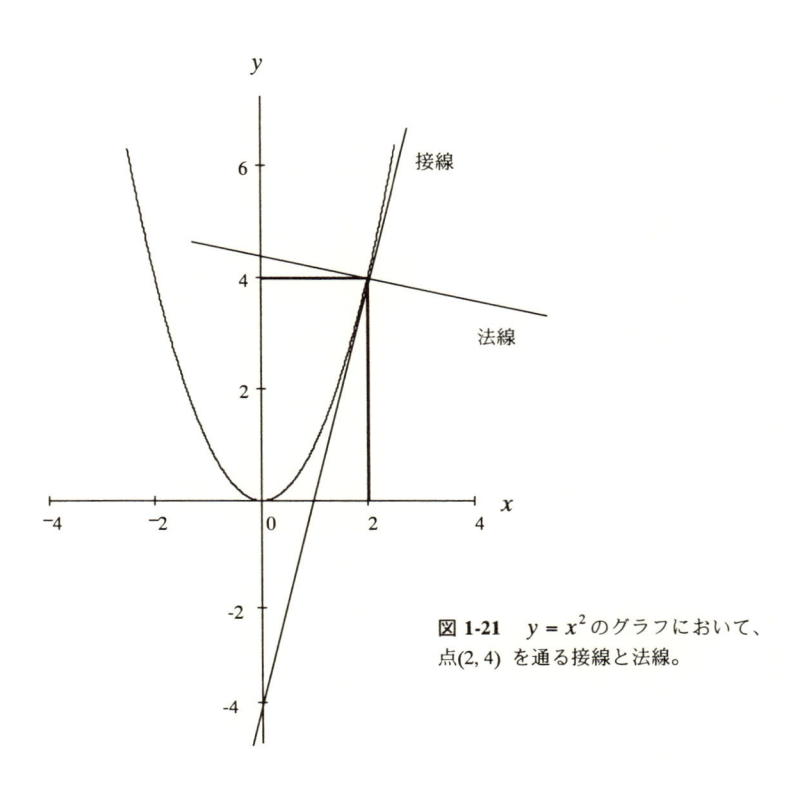

**図 1-21** $y = x^2$ のグラフにおいて、点(2, 4) を通る接線と法線。

## 補遺 1-1  弧度法

　本稿においては、三角関数(trigonometric function)の角度(angle)はすべて弧度法(circular measure)で表している。弧度法というのは、角度を半径(radius: $r$)を基準にして円弧(arc)の長さで表すもので、単位はラジアン(radian)である。

　1 radian（$rad$ と略して書く）とは、図 1A-1 に示すように、半径 $r$ と同じ長さの円弧(arc)を有する時の角度に対応する。ただし、普通はラジアンとつけて呼ぶことは、あまりない。

　円周率(the ratio of the circumference of a circle to its diameter)を$\pi$とすると、円周(circumference)の長さは $2\pi r$ で与えられる。よって、1 回転 360°を弧度法で示せば、$2\pi r / r = 2\pi$ となる。ここで、角度の対応関係を、いくつか代表的な値で見ると

| 45° | 60° | 90° | 180° |
|---|---|---|---|
| $\pi/4$ | $\pi/3$ | $\pi/2$ | $\pi$ |

となる。しかし、円周率$\pi$は $\pi = 3.14159.....$という無理数(irrational number)であるから、実際に計算する時に便利とは言えない。その証拠に 1 ラジアン(1 $rad$)を角度で示すと

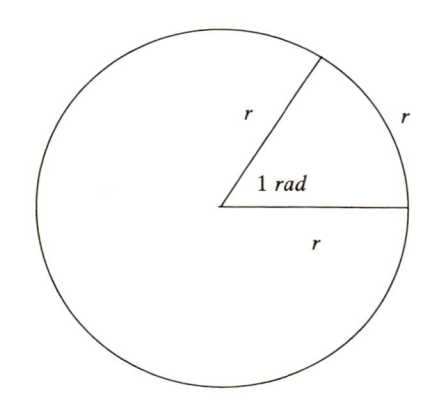

**図 1A-1**　弧度法の単位である 1 $rad$（ラジアン）の角度の大きさ。円弧の長さが半径 ($r$) に対応した扇形の中心角を 1 $rad$ とする。半径が英語で *radius* であることから、この単位名がついた。

$$1\,rad = \frac{360°}{2\pi} = \frac{360°}{2 \cdot 3.14159\cdots} \approx 57.3°$$

となって中途半端な値になってしまう。

　しかし、三角関数を理工学に利用する場合や、他の関数と一緒に利用する場合には、角度を弧度法で表す方がはるかに便利である。このため、何も断わりがなく三角関数が使われる場合、その角度は弧度法で表すのが一般的である。

　では、なぜ弧度法の方が便利なのであろうか。これは、角度で表現したのでは、他の関数との整合性がとれないからだ。例えば、$\sin(2x+1)$ と表現した時、もし $x$ が角度で与えられていたのでは、身動きがとれない。弧度法にすれば、数値（実際には円弧の円周に対する比）として表現できるので、そのまま、他の関数と一緒に使えるのである。

## 補遺 1-2　　三角関数の公式

　三角関数(trigonometric function)の微積分を行う場合には、いくつか知っておくべき公式がある。その代表が加法定理（addition theorem あるいは addition formulae）である。この定理は、実は後章で紹介するオイラー公式(Euler theorem) を使えば簡単に証明できるのであるが、ここでは図を使って説明する。

　加法定理とは、$\sin(A+B)$ と $\cos(A+B)$ を、$\sin A, \sin B, \cos A, \cos B$ で表現する公式で、非常に重要かつ有用な定理である。

　いま、図 1A-2 に示すように、斜辺の長さが 1 の直角三角形 $abc$ を描く。ここで $\angle abc$ が $\angle A + \angle B$ とし、点 $b$ から底辺 $bc$ との角度が $\angle A$ となるような直線を引く。つぎに点 $a$ から直線 $ac$ との角度が $\angle A$ となるように直線を引き、先ほどの直線との交点を $d$ とする。これら直線が、$d$ で直交することは、三角形の相似から、すぐに分かる。

　つぎに $d$ から、それぞれ直線 $ac$ および直線 $bc$ の延長線上に直交する直線を引き、その交点をそれぞれ $f$ および $e$ とする。

　この図を利用して加法定理を導いてみよう。

　斜辺 $ab$ の長さが 1 であるから

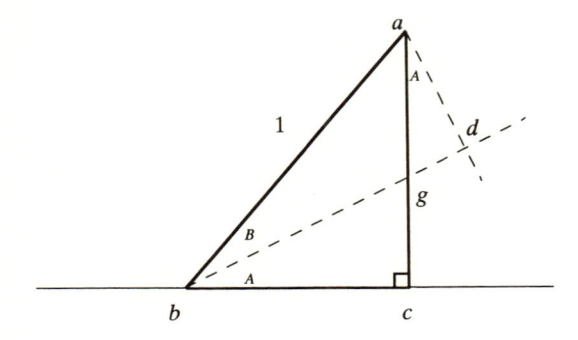

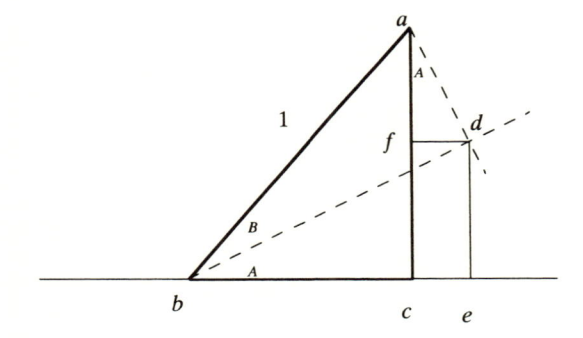

**図 1A-2** 加法定理を示すための説明図。

$$\overline{ac} = \sin(A+B)$$

となる。次に、直角三角形 *abd* において、辺の長さは

$$\overline{ad} = \sin B, \quad \overline{bd} = \cos B$$

と与えられる。次に

$$\overline{af} = \overline{ad}\cos A = \cos A \sin B$$
$$\overline{fc} = \overline{de} = \overline{bd}\sin A = \sin A \cos B$$

であり

$$\overline{ac} = \overline{af} + \overline{fc}$$

の関係にあるから、結局

$$\sin(A+B) = \sin A \cos B + \cos A \sin B$$

となる。同様にして

$$\overline{bc} = \cos(A+B)$$

であり

$$\overline{be} = \overline{bd}\cos A = \cos A \cos B$$
$$\overline{ce} = \overline{fd} = \overline{ad}\sin A = \sin A \sin B$$

となって

$$\overline{bc} = \overline{be} - \overline{ce}$$

の関係にあるから

$$\cos(A+B) = \cos A \cos B - \sin A \sin B$$

となる。以上をまとめた

$$\sin(A+B) = \sin A \cos B + \cos A \sin B$$
$$\cos(A+B) = \cos A \cos B - \sin A \sin B$$

を加法定理と呼んでいる。この基本公式を使うと、多くの公式を導くことができる。

例えば、$B$に$-B$を代入すると

$$\sin\{A+(-B)\} = \sin A \cos(-B) + \cos A \sin(-B) = \sin A \cos B - \cos A \sin B$$
$$\cos\{A+(-B)\} = \cos A \cos(-B) - \sin A \sin(-B) = \cos A \cos B + \sin A \sin B$$

となって、ただちに差の場合の公式

$$\sin(A-B) = \sin A \cos B - \cos A \sin B$$
$$\cos(A-B) = \cos A \cos B + \sin A \sin B$$

が得られる。さらに、この差の公式と和の公式の和と差をとると、次の公式（三角関数の積を和に変換する公式）が得られる。

$$\sin A \cos B = \frac{1}{2}\{\sin(A+B) + \sin(A-B)\}$$
$$\cos A \sin B = \frac{1}{2}\{\sin(A+B) - \sin(A-B)\}$$
$$\cos A \cos B = \frac{1}{2}\{\cos(A-B) + \cos(A+B)\}$$
$$\sin A \sin B = \frac{1}{2}\{\cos(A-B) - \cos(A+B)\}$$

また、tan の和の公式も sin と cos の和の公式を使い

$$\tan(A+B) = \frac{\sin(A+B)}{\cos(A+B)} = \frac{\sin A \cos B + \cos A \sin B}{\cos A \cos B - \sin A \sin B}$$

と表されるが、分子分母を $\cos A \cos B$ で割ると

$$\tan(A+B) = \frac{\dfrac{\sin A}{\cos A} + \dfrac{\sin B}{\cos B}}{1 - \dfrac{\sin A \sin B}{\cos A \cos B}} = \frac{\tan A + \tan B}{1 - \tan A \tan B}$$

という tan の加法定理が導かれる。

つぎに加法定理の基本公式に $B = A$ を代入すると

$$\sin(A+A) = \sin 2A = \sin A \cos A + \cos A \sin A = 2\sin A \cos A$$

$$\cos(A+A) = \cos 2A = \cos A \cos A - \sin A \sin A = \cos^2 A - \sin^2 A$$

という有名な倍角の公式(double angle formulae)も簡単に導かれる。

さらに $\sin^2 A + \cos^2 A = 1$ という関係を利用すると

$$\cos 2A = \cos^2 A - \sin^2 A = 1 - 2\sin^2 A = 2\cos^2 A - 1$$

という変形も可能である。また、tan の倍角公式もすぐに

$$\tan(A+A) = \tan 2A = \frac{\tan A + \tan A}{1 - \tan A \tan A} = \frac{2\tan A}{1 - \tan^2 A}$$

と計算できる。さらに、以上の関係を使うと、3倍角、4倍角の公式も順次計算できるが、ここでは3倍角の例を紹介する。基礎公式において $B = 2A$ を代入すると

$$\sin(A+2A) = \sin 3A = \sin A \cos 2A + \cos A \sin 2A$$
$$= \sin A(\cos^2 A - \sin^2 A) + \cos A(2\sin A \cos A) = 3\sin A \cos^2 A - \sin^3 A$$
$$\cos(A+2A) = \cos 3A = \cos A \cos 2A - \sin A \sin 2A$$
$$= \cos A(\cos^2 A - \sin^2 A) - \sin A(2\sin A \cos A) = \cos^3 A - 3\sin^2 A \cos A$$

以下同様にして、4倍角、5倍角と計算することが可能である。

以上のように、いったん sin と cos の加法定理が得られれば、多くの有用な公式を簡単に導くことが可能となる。

加法定理によって導かれる三角関数の公式のまとめ

$$\sin(A+B) = \sin A \cos B + \cos A \sin B$$
$$\cos(A+B) = \cos A \cos B - \sin A \sin B$$
$$\sin(A-B) = \sin A \cos B - \cos A \sin B$$
$$\cos(A-B) = \cos A \cos B + \sin A \sin B$$

第1章 微分とは何か

$$\sin A \cos B = \frac{1}{2}\{\sin(A+B) + \sin(A-B)\}$$

$$\cos A \sin B = \frac{1}{2}\{\sin(A+B) - \sin(A-B)\}$$

$$\cos A \cos B = \frac{1}{2}\{\cos(A-B) + \cos(A+B)\}$$

$$\sin A \sin B = \frac{1}{2}\{\cos(A-B) - \cos(A+B)\}$$

---

$$\tan(A+B) = \frac{\tan A + \tan B}{1 - \tan A \tan B} \qquad \tan(A-B) = \frac{\tan A - \tan B}{1 + \tan A \tan B}$$

---

$$\sin 2A = 2 \sin A \cos A$$

$$\cos 2A = \cos^2 A - \sin^2 A$$

$$\tan 2A = \frac{2 \tan A}{1 - \tan^2 A}$$

---

$$\sin 3A = 3 \sin A \cos^2 A - \sin^3 A$$

$$\cos 3A = \cos^3 A - 3 \sin^2 A \cos A$$

## 補遺 1-3　$\sin\theta/\theta$ の極限

本文中では

$$\lim_{\theta \to 0} \frac{\sin\theta}{\theta} = 1$$

を自明のこととして取り扱ったが、ここでその証明を行ってみる。図 1A-3 のような半径 1 の単位円を考える。ここで、三角形 $Oab$ と扇形 $Oac$、三角形 $Odc$ の面積は

$$Oab < Oac < Odc$$

の関係にある。これら面積は

$$\frac{1}{2}\sin\theta\cos\theta < \frac{1}{2}\theta < \frac{1}{2}\tan\theta$$

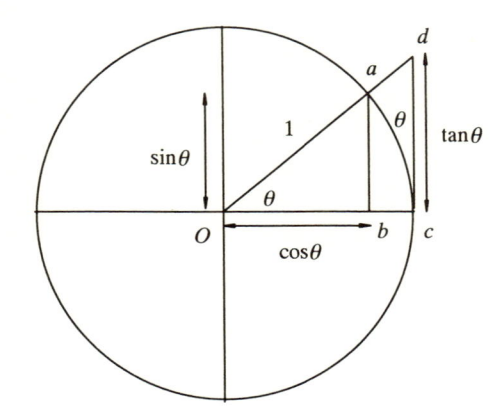

**図1A-3** 半径1の円を基準にしたときの $\sin\theta, \theta, \tan\theta$ の大小関係。

ここで角 $\theta$ の扇形の面積は、円の面積の $\theta/2\pi$ 倍であることを利用した。これら不等式を$(1/2)\sin\theta$で割ると

$$\cos\theta < \frac{\theta}{\sin\theta} < \frac{1}{\cos\theta}$$

となる。ここで、それぞれの逆数をとると、大小関係は逆転して

$$\frac{1}{\cos\theta} > \frac{\sin\theta}{\theta} > \cos\theta$$

ここで $\theta \to 0$ では $\cos\theta = 1$ であるから $\dfrac{\sin\theta}{\theta}$ も1に近づくことになる。よって

$$\lim_{\theta \to 0}\frac{\sin\theta}{\theta} = 1$$

と書ける。あるいは $\theta \to 0$ では

$$\sin\theta \to \theta$$

となる。

## 補遺 1-4　　その他の三角関数

　三角関数の基本関数は、sin (sine) と cos (cosine) である。この2種類さえ押さえておけば、tan (tangent)も含めて、あえて別の三角関数を定義する必要はない（と個人的には考えている）。というのも、他の三角関数は、すべて

sin と cos で表わすことができるからである。

　しかし、歴史的に多くの三角関数が提唱され、実際に、微積分にも多種多様の三角関数が使われているので、その説明をしておかなければならない。まず、tan をないがしろにするのは問題だと思う方も多かろうが、あくまで
$$\tan\theta = \frac{\sin\theta}{\cos\theta}$$
と表現できるのである。つぎに、sin と cos の逆数は、それぞれ cosec (cosecant), sec (secant)と書かれ
$$\sec\theta = \frac{1}{\cos\theta} \qquad \cosec\theta = \frac{1}{\sin\theta}$$
と定義されるが、これらも sin, cos で表現して何ら問題はない。

　また tan$\theta$ の逆数である cot (cotangent)は
$$\cot\theta = \frac{1}{\tan\theta} = \frac{\cos\theta}{\sin\theta}$$
となって、すべて sin と cos で表現できる。

　また、三角関数の仲間として、双曲線関数（hyperbolic function）である sinh (hyperbolic sine) と cosh (hyperbolic cosine) があるが、これは名前は似ているものの、別物と考えた方がよい。

　また、その導入は、オイラーの公式で定義された三角関数を実数化したと見ることができるので、オイラーの公式を導出した後で、あらためて説明する。一応定義だけ書いておくと
$$\sinh x = \frac{e^x - e^{-x}}{2} \qquad \cosh x = \frac{e^x + e^{-x}}{2}$$
となる。三角関数と良く似た関数の定義や、関数どうしの関係が双曲線関数でも得られる。ついでに、双曲線関数と呼ばれる由来は、三角関数が
$$\cos^2 x + \sin^2 x = 1$$
を満足することから
$$x^2 + y^2 = 1$$
の円周上の点で表現できるのに対し、双曲線関数は
$$\cosh^2 x - \sinh^2 x = 1$$
の関係にあるので、
$$x^2 - y^2 = 1$$
という双曲線 (hyperbola) 上の点で表現できるからである。

# 第2章　積分とは何か

　序章で紹介したように、積分 (integration) とは微小に分割（微分）された部位（分解されたパーツ）を統合する (integrate) 操作である。微分は、局所的な変化を解析するのに対し、積分はその変化を統合した結果がどうなるかを解析する手法である。いわば、微分で部分部分の変化を診断したあとで、その結果の全体像を眺めるのが積分の役割である。よって、何らかの解析を行う場合には、微分と積分はセットになっている。英語では、「微積分」はcalculus というひとつの単語になっているくらいである。

　ところで、数学の機械的計算方法だけを見れば、積分 (integration) は微分と逆の操作をすることに対応する。（これは、突き詰めて考えると不思議であるが（補遺 2-1 参照）。

　例えば、ある関数 $f(x)$ の積分とは

$$\frac{dF(x)}{dx} = f(x)$$

を満足する関数 $F(x)$ を求めることである。$F(x)$ のことを関数 $f(x)$ の原始関数 (primitive function) と呼んでいる。

## 2.1.　不定積分

　ここで、実際の例をみながら積分について考えてみよう。原始関数として

$$F(x) = ax^n$$

を考える。ここで $n$ は任意の実数である。すると、第 1 章で証明したように、この微分は

$$\frac{dF(x)}{dx} = nax^{n-1}$$

と計算できるから、関数 $f(x) = nax^{n-1}$ を積分したものが $F(x) = ax^n$ で与えられることになる。

　ただし、この $f(x)$ は一般式としては座りが悪いので、この相対関係を維持したまま、$f(x) = ax^n$ と置きなおす。すると

第2章　積分とは何か

$$F(x) = \frac{a}{n+1}x^{n+1}$$

が積分関数となる。($n$ は任意の実数であるが、$n = -1$ だけは除く。これは、そのまま公式に代入すると分母が0になるためである。この積分については後ほど取り上げる。)

ここで注意するのは、定数項 (constant term) を微分してもゼロであるから、$F(x)$ には

$$F(x) = \frac{a}{n+1}x^{n+1} + C$$

のように、定まらない定数項である $C$ を足す必要がある点である。実際、この $F(x)$ を微分すれば

$$\frac{dF(x)}{dx} = \frac{a}{n+1}(n+1)x^{(n+1)-1} = ax^n$$

となって、$C$ の値に関係なく $f(x)$ が得られることから、これが一般式となることが分かる。以上の操作を積分記号を使って表記すると

$$F(x) = \int f(x)dx \qquad F(x) = \int ax^n dx = \frac{a}{n+1}x^{n+1} + C$$

となる。(ただし、$n \neq -1$ である。)

このように、値の決まらない定数項 $C$ を含んでいるので、この積分を不定積分 (indefinite integral) と呼んでいる。

**演習 2-1**　　次の関数の不定積分を求めよ。

(1) $x^5$　　(2) $\dfrac{1}{x^3}$　　(3) $\sqrt{x}$

解)　(1) $\displaystyle\int x^5 dx = \frac{1}{5+1}x^{5+1} + C = \frac{x^6}{6} + C$

　　(2) $\displaystyle\int \frac{dx}{x^3} = \int x^{-3} dx = \frac{1}{-3+1}x^{-3+1} + C = -\frac{x^{-2}}{2} + C = -\frac{1}{2x^2} + C$

(3) $\int \sqrt{x}\,dx = \int x^{\frac{1}{2}}\,dx = \dfrac{1}{\frac{1}{2}+1}x^{\frac{1}{2}+1} + C = \dfrac{2}{3}x^{\frac{3}{2}} + C = \dfrac{2}{3}x\sqrt{x} + C$

さて、ここで求めた積分の手法は、先に微分ありきである。つまり、ある関数を微分して得られる導関数があったとき、この導関数を積分すると、もとの関数に戻るという考えに沿って積分関数を求める手法である。

もちろん、後で紹介するように、積分の定義そのものに従って原始関数を求めるという手法も可能であるが、微分の結果をもとに積分計算をするというのが、主流である。

この理由は簡単で、ある任意の関数 $f(x)$ が与えられた時、その微分を定義式に従って求めることは容易であるが、積分はまともにいかない場合が多いからである。(正確には、適当な初等関数 (elementary functions) の組み合わせでうまく表すことができないという表現が正しいが。) つまり

$$f(x) \quad \to \quad f'(x) \quad \to \quad f(x)$$
$$\text{微分} \qquad \text{積分}$$

というルートは簡単にたどることができるが

$$f(x) \quad \to \quad F(x) \quad \to \quad f(x)$$
$$\text{積分} \qquad \text{微分}$$

というルートは最初の積分でつまずく場合が多いのである。

それともうひとつ、意外と勘違いされているので注意しておきたい事項がある。それは、微分と積分は、数学的には逆の操作であるが、ある関数 $f(x)$ を中心に据えると、微分と積分は2階離れているという事実である。つまり

$$f'(x) \quad \leftarrow \quad f(x) \quad \to \quad F(x)$$
$$\text{微分} \qquad \text{積分}$$

$$f'(x) \quad \to \quad f(x) \quad \leftarrow \quad F(x)$$
$$\text{積分} \qquad \text{微分}$$

という関係にあり、$f'(x)$を積分したものは $F(x)$ではなく、あくまで $f(x)$になる。何を当たり前のことをと言われそうだが、混同しているひとが多い。ちなみに、$f'(x)$は $F(x)$の2階の導関数 (second order derivative) という関係にある。

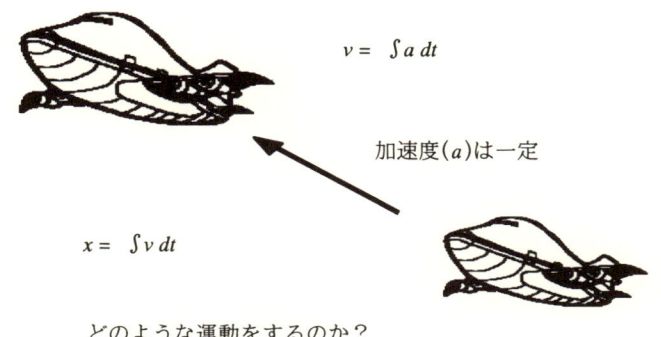

第 2 章　積分とは何か

$v = \int a\,dt$

加速度 ($a$) は一定

$x = \int v\,dt$

どのような運動をするのか？
目的地にいつたどりつけるか？

**図 2-1**　加速度（$a = dv/dt = d^2x/dt^2$）がつねに一定であるということが分かっていると、微積分を使うことで、その物体がどのような運動をするかが分かる。さらに条件（例えば場所と速度）が分かれば、その後の運動を完全に予測できる。

## 2.2.　積分の効用

　それでは、なぜ積分が必要か。もちろん、序章で説明したように、ある図形の面積を求めることも効用のひとつではある。しかし、積分の効用はもっと広い範囲に及んでいる。それは、ある現象の時間的あるいは空間的変化（理工系だけではなく経済の問題も含んでいる）が、微分を含んだ式（微分方程式: differential equation）で与えられると、それを積分することで、現象の全体像を捉えることができるということである。ラプラス (Laplace) という有名な数学者は、微積分を使えば、すべての現象を解析することができると豪語している。

　例として、等加速度運動 (motion under uniform acceleration) について解析してみよう。いま、この運動に関して得られている情報は、加速度 (acceleration) が一定ということだけであるが、微積分 (calculus) を使うと、この情報をもとに運動の全体像を描くことができる（図 2-1）。

　まず、速度 $v$ (velocity) は微分を使って　$v = dx/dt$　と表現できる。（より正確には $v(t) = dx(t)/dt$ と書くべきである。）ここで $x$ は距離 (displacement) であり、$t$ は時間 (time) である。加速度 $a$ は、速度 $v$ の時間変化であるから、

$$a = \frac{dv}{dt} = \frac{d}{dt}\left(\frac{dx}{dt}\right) = \frac{d^2x}{dt^2}$$

と 2 階の導関数 (second order derivative) になる。ここで、問題は物体の運動

（物体の位置）が時間とともにどのように変化するかを明らかにすることにある。このためには $a$ を定数として、この式を積分していけば良い。すると

$$v = \int a dt = at + C_1$$

という関係が得られる。（$C_1$ は積分定数）これは、速度の時間変化を表している。さらに、もう一回積分すると

$$x = \int v dt = \frac{a}{2}t^2 + C_1 t + C_2$$

となる。（$C_2$ も積分定数である。2回積分したので2個の積分定数がついている。）

これが、等加速度運動している物体の、ある時間 $t$ における位置 $x$ を与える式である。さらに、適当な条件を付与すれば、定数項である $C_1$ と $C_2$ を決めることができる。例えば、時間 $t = 0$ で、$x = 0$, $v = 0$ という条件を与えれば、$x = (a/2)t^2$ という関係が得られる。つまり、等加速度運動を微分で表したのち、積分を施すことにより、運動している物体が、どういう時間変化をするかの全体像を掴むことができるのである。

**演習 2-2** 高さ 500 (m) のビルから物体を落とした時、地面につくまでの時間を求めよ（図2-2）。

解） この場合の加速度は重力加速度($g$)で $-9.8$(m/s$^2$)である。初期条件としては、$t = 0$ で初速は 0(m/s) で高さは $x = 500$ (m) である。微分方程式は

$$\frac{d^2 x}{dt^2} = g = -9.8$$

速度($v$)は、これを積分して

$$v = \int -9.8 dt = -9.8t + C$$

と得られるが、$t = 0$ で $v = 0$ であるから、$C = 0$ である。つぎに、高さ（$x$）は、さらに積分すると

$$x = \int -9.8 t dt = -4.9 t^2 + C$$

と求められる。ここで、初期条件は $t = 0$ で $x = 500$ であるから

$$x = 500 - 4.9 t^2$$

という関係式が得られる。このグラフを図2-2に示してある。ここで地面に

第 2 章　積分とは何か

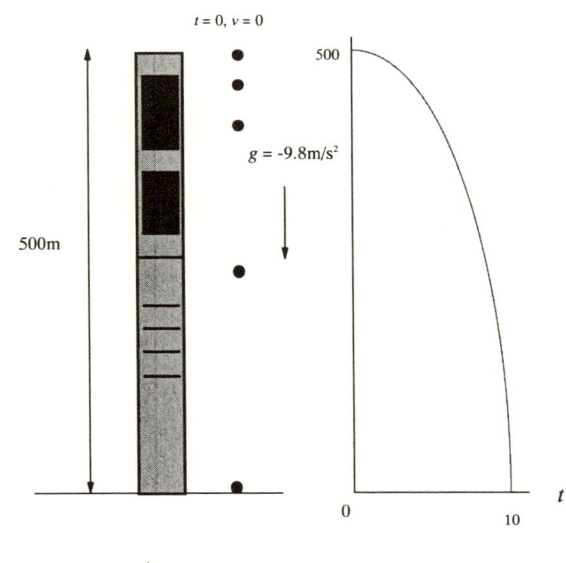

**図 2-2**　地上 500m の高さから物体を落下させると、一定の加速度（重力加速度：$g=-9.8\text{m/s}^2$）で降下する。この運動を積分結果をもとに $x-t$ 平面にプロットした図を示す。

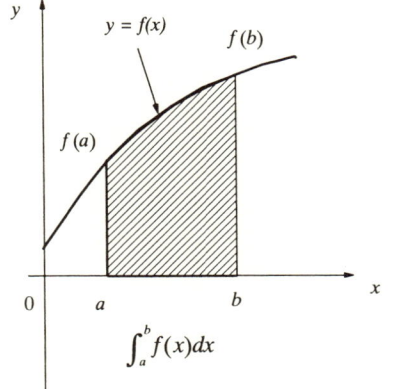

**図 2-3**　関数 $f(x)$ の積分値 $\int_a^b f(x)dx$ は、$a \leqq x \leqq b$ の範囲において、$y = f(x)$ のグラフと $x$ 軸が囲む部分の面積を与える。

到達するのは $x = 0$ のときであるから、対応する $t$ の値は $\sqrt{500/4.9} \cong 10.1$ となり、約 10 秒で地面に落ちることになる。

## 2.3.　定積分

### 2.3.1.　定積分の定義

もともと、定積分は図形の面積を求めるために導入されたものである。積

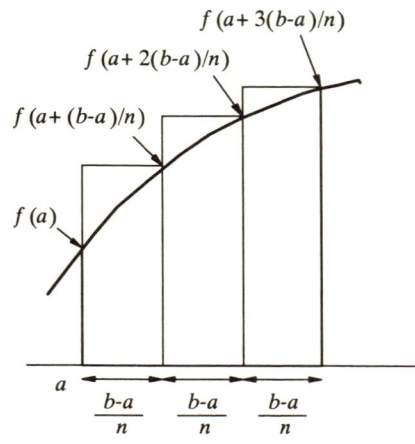

**図 2-4** 積分の基本的な考えは、図のような長方形（幅が $(b-a)/n$ で、高さが $f(a+k(b-a)/n)$）の集合で図の面積を近似することである。この分割数を無限にした極限（$n\to\infty$）で正しい面積が得られる。

分を利用すると、複雑な図形の面積を正確に求めることができる。これを拡張して、図 2-3 に示すように、ある関数 $f(x)$ が与えられた時、指定した範囲 (interval)（$a \leq x \leq b$）でグラフと $x$ 軸で囲まれた部分の面積（$S$）を求めるのが定積分 (definite integral) である。積分記号を使って書くと

$$S = \int_a^b f(x)dx$$

となる。このとき、$a$ を下端 (lower limit)、$b$ を上端 (upper limit) と呼ぶ。原始関数 $F(x)$ を使うと

$$S = \int_a^b f(x)dx = \left[F(x)\right]_a^b = F(b) - F(a)$$

と値を求めることができる。このように範囲を指定して計算すると、不確定の定数項 (constant) はなくなり、いつも一定の値、つまり面積が得られる。このため、不定積分 (indefinite integral) に対し、この積分を定積分 (definite integral) と呼んでいる。

それでは、どうやって面積を求めるか。このためには、図 2-4 に示すように、まず範囲 $a \leq x \leq b$ を $n$ 分割する。すると 1 つの分割単位の幅は $(b-a)/n$ で与えられる。この時の関数の値を

$$f\left(a + \frac{b-a}{n}\right)$$

と近似する。すると、最初の分割パーツを長方形で近似した時の面積は

$$f\left(a + \frac{b-a}{n}\right) \cdot \frac{b-a}{n}$$

第2章 積分とは何か

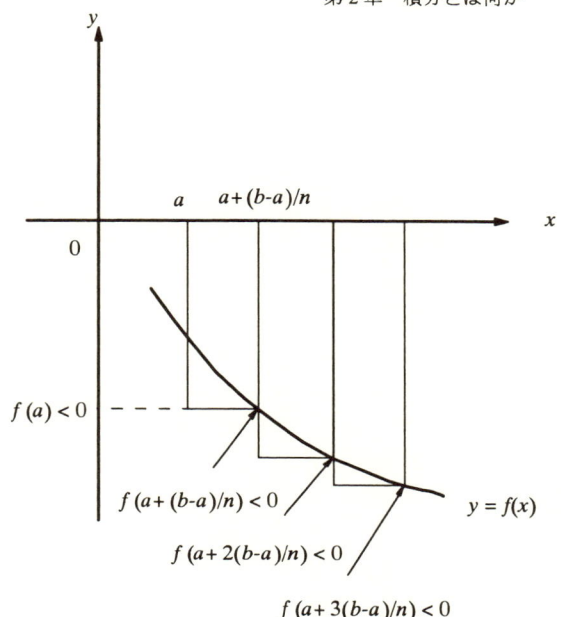

**図2-5** $y = f(x)$のグラフが負の領域にあれば、$f(a+k(b-a)/n<0$ であるので、定義式から明らかなように、積分値も負となる。

で与えられる。次のパーツの面積は

$$f\left(a + 2 \cdot \frac{b-a}{n}\right) \cdot \frac{b-a}{n}$$

となり、$k$番目のパーツの面積は

$$f\left(a + k \cdot \frac{b-a}{n}\right) \cdot \frac{b-a}{n}$$

となる。これを順次足し合わせていくと、結局、図の面積は

$$S = \sum_{k=1}^{n} f\left(a + k \cdot \frac{b-a}{n}\right) \cdot \frac{b-a}{n}$$

$$= \left\{ f\left(a + \frac{b-a}{n}\right) + f\left(a + 2 \cdot \frac{b-a}{n}\right) + \cdots + f\left(a + n \cdot \frac{b-a}{n}\right) \right\} \frac{b-a}{n}$$

で与えられる（図2-4参照）。ただし、これはあくまでも近似式である。それを本来の値に近づけるためには、分割数を増やしていく必要がある。そして、分割数$n$が∞となった極限では、正確な面積が得られる。よって

$$S = \int_a^b f(x)dx = \lim_{n \to \infty} \left\{ f\left(a + \frac{b-a}{n}\right) + f\left(a + 2 \cdot \frac{b-a}{n}\right) + \cdots + f\left(a + n \cdot \frac{b-a}{n}\right) \right\} \frac{b-a}{n}$$

が面積を与える式であり、これが定積分を与える定義式となる。
　この式からも分かるように、$y = f(x)$ が負の領域にある場合には、図 2-5 に示すように、

$$f\left(a + k \cdot \frac{b-a}{n}\right) < 0 \text{であり、} \frac{b-a}{n} > 0$$

であるから、積分の値も負の値となる。また、$y = f(x)$ が正負の両方の領域にまたがる場合には、図 2-6 に示すように、その積分範囲に応じて、正の領域の面積から、負の領域の面積をひく必要がある。

### 2.3.2. 原始関数を求める定義式

　原始関数を求めるということを念頭に置いた場合には、積分範囲を $a \leq x \leq b$ ではなく、$0 \leq x \leq a$ とすれば、積分関数をより簡単に求めることができる。この場合

$$S = \int_0^a f(x)dx = \lim_{n \to \infty}\left\{f\left(\frac{a}{n}\right) + f\left(2 \cdot \frac{a}{n}\right) + \ldots + f\left(n \cdot \frac{a}{n}\right)\right\}\frac{a}{n}$$

と簡略化される。

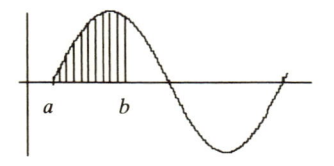

$$\int_a^b f(x)dx = S_1 - S_2$$

$$\int_a^b f(x)dx = S_1 - S_2 = 0$$

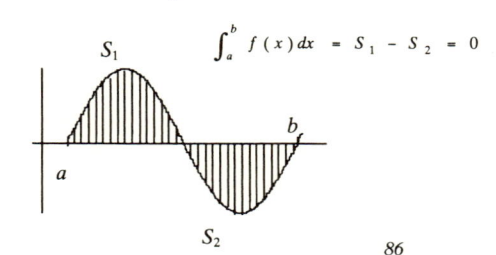

図 2-6　被積分関数 $y = f(x)$ が積分範囲 ($a \leq x \leq b$) において正から負の領域に変化している場合は、積分
$$\int_a^b f(x)dx$$
の値は、正の部分から負の部分の面積を引いたものとなる。

第 2 章　積分とは何か

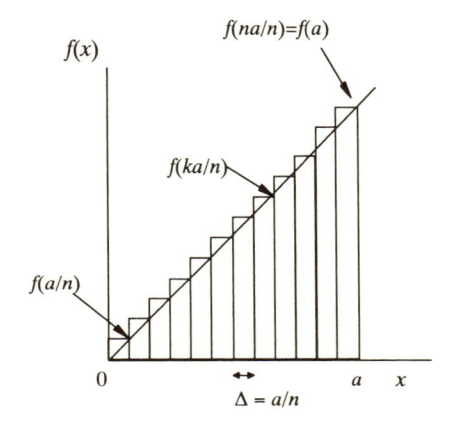

図 2-7　$y = x$ の積分値を求めるときの分割方法。

あるいは、より明確に関数として表現すると

$$S = \int_0^x f(x)dx = F(x) = \lim_{n \to \infty} \left\{ f\left(\frac{x}{n}\right) + f\left(2 \cdot \frac{x}{n}\right) + \dots + f\left(n \cdot \frac{x}{n}\right) \right\} \frac{x}{n}$$

と書くことができる。いわば、これが積分の定義式、あるいは原始関数を求める定義式と考えて差し支えない。

それでは、具体例を見ながら、積分の意味について考えてみよう。

### 2.3.3.　$f(x) = x$ の面積を求める

$f(x) = x$ という関数の範囲 $0 \leq x \leq a$ における面積を求めることを考えよう。図 2-7 に示すように、まず、この範囲を $x$ の幅が非常に小さい $\Delta$ に $n$ 分割する（つまり $\Delta = a/n$）。

ここで、これら分割された部分が長方形と考えて面積を求めると、全体の面積（$S$）は

$$S = \Delta \cdot \Delta + (2\Delta) \cdot \Delta + (3\Delta) \cdot \Delta + \dots + (n\Delta) \cdot \Delta$$

で与えられる。これは

$$S = (1 + 2 + 3 + \dots + n)\Delta^2$$

と書き変えることができる。ここで（　）の中の和は

であるから

$$\sum_{k=1}^{n} k = \frac{n(n+1)}{2}$$

$$S = \frac{n(n+1)}{2}\Delta^2 = \frac{1\cdot\left(1+\frac{1}{n}\right)}{2}(n\Delta)^2 = \frac{\left(1+\frac{1}{n}\right)}{2}a^2$$

正確に面積を求めるためには、この分割数を限りなく大きくする必要がある。これは、$n \to \infty$ の極限であって、結局

$$S = \lim_{n \to \infty} \frac{\left(1+\frac{1}{n}\right)}{2}a^2 = \frac{a^2}{2}$$

と計算できる。

これを定積分の公式を使って解くと

$$S = \int_0^a x\,dx = \left[\frac{x^2}{2}\right]_0^a = \frac{a^2}{2}$$

となり、面積として同じ答が得られる。

また、この場合の原始関数は

$$F(x) = \frac{x^2}{2}$$

である。

もちろん、極限や積分を使わなくとも、いま求めようとしているのは、三角形の面積であるから、すぐに $a^2/2$ という答えは計算できる。

ただし、ここで重要なのは、この手法がもっと複雑な図形（あるいは関数）に対しても、そのまま適用できるという点である。そこで、次に、この方法を 2 次関数 (quadratic function) に適用してみる。

### 2.3.4. $f(x) = x^2$ の面積を求める

前項と同様の方法で、関数 $f(x) = x^2$ の $0 \leq x \leq a$ の範囲における面積を求めてみよう。求める範囲を、図 2-8 のように、小さい $\Delta$ に $n$ 分割する ($\Delta = a/n$)。

ここで、これら分割された部分が長方形と考えて、面積を求めると、全体の面積 ($S$) は

$$S = \Delta^2 \cdot \Delta + (2\Delta)^2 \cdot \Delta + (3\Delta)^2 \cdot \Delta + \ldots + (n\Delta)^2 \cdot \Delta$$

第 2 章　積分とは何か

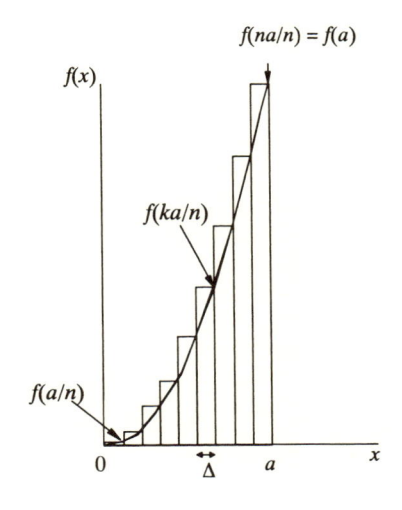

図 2-8　$y = x^2$ の積分値を求めるときの分割方法。

で与えられる。これは
$$S = (1^2 + 2^2 + 3^2 + ... + n^2)\Delta^3$$
と書き変えることができる。ここで（　）の中の和は
$$\sum_{k=1}^{n} k^2 = \frac{n(n+1)(2n+1)}{6}$$
であるから
$$S = \frac{n(n+1)(2n+1)}{6}\Delta^3 = \frac{\left(1+\frac{1}{n}\right)\left(2+\frac{1}{n}\right)}{6}(n\Delta)^3 = \frac{\left(1+\frac{1}{n}\right)\left(2+\frac{1}{n}\right)}{6}a^3$$
正確に面積を求めるためには、この分割数を限りなく大きくする必要がある。これは、$n \to \infty$ の極限となって、結局
$$S = \lim_{n \to \infty} \frac{\left(1+\frac{1}{n}\right)\left(2+\frac{1}{n}\right)}{6}a^3 = \frac{1 \cdot 2}{6}a^3 = \frac{a^3}{3}$$
が得られる。これを積分を使って解くと
$$S = \int_0^a x^2 dx = \left[\frac{x^3}{3}\right]_0^a = \frac{a^3}{3}$$
となり、面積として同じ答が得られる。この場合の原始関数は $F(x) = x^3/3$

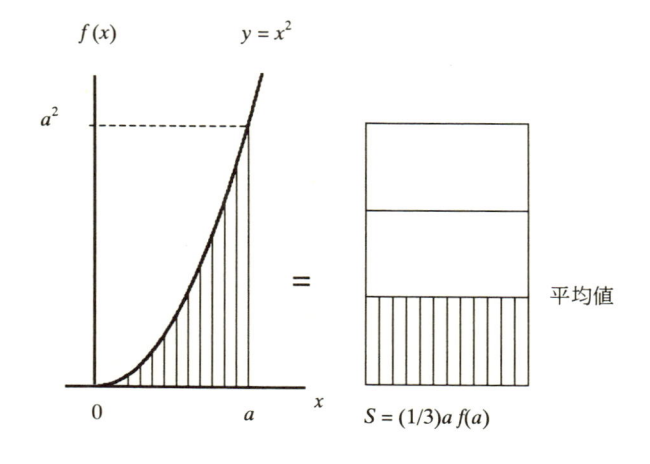

図 2-9 関数 $f(x)=x^2$ の積分値は $af(a)$ に補正項 $1/3$ をかけた値になる。

となる。

ここで、積分について、少し考えてみよう。$f(x) = x^2$ に対しての積分 $F(x)$ の次数が増えるのは、面積を求める際に、$f(x)$ に $x$（上の例では$\Delta$）を掛けたからである。これは、$f(x) = x$ の場合も同様である。これで、積分すると次数が 1 個増える理由は分かったと思う。次の問題は、係数である。

これは、$f(x)$ が、$x$ とともに変化するため、その変化の度合を補正するための項と言える。つまり、図 2-9 に示すように、そのまま $x = a$ を代入したのでは、$x = 0$ から $x = a$ の間の $f(x)$ の変化を無視してしまうことになるからである。この補正項が、$1/3$ である。あるいは、この区間の平均値が $(1/3)f(a)$ とみることもできる。

そこで、より一般的な例を考えみよう。

### 2.3.5.　$f(x) = x^k$ の積分を求める

$f(x) = x^2$ の場合と同様に、$0 \leq x \leq a$ を $n$ 個に分割したとすると、面積 $S$ は
$$S = \Delta^k \cdot \Delta + (2\Delta)^k \cdot \Delta + (3\Delta)^k \cdot \Delta + ... + (n\Delta)^k \cdot \Delta$$
で与えられる。これを書き換えると
$$S = (1^k + 2^k + 3^k + ... + n^k)\Delta^{k+1}$$
これを、さらに変形して

第 2 章 積分とは何か

$$S = \frac{1^k + 2^k + 3^k + ... + n^k}{n^{k+1}} n^{k+1} \Delta^{k+1} = \frac{1^k + 2^k + 3^k + ... + n^k}{n^{k+1}} \cdot a^{k+1}$$

とする。このように、$a$ の次数は $k$ から 1 個繰り上がる。

次に係数の方であるが、結局、これを計算するには

$$1^k + 2^k + 3^k + ... + n^k$$

の和を求めて、うまく式を変形して $n \to \infty$ の極限の値を求めれば良いことになる。すでに、$k = 1, 2$ の場合は示している。

例として、それ以上の場合を示すと

$$1^3 + 2^3 + 3^3 + ... + n^3 = \frac{1}{4} n^2 (n+1)^2$$

$$1^4 + 2^4 + 3^4 + ... + n^4 = \frac{1}{30} n(n+1)(2n+1)(3n^2 + 3n - 1)$$

$$1^5 + 2^5 + 3^5 + ... + n^5 = \frac{1}{12} n^2 (n+1)^2 (2n^2 + 2n - 1)$$

と与えられる。これらの値を、それぞれ $n^4, n^5, n^6$ で割ると

$$\frac{1^3 + 2^3 + 3^3 + ... + n^3}{n^4} = \frac{1}{4} \frac{n^2}{n^2} \frac{(n+1)^2}{n^2} = \frac{1}{4} \left(1 + \frac{1}{n}\right)^2$$

$$\frac{1^4 + 2^4 + 3^4 + ... + n^4}{n^5} = \frac{1}{30} \left(1 + \frac{1}{n}\right) \left(2 + \frac{1}{n}\right) \left(3 + \frac{3}{n} - \frac{1}{n^2}\right)$$

$$\frac{1^5 + 2^5 + 3^5 + ... + n^5}{n^6} = \frac{1}{12} \left(1 + \frac{1}{n}\right)^2 \left(2 + \frac{2}{n} - \frac{1}{n^2}\right)$$

となり、$n \to \infty$ の極限をとれば、係数は順次、1/4, 1/5, 1/6 と計算できる。この傾向が続けば、係数としては、分母の数字を 1 個ずつ増やしていけば良いと予想される。

実際に $n^k$ の和の一般式をすべて計算するには労力を要するが、すでにベルヌーイ（Bernoulli）によって、$n \gg k$ の時

$$\sum_{n=1}^{n} n^k \cong n^{k+1} \left(\frac{1}{k+1} + \frac{1}{2n}\right)$$

と与えられている。そこで、一般式に、これを代入して $n \to \infty$ の極限をとると

$$S = \lim_{n \to \infty} \left(\frac{1}{k+1} + \frac{1}{2n}\right) a^{k+1} = \frac{a^{k+1}}{k+1}$$

となる。これは、まさに積分公式どおりの結果である。つまり、面積を求めるために、$f(a)$ に $a$ をかけた後、$1/(k+1)$ の係数で補正していることになる。（あ

るいは平均の値が $f(a)/(k+1)$ であることを示している。)

### 2.4. 一般の関数の積分

それでは、多項式 (polynomial) ではない関数の場合の積分は、どうすれば求められるであろうか。もちろん、初等関数 (elementary function) は、今行ったような面積を求める方式で、地道に解くことができる。

ただし、前にも述べたが、関数によっては積分できない場合もあるという事実を認識する必要がある。というよりも、積分できない場合が多いと考えた方がよい。(ここでいう積分とは、ある範囲の面積を求めることではなく、原始関数を適当な関数の組み合わせで表すという意味である。)長い数学の歴史の中で、解法に成功していない積分問題をいかに解くかが、多くの数学者の関心事であったのである。

このため、はじめて解法に成功した人には、その名前を冠して栄誉を称えている。(積分問題そのものを考案したひとの名前もよく使われる。さらに、日本人にはなじみのない名前が多すぎるうえ、その多さに圧倒されるという不満も学生にはある。)

もう一度、面積を求める方式による積分の解法を復習してみると、ある関数 $f(x)$ が与えられた時、例えば積分範囲を $0 \leq x \leq a$ として、この間を $\Delta$ の幅を持った小領域に $n$ 分割する($\Delta = a/n$)。

すると面積 $S$ は
$$S = \{f(\Delta) + f(2\Delta) + f(3\Delta) + ... + f(n\Delta)\}\Delta$$
で与えられる。ここで
$$\sum_{k=1}^{n} f(k\Delta)$$
を計算できれば、$S$ に代入して、$\Delta \to 0$(あるいは $n \to \infty$)の極限を求めることで、面積が与えられる。この時、$a$ を $x$ に置き換えれば、そのまま積分(原始関数)を求めることができる。
$$S = \int_0^x f(x)dx = \lim_{n \to \infty}\left\{f\left(\frac{x}{n}\right) + f\left(2 \cdot \frac{x}{n}\right) + .... + f\left(n \cdot \frac{x}{n}\right)\right\}\frac{x}{n}$$
要は、頑張って
$$\sum_{k=1}^{n} f\left(k \cdot \frac{x}{n}\right)$$
を計算すれば、積分関数は求められる。ただし、何度も繰り返しているように、複雑な関数になると、この計算ができない場合も多い。

## 第 2 章　積分とは何か

　初学者は時間がかかっても、一度はこの方法で、基本的な関数の積分を求めることが必要である。それが積分の本質を理解することにつながる。
　残念ながら、この方法では時間がかかることが多いので、多くの教科書では微分の逆の操作を行って積分を求めている。実際に、積分の定義式（面積を求めるやり方）で、苦労して積分を求めても、微分の逆操作で求めた結果と同じ答えになるので、その方がはるかに効率的ではある。
　例えば、三角関数、指数関数、対数関数では、前章で求めたように、次の微分関係が得られている。

$$\frac{d\sin x}{dx} = \cos x \quad \frac{d\cos x}{dx} = -\sin x \quad \frac{de^x}{dx} = e^x \quad \frac{d\ln x}{dx} = \frac{1}{x}$$

これらを利用すると、次の積分関係が得られる。

$$\int \cos x\, dx = \sin x + C \qquad \int \sin x\, dx = -\cos x + C$$

$$\int e^x dx = e^x + C \qquad \int \frac{dx}{x} = \ln x + C$$

この最後の式が、冒頭で紹介した積分公式

$$F(x) = \int ax^n dx = \frac{a}{n+1}x^{n+1} + C$$

が適用できなかった $n = -1$ の場合に相当する。ただし、微分と積分の変換で注意する必要があるのは、$\ln x$ では、$x$ は正の値しかとらないのに対し、積分に変換した $1/x$ では、$x$ が負の値をとり得るという問題である。
　この場合には

$$\int \frac{dx}{x} = \ln|x| + C$$

となって、$\ln$ の中の $x$ の絶対値をとればよいことが分かっているが、これは、演習 2-6 で取り扱う。
　結局 $ax^n$ の積分公式は、すべての実数を考えると

$$\begin{cases} \int ax^n dx = \dfrac{a}{n+1}x^{n+1} + C & (n \neq -1) \\ \\ \int ax^{-1} dx = \int \dfrac{a}{x} dx = a\ln|x| + C & (n = -1) \end{cases}$$

と一般化されることになる。

他の関数に関しても、微分を利用することで、積分が求められる。実際には、長い数学の歴史の中で多くの関数の積分が求められており、積分を利用するという立場からは、公式集を使うというのが通例である。

もちろん、微分の逆演算が積分という関係だけから、積分を求める手法には物足りなさを感じるひとも多かろう。繰り返すが、特に初学者は、自分で定義式を使って積分を求めてみる経験が重要である。時間はかかるが、地道にやれば、簡単な関数は、すべて計算できる。

**演習 2-3** $f(x) = \sin x$ の $0 \leq x \leq a$ の範囲における面積を求めよ。

解) この範囲を $x$ の幅が非常に小さい$\Delta$に $n$ 分割する。つまり $\Delta = a/n$ の関係にある。ここで、これら分割された部分が長方形と考えて、面積を求めると、全体の面積 ($S$) は

$$S = \sin\Delta \cdot \Delta + \sin(2\Delta) \cdot \Delta + \sin(3\Delta) \cdot \Delta + ... + \sin(n\Delta) \cdot \Delta$$

で与えられる。これは、

$$S = \{\sin\Delta + \sin(2\Delta) + \sin(3\Delta) + ... + \sin(n\Delta)\}\Delta$$

と変形できるから、結局この問題は、次の和を求めることに帰結される。

$$\sin x + \sin 2x + \sin 3x + \sin 4x + ... + \sin nx$$

($\Delta$では、分かりにくいので変数を $x$ に変えている。)

このように、積分では $n$ 個の関数の和を求める問題が必ず生ずる。この和を求められるか否かが、積分を定義式に従って求められるかどうかの鍵を握っている。この問題の和は公式集に載っているが、ここでは、公式に頼らずに解を探してみる。

実は、この問題は米国の高校にいたころに、友人と苦労して求めた記憶がある。いい機会なので、どのような経路で解を求めたかを説明しよう。

この和を求める拠り所は三角関数の公式である。例えば、加法定理を利用することがまず思い浮かぶ。真正面から取り組むとしたら、

$$\sin 2x = 2\sin x \cos x \qquad \sin 3x = 3\sin x \cos^2 x - \sin^3 x$$

などと順次計算していき、なんとか $\sin nx$ の一般式を見つけだして、それを使って和を求める方法がある。ところが、この方法ではやたらと sin と cos の数が増えるし、$\sin 5x$ あたりで疲労してしまう。

もっと賢い方法がないかと思案していたら、この式に $\sin x$ をかけて、積を和差に変える公式を使うとかなりの項が消えることが分かった。例えば

$$\sin x \cdot \sin x = \frac{1}{2}\{\cos(x-x) - \cos(x+x)\} = \frac{1}{2}(\cos 0 - \cos 2x)$$
$$\sin 2x \cdot \sin x = \frac{1}{2}\{\cos(2x-x) - \cos(2x+x)\} = \frac{1}{2}(\cos x - \cos 3x)$$

以下同様に計算していくと

$$\sin 3x \cdot \sin x = \frac{1}{2}\{\cos(3x-x) - \cos(3x+x)\} = \frac{1}{2}(\cos 2x - \cos 4x)$$
$$\sin 4x \cdot \sin x = \frac{1}{2}\{\cos(4x-x) - \cos(4x+x)\} = \frac{1}{2}(\cos 3x - \cos 5x)$$

……

$$\sin(n-2)x \cdot \sin x = \frac{1}{2}\{\cos((n-2)x - x) - \cos((n-2)x + x)\}$$
$$= \frac{1}{2}\{\cos(n-3)x - \cos(n-1)x\}$$
$$\sin(n-1)x \cdot \sin x = \frac{1}{2}\{\cos((n-1)x - x) - \cos((n-1)x + x)\}$$
$$= \frac{1}{2}\{\cos(n-2)x - \cos nx\}$$
$$\sin nx \cdot \sin x = \frac{1}{2}\{\cos(nx-x) - \cos(nx+x)\} = \frac{1}{2}\{\cos(n-1)x - \cos(n+1)x\}$$

となり、これを足しあわせると多くの項がたがいに打ち消しあってくれるのである。ここで求める和を $I$ と置くと

$$2I \sin x = 1 + \cos x - \cos nx - \cos(n+1)x$$

とすっきりする。これで完成と思っていたら、前後の項がふたつも残るのは芸がないと友人が言い出した。そこで思いついたのが、$\sin x$ ではなく $\sin(x/2)$ をかける方法である。こうすると

$$\sin x \cdot \sin \frac{x}{2} = \frac{1}{2}\left\{\cos\left(x - \frac{x}{2}\right) - \cos\left(x + \frac{x}{2}\right)\right\} = \frac{1}{2}\left(\cos \frac{x}{2} - \cos \frac{3}{2}x\right)$$
$$\sin 2x \cdot \sin \frac{x}{2} = \frac{1}{2}\left\{\cos\left(2x - \frac{x}{2}\right) - \cos\left(2x + \frac{x}{2}\right)\right\} = \frac{1}{2}\left(\cos \frac{3}{2}x - \cos \frac{5}{2}x\right)$$

となって、最初の項で残るのは $\cos(x/2)$ だけとなる。一方

$$\sin(n-1)x \cdot \sin\frac{x}{2} = \frac{1}{2}\left\{\cos\left((n-1)x - \frac{x}{2}\right) - \cos\left((n-1)x + \frac{x}{2}\right)\right\}$$

$$= \frac{1}{2}\left\{\cos\frac{2n-3}{2}x - \cos\frac{2n-1}{2}x\right\}$$

$$\sin nx \cdot \sin\frac{x}{2} = \frac{1}{2}\left\{\cos\left(nx - \frac{x}{2}\right) - \cos\left(nx + \frac{x}{2}\right)\right\} = \frac{1}{2}\left\{\cos\frac{2n-1}{2}x - \cos\frac{2n+1}{2}x\right\}$$

となるので、最後に残る項は$-\cos\{(2n+1)/2\}x$だけとなる。よって

$$2I\sin\frac{x}{2} = \cos\frac{x}{2} - \cos\frac{2n+1}{2}x$$

となって、かなりすっきりする。これで終わってもいいのであるが、和差を積に変える公式を使うと、さらにコンパクトになり

$$2I\sin\frac{x}{2} = \cos\frac{x}{2} - \cos\frac{2n+1}{2}x = 2\sin\frac{n+1}{2}x\sin\frac{n}{2}x$$

となる。結局$I$は

$$I = \frac{\sin\frac{n+1}{2}x\sin\frac{n}{2}x}{\sin\frac{x}{2}}$$

で与えられることになる。

　少し苦労したが、これで何とか和が求められた。つまり

$$\sin\Delta + \sin(2\Delta) + \sin(3\Delta) + \ldots + \sin(n\Delta) = \frac{\sin\frac{n+1}{2}\Delta\sin\frac{n\Delta}{2}}{\sin\frac{\Delta}{2}}$$

と与えられる。すると、求めたい面積は

$$S = \frac{\sin\frac{n+1}{2}\Delta\sin\frac{n\Delta}{2}}{\sin\frac{\Delta}{2}} \cdot \Delta = 2\frac{\sin\frac{n+1}{2}\Delta\sin\frac{n\Delta}{2}}{\sin\frac{\Delta}{2}\bigg/\frac{\Delta}{2}}$$

で$\Delta \to 0$、$n \to \infty$の極限をとれば良いことになる。このとき、$n\Delta = a$であるから、分子は$\sin^2(a/2)$となる。また、分母は

$$\lim_{\Delta \to 0}\sin\frac{\Delta}{2}\bigg/\frac{\Delta}{2} = 1$$

であるから、結局

$$S = 2\sin^2\frac{a}{2} = 1 - \cos a$$

と計算できる。（cos の倍角の公式を使った）

これは、$\sin x$ の原始関数が $-\cos x$ であることを示している。ここで、面積を積分公式を使って求めると

$$S = \int_0^a \sin x\, dx = \left[-\cos x\right]_0^a = -\cos a + 1$$

となって、確かに同じ値が得られる。

**演習 2-4** $f(x) = \cos x$ の $0 \leq x \leq a$ の範囲における面積を求めよ。

解） 演習 2-3 と同様に考えると、面積（$S$）は
$$S = \cos\Delta\cdot\Delta + \cos(2\Delta)\cdot\Delta + \cos(3\Delta)\cdot\Delta + ... + \cos(n\Delta)\cdot\Delta$$
で与えられる。ここで、和
$$\cos\Delta + \cos(2\Delta) + \cos(3\Delta) + ... + \cos(n\Delta)$$
を求めるためには、sin で行ったのと同じ手法が使え、$\sin(\Delta/2)$ をかけて整理すると

$$\cos\Delta + \cos(2\Delta) + \cos(3\Delta) + ... + \cos(n\Delta) = \frac{\cos\frac{n+1}{2}\Delta \sin\frac{n\Delta}{2}}{\sin\frac{\Delta}{2}}$$

となる。よって、

$$S = \frac{\cos\frac{n+1}{2}\Delta \sin\frac{n\Delta}{2}}{\sin\frac{\Delta}{2}}\cdot\Delta = 2\frac{\cos\frac{n+1}{2}\Delta \sin\frac{n\Delta}{2}}{\sin\frac{\Delta}{2}\bigg/\frac{\Delta}{2}}$$

ここで、$\Delta \to 0$、$n \to \infty$ の極限では、分子は $\sin(a/2)\cos(a/2)$ となる。また

$$\lim_{\Delta \to 0}\sin\frac{\Delta}{2}\bigg/\frac{\Delta}{2} = 1$$

であるから、

$$S = 2\sin\frac{a}{2}\cos\frac{a}{2} = \sin a$$

となる。これは、$\cos x$ の原始関数が $\sin x$ であることを示している。ここで、面積を積分公式を使って求めると

$$S = \int_0^a \cos x\, dx = [\sin x]_0^a = \sin a$$

となって、確かに同じ値が得られる。

### 2.5. 置換積分

#### 2.5.1. 定積分

微分のところで合成関数を使った手法を紹介したが、積分においても同様の手法が可能である。これを置換積分(integration by substitution)と呼んでいる。

例えば、$\sin(2x+5)$の不定積分を求めることを考えてみよう。

$$f(x) = \sin(2x+5)$$

と置くと、いま$\int f(x)dx$の値を求めることになる。ここで$2x + 5 = t$と置き換える。すると

$$x = \frac{t}{2} - \frac{5}{2} \quad \text{であるから} \quad dx = \frac{dt}{2}$$

すると、不定積分は

$$\int f(x)dx = \int \sin(2x+5)dx = \int \sin t \cdot \frac{dt}{2} = \frac{1}{2}\int \sin t\, dt$$

と変形できる。これはすぐに計算ができて(ちなみに定数項$C$は省略する)

$$\frac{1}{2}\int \sin t\, dt = -\frac{1}{2}\cos t$$

ここで再び、$t$を$x$に戻すと

$$\int \sin(2x+5)dx = -\frac{1}{2}\cos(2x+5)$$

と計算できることになる。

一般式で書くと

$$\int f(x)dx = \int f\{g(t)\} \cdot g'(t)dt$$

となる。ただし、$x = g(t)$である。

**演習 2-5** 置換積分の手法を使って、次の不定積分を求めよ。

(1) $(2x-3)^3$ (2) $\sqrt{x+3}$ (3) $\dfrac{1}{2x+1}$

第 2 章　積分とは何か

解）（すべて定数項は省略している）
(1) $2x-3 = t$ と置くと、$dx = (1/2)\,dt$ となる。よって
$$\int (2x-3)^3 dx = \int t^3 \cdot \frac{dt}{2} = \frac{1}{8}t^4 = \frac{1}{8}(2x-3)^4$$

(2) $x+3 = t$ と置くと、$dx = dt$
$$\int \sqrt{x+3}\,dx = \int t^{\frac{1}{2}} dt = \frac{1}{\frac{1}{2}+1} t^{\frac{1}{2}+1} = \frac{2}{3} t^{\frac{3}{2}} = \frac{2}{3}(x+3)\sqrt{x+3}$$

(3) $2x+1 = t$ と置くと、$dx = (1/2)\,dt$
$$\int \frac{dx}{2x+1} = \int \frac{dt}{2t} = \frac{1}{2}\ln t = \frac{1}{2}\ln(2x+1)$$

**演習 2-6**　置換積分の手法を使って、$\int \frac{dx}{x} = \ln|x| + C$ を示せ。

解）　$x > 0$ の時は、そのまま絶対値記号をはずせるので、$x < 0$ の場合を考えてみる。
　ここで $t = -x$ と置く。このとき $t > 0$ である。$dt = -dx$ であるから
$$\int \frac{dx}{x} = \int \frac{-dt}{-t} = \int \frac{dt}{t} = \ln t + C = \ln(-x) + C$$

となる。つまり、$x > 0$ の場合はそのままで、$x < 0$ の場合は符号を変えて ln をとればよい。結局まとめて書くと
$$\int \frac{dx}{x} = \ln|x| + C$$

となる。
　次に、演習 2-6 の結果を利用して、関数の逆数の積分に関する公式を導いてみる。いま、$u = f(x)$ とする。
$$\int \frac{du}{u} = \ln|u| + C$$

であり $du = f'(x)dx$ であるから、上式に代入すると
$$\int \frac{f'(x)}{f(x)} dx = \ln|f(x)| + C$$

となる。この公式も積分に、ひんぱんに利用される。

### 2.5.2. 定積分

置換積分の手法は、もちろん定積分にもそのまま適用できるが、定積分の場合は、積分範囲を変える必要がある。例えば、置換積分は

$$\int f(x)dx = \int f\{g(t)\} \cdot g'(t)dt$$

と書けたが、これを利用して定積分を求めるためには

$$\int_a^b f(x)dx = \int_c^d f\{g(t)\} \cdot g'(t)dt$$

と積分範囲が変わる。ただし、$x = g(t)$ であり、$x = a$ のとき $t = c$、$x = b$ のとき $t = d$ という対応関係にある。

例として

$$\int_0^1 (x+1)^2 dx$$

を取り上げてみる。$t = x + 1$ と置くと $dt = dx$ であり、積分範囲は $0 \leq x \leq 1$ から $1 \leq t \leq 2$ に変わる。よって

$$\int_0^1 (x+1)^2 dx = \int_1^2 t^2 dt = \left[\frac{t^3}{3}\right]_1^2 = \frac{8}{3} - \frac{1}{3} = \frac{7}{3}$$

となる。これを置換積分の方法をとらないで、そのまま計算しても

$$\int_0^1 (x+1)^2 dx = \int_0^1 (x^2 + 2x + 1)dx = \left[\frac{x^3}{3} + x^2 + x\right]_0^1 = \frac{1}{3} + 1 + 1 = \frac{7}{3}$$

となって、確かに同じ解が得られる。

**演習 2-7**　次の定積分を求めよ。

(1) $\int_0^1 \frac{x}{(x+1)^3}dx$　　(2) $\int_{-1}^3 (x+1)\sqrt{x+1}dx$　　(3) $\int_0^{\pi/2} \sin^5 x dx$

解）

(1) $x + 1 = t$ とおくと、$dt = dx$
　　$x = 0$ のとき $t = 1$、$x = 1$ のとき $t = 2$

$$\int_0^1 \frac{x}{(x+1)^3}dx = \int_1^2 \frac{t-1}{t^3}dt = \int_1^2 (t^{-2} - t^{-3})dt = \left[\frac{t^{-1}}{-1} - \frac{t^{-2}}{-2}\right]_1^2 = \left(-\frac{1}{2} + \frac{1}{8}\right) - \left(-1 + \frac{1}{2}\right) = \frac{1}{8}$$

(2) $x+1=t$ とおくと、$dt=dx$
$x=-1$ のとき $t=0$、$x=3$ のとき $t=4$

$$\int_{-1}^{3}(x+1)\sqrt{x+1}dx = \int_{0}^{4}t\sqrt{t}dt = \int_{0}^{4}t^{\frac{3}{2}}dt = \left[\frac{1}{\frac{3}{2}+1}t^{\frac{3}{2}+1}\right]_{0}^{4} = \left[\frac{2}{5}t^{\frac{5}{2}}\right]_{0}^{4} = \frac{64}{5}$$

(3) $\cos x = t$ とおくと $-\sin x\, dx = dt$
$x=0$ のとき $t=1$、$x=\dfrac{\pi}{2}$ のとき $t=0$

$$\int_{0}^{\pi/2}\sin^5 x\,dx = \int_{0}^{\pi/2}\sin^4 x \cdot \sin x\,dx = \int_{0}^{\pi/2}(1-\cos^2 x)^2 \cdot \sin x\,dx$$

$$= \int_{1}^{0}(1-t^2)^2(-dt) = \int_{0}^{1}(1-2t^2+t^4)dt = \left[t-\frac{2t^3}{3}+\frac{t^5}{5}\right]_{0}^{1} = 1-\frac{2}{3}+\frac{1}{5} = \frac{8}{15}$$

## 2.6. 部分積分

### 2.6.1. 定積分

積分の手法として便利なものに、部分積分 (integration by parts) と呼ばれるものがある。これは、関数の積の微分公式をうまく利用する方法である。微分のところで、示したように

$$y = f(x)g(x)$$

の微分は

$$\frac{dy}{dx} = \frac{df(x)}{dx}g(x) + f(x)\frac{dg(x)}{dx}$$

で与えられる。別な書き方をすると

$$(fg)' = f'g + fg'$$

となる。この両辺を積分すると

$$fg = \int f'g + \int fg'$$

つまり

$$f(x) \cdot g(x) = \int f(x)g'(x)dx + \int f'(x)g(x)dx$$

この関係を使うと

$$\int f(x)g'(x)dx = f(x)g(x) - \int f'(x)g(x)dx$$

という公式が得られる。これを部分積分と呼んでいる。部分積分は

$$\int fg' = fg - \int f'g$$

あるいは

$$\int f\,dg = fg - \int g\,df$$

とも表記する。この関係は、積分において非常に有用なテクニックである。

具体例として

$$\int x\cos x\,dx$$

の積分を考えてみよう。ここで

$$f(x) = x, \quad g'(x) = \cos x$$

と考えると、$f'(x) = 1, \quad g(x) = \sin x$ であるから、部分積分を使うと

$$\int x\cos x\,dx = x\sin x - \int \sin x\,dx = x\sin x + \cos x$$

と計算できる。つまり、2個の関数の積の積分において、片方の関数が微分によって、うまく定数になってくれたり、より計算しやすい関数に変わる場合に利用すると、積分が簡単にできる手法である。

それでは、

$$\int x^2 \cos x\,dx$$

のように $x^2$ を含んでいる場合はどうであろうか。この場合は、2階微分すると、定数になるので、部分積分を2回繰り返せばよい。すなわち

$$\int x^2 \cos x\,dx = x^2 \sin x - \int 2x\sin x\,dx$$

として、もう一回部分積分を行うと

$$\int x\sin x\,dx = x(-\cos x) - \int(-\cos x)dx = -x\cos x + \sin x$$

となる。この結果を、上式に代入すると

$$\int x^2 \cos x\,dx = x^2 \sin x - 2(\sin x - x\cos x) = x^2 \sin x + 2x\cos x - 2\sin x$$

と計算できる。

## 第 2 章 積分とは何か

**演習 2-7**　部分積分の手法を使って、次の不定積分を求めよ。
(1) $x e^x$　　(2) $x \ln x$　　(3) $x \cos 2x$

解）（すべて定数項 $C$ は省略してある）

(1) $\int x e^x dx = x e^x - \int e^x dx = x e^x - e^x = (x-1)e^x$

(2) $\int x \ln x\, dx = \dfrac{x^2}{2} \ln x - \int \dfrac{x^2}{2} \cdot \dfrac{1}{x} dx = \dfrac{x^2}{2} \ln x - \int \dfrac{x}{2} dx = \dfrac{x^2}{2} \ln x - \dfrac{x^2}{4}$

(3) $\int x \cos 2x = x \dfrac{\sin 2x}{2} - \int \dfrac{\sin 2x}{2} dx = \dfrac{x}{2} \sin 2x + \dfrac{\cos 2x}{4}$

　部分積分の手法で、はじめて出会った時に感心させられるものがある。無から有を出すようで驚かされるが、非常に有用な手法であるので紹介しておく。いま

$$\int g(x) dx$$

という積分を考える。ここで $f(x) = x$ とすると $f'(x) = 1$ であるから

$$\int g(x) dx = \int 1 \cdot g(x) dx = \int f'(x) g(x) dx$$

とみなすことができる。よって部分積分を使えば

$$\int g(x) dx = f(x) g(x) - \int f(x) g'(x) dx = x g(x) - \int x g'(x) dx$$

となって、ふたつの関数の積ではない場合でも、$x$ の微分が 1 であることを利用すると、こういう変形ができるのである。
　この手法を使うと次の積分が簡単に行える。

$$\int \ln x\, dx$$

この積分に真正面から取りかかれと言われても、対処のしようがない。しかし、

$$\dfrac{d}{dx}(\ln x) = \dfrac{1}{x}$$

ということは、知っている。そこで、はたと気づくのが部分積分の手法である。

$$f(x) = x, \quad g(x) = \ln x$$

と考えると、次のような変形が可能になる。

$$\int \ln x\, dx = \int (x)' \ln x\, dx = x \ln x - \int x (\ln x)'\, dx = x \ln x - \int x \cdot \frac{1}{x} dx$$

こうすれば、積分は簡単になり、結局

$$\int \ln x\, dx = x \ln x - \int 1\, dx = x \ln x - x + C$$

と解が与えられる。このように、導関数が分かっている場合には、その関数の積分そのものに手がかりがなくとも、部分積分の手法で、別な関数に変形して積分を求められる場合がある。

**演習 2-8**　不定積分 $\int \ln(x+2)\, dx$ を求めよ。

**解)**　ここでは、$f(x) = x+2$ を考えればよい。この場合も $f'(x) = 1$ である。よって

$$\int \ln(x+2)\, dx = (x+2)\ln(x+2) - \int (x+2) \cdot \frac{1}{x+2} dx = (x+2)\ln(x+2) - x + C$$

と与えられる。

　この手法は、微分が分かっていても、その積分が分からない場合にも、うまく利用できる。何度も繰り返しているが、関数 $f(x)$ の微分は簡単であるが、積分はうまくできない場合が多いのである。例えば

$$\int \sin^{-1} x\, dx$$

という積分問題を考えてみよう。これは、三角関数の逆関数であり

$$y = \sin^{-1} x \quad \text{とおくと} \quad x = \sin y$$

を意味している。しかし、この関数をいきなり積分しろと言われても困ってしまう。もちろん、グラフからヒントを探ることもできるが、ここでは、いまの手法が使える。なぜなら $\sin^{-1} x$ の微分が

$$\frac{d}{dx}(\sin^{-1} x) = \frac{1}{\sqrt{1-x^2}}$$

となることは、比較的簡単に計算できるからである (1.9 項参照)。そこで、これを拠り所にして積分を行ってみよう。

$$\int \sin^{-1} x\,dx = \int (x)' \cdot \sin^{-1} x\,dx = x\sin^{-1} x - \int x\left(\sin^{-1} x\right)' dx$$

となる。よって

$$\int x\left(\sin^{-1} x\right)' dx$$

が求められればよいことになる。$\sin^{-1} x$ の微分は分かっているので

$$\int x\left(\sin^{-1} x\right)' dx = \int \frac{xdx}{\sqrt{1-x^2}}$$

ここで、$1-x^2 = t$ とおくと $-2xdx = dt$ であるから

$$\int \frac{xdx}{\sqrt{1-x^2}} = -\frac{1}{2}\int \frac{dt}{\sqrt{t}} = -\frac{1}{2}\int t^{-\frac{1}{2}} dt = -\frac{1}{2} \cdot \frac{1}{-\frac{1}{2}+1} t^{-\frac{1}{2}+1} = -t^{\frac{1}{2}} = -\sqrt{t}$$

よって

$$\int x\left(\sin^{-1} x\right)' dx = -\sqrt{t} = -\sqrt{1-x^2}$$

と計算できることになる。これを、もとの式に代入すると

$$\int \sin^{-1} x\,dx = x\sin^{-1} x - \int x\left(\sin^{-1} x\right)' dx = x\sin^{-1} x + \sqrt{1-x^2}$$

と積分できる。

### 2.6.2. 定積分

置換積分と同様に、部分積分の手法ももちろん定積分に適用できる。部分積分では、積分範囲を変える必要がない。

**演習 2-9**　次の定積分の値を求めよ。

(1) $\displaystyle\int_0^1 xe^x dx$　　(2) $\displaystyle\int_0^{\pi/2} x\sin x\,dx$　　(3) $\displaystyle\int_1^e \sqrt{x}\ln x\,dx$

解）

(1) $\displaystyle\int_0^1 xe^x dx = \left[xe^x\right]_0^1 - \int_0^1 e^x dx = e - \left[e^x\right]_0^1 = e - (e-1) = 1$

(2) $\displaystyle\int_0^{\pi/2} x\sin x\,dx = \left[x(-\cos x)\right]_0^{\pi/2} - \int_0^{\pi/2}(-\cos x)dx = \left[\sin x\right]_0^{\pi/2} = 1 - 0 = 1$

(3) $\int_1^e \sqrt{x}\ln x\,dx = \int_1^e x^{\frac{1}{2}}\ln x\,dx = \left[\dfrac{1}{\frac{1}{2}+1}x^{\frac{1}{2}+1}\ln x\right]_1^e - \int_1^e \dfrac{2}{3}x^{\frac{3}{2}}\cdot\dfrac{1}{x}dx$

$= \dfrac{2}{3}e^{\frac{3}{2}} - \left[\dfrac{4}{9}x^{\frac{3}{2}}\right]_1^e = \dfrac{2}{3}e^{\frac{3}{2}} - \left(\dfrac{4}{9}e^{\frac{3}{2}}-\dfrac{4}{9}\right) = \dfrac{2}{9}e\sqrt{e}+\dfrac{4}{9}$

## 2.7. 積分公式

関数の積分に関する基本事項は以上であり、これらの知見を利用すれば、(解法できる) 積分に対しては、ほとんど対処することが可能である。ただし、専門分野においては、積分の公式集を参照するのが、より一般的である。これは、多くの数学者によって蓄積されてきた遺産をうまく利用することである。こう言うと、ずるいなと印象を持たれるかもしれないが、理工学や経済学では、積分を解くことが主目的ではなく、積分計算で得られた結果をもとに、何らかの現象を解析し、その全体像をつかむことが、より重要であるからである。

公式を利用するという立場にたつと、その数が多いほど便利ということになるが、高校や大学の教養で積分を履修する学生にとっては、積分公式の数が多いというのは迷惑以外の何ものでもない。試験に合格するために覚えなければならない事項が増えるからだ。

しかし、公式は覚えるだけの対象ではない。必ず導出方法がある。教科書や数学辞典に載っている公式を全部覚えていなくとも、その基本さえ、しっかり押さえておけば、その導出はそれほど難しくはない。

ここでは、積分公式をすべて網羅することは到底無理であるから、代表的なものについて、どのようにして公式が得られたかを紹介する。

### 2.7.1. 三角関数の逆関数の積分公式

前にも話しているが、多くの積分公式は、微分の逆操作で得られる。これは、関数を微分する作業の方がはるかに簡単であり、その結果を使って積分公式をつくるのが効率的だからである。

例えば、三角関数の逆関数 (1.9項) で扱った

$$\dfrac{d}{dx}(\sin^{-1}x)dx = \dfrac{1}{\sqrt{1-x^2}} \qquad \dfrac{d}{dx}(\tan^{-1}x)dx = \dfrac{1}{1+x^2}$$

という微分関係から

$$\int \frac{dx}{\sqrt{1-x^2}} = \sin^{-1} x + C \qquad \int \frac{dx}{1+x^2} = \tan^{-1} x + C$$

という積分公式が得られるが、これは、微分計算をすれば簡単に求めることができる。

**演習 2-10**　積分公式を利用して、次の関係が成立することを示せ。

$$\int \frac{dx}{\sqrt{a^2-x^2}} = \sin^{-1} \frac{x}{a} + C \qquad \int \frac{dx}{a^2+x^2} = \frac{1}{a}\tan^{-1} \frac{x}{a} + C$$

解）　公式 $\int \frac{dx}{\sqrt{1-x^2}} = \sin^{-1} x + C$ において、$x = t/a$ とおく。すると $dx = (1/a)dt$ であるから

$$\int \frac{dx}{\sqrt{1-x^2}} = \int \frac{dt/a}{\sqrt{1-\left(\frac{t}{a}\right)^2}} = \int \frac{dt}{\sqrt{a^2-t^2}} = \sin^{-1} \frac{t}{a} + C$$

同様に、公式 $\int \frac{dx}{1+x^2} = \tan^{-1} x + C$ において、$x = t/a$ とおく。すると $dx = (1/a)dt$ であるから

$$\int \frac{dx}{1+x^2} = \int \frac{dt/a}{1+\left(\frac{t}{a}\right)^2} = \int \frac{adt}{a^2+t^2} = \tan^{-1} \frac{t}{a} + C$$

整理して

$$\int \frac{dt}{a^2+t^2} = \frac{1}{a}\tan^{-1} \frac{t}{a} + C$$

が得られる。

**演習 2-11**　次の不定積分を求めよ。

(1) $\int \frac{dx}{\sqrt{3-x^2}}$　　(2) $\int \frac{dx}{2x^2+1}$

解）公式を利用して

(1) $\displaystyle\int \frac{dx}{\sqrt{3-x^2}} = \int \frac{dx}{\sqrt{\left(\sqrt{3}\right)^2 - x^2}} = \sin^{-1}\frac{x}{\sqrt{3}} + C$

(2) $\displaystyle\int \frac{dx}{2x^2+1} = \frac{1}{2}\int \frac{dx}{x^2 + \frac{1}{2}} = \frac{1}{2}\int \frac{dx}{x^2 + \left(\frac{1}{\sqrt{2}}\right)^2}$

$\displaystyle = \frac{1}{2}\frac{1}{\frac{1}{\sqrt{2}}}\tan^{-1}\left(\frac{x}{\frac{1}{\sqrt{2}}}\right) + C = \frac{1}{\sqrt{2}}\tan^{-1}\left(\sqrt{2}x\right) + C$

と与えられる。

### 2.7.2. その他の重要な公式

以上の公式の他にも多くの重要な積分公式があるが、どれが重要でどれが重要ではないかは、分野によっても異なるし、個人差も大きい。そこで、次のふたつだけ例として挙げておく。

$$\int \frac{dx}{x^2 - a^2} = \frac{1}{2a}\ln\left|\frac{x-a}{x+a}\right| + C \,(a \neq 0)$$

$$\int \frac{dx}{\sqrt{x^2 + a^2}} = \ln\left|x + \sqrt{x^2 + a^2}\right| + C$$

これらの公式を覚えろと言われただけで気が滅入るひとも多かろう。しかし、このまま覚える必要はないのであって、順序だてて考えれば、それほど苦にはならない。

まず、これら公式のかたちを見ると

$$\int \frac{dx}{x} = \ln|x| + C$$

に似ていると気づく。これをうまく利用する手を考えればよい。

そこで最初の公式は

$$\frac{1}{x^2 - a^2} = \frac{1}{(x+a)(x-a)} = \frac{1}{2a}\left(\frac{1}{x-a} - \frac{1}{x+a}\right)$$

と変形できることを踏まえて

$$\int \frac{dx}{x^2 - a^2} = \frac{1}{2a}\left(\int \frac{dx}{x-a} - \int \frac{dx}{x+a}\right) = \frac{1}{2a}\left(\ln|x-a| - \ln|x+a|\right) + C$$

よって

$$\int \frac{dx}{x^2 - a^2} = \frac{1}{2a} \ln \left| \frac{x-a}{x+a} \right| + C$$

が得られる。

　それでは、つぎの公式はどうであろうか。実は、真正面から、これに取り組むと非常に苦労する。そこで、ここでは搦手から考えてみよう。積分した結果が

$$\ln \left| x + \sqrt{x^2 + a^2} \right|$$

ということは、$f(x) = x + \sqrt{x^2 + a^2}$ とすると、これは

$$\int \frac{f'(x)}{f(x)} dx$$

の積分関数であることを示している。ここで、試しに $f'(x)$ を計算してみよう。すると

$$f'(x) = (x)' + \left( \sqrt{x^2 + a^2} \right)' = 1 + \frac{(x^2 + a^2)'}{2\sqrt{x^2 + a^2}} = 1 + \frac{2x}{2\sqrt{x^2 + a^2}} = 1 + \frac{x}{\sqrt{x^2 + a^2}}$$

となる。つぎに、$f'(x)/f(x)$ を計算すると

$$\frac{f'(x)}{f(x)} = \frac{1 + \dfrac{x}{\sqrt{x^2 + a^2}}}{x + \sqrt{x^2 + a^2}} = \frac{\dfrac{\sqrt{x^2 + a^2} + x}{\sqrt{x^2 + a^2}}}{x + \sqrt{x^2 + a^2}} = \frac{1}{\sqrt{x^2 + a^2}}$$

となって、確かに被積分関数になっている。

　この結果を踏まえたうえで、あらためて次の積分に正面から取り組んでみよう。

$$\int \frac{dx}{\sqrt{x^2 + a^2}}$$

この解法のテクニックは、結局、分子と分母に $x + \sqrt{x^2 + a^2}$ をかけることである。(何の説明もなく、この方法を使われると、いったいどこから、こんな関数を取り出してきたのかととまどうが。) すると

$$\int \frac{dx}{\sqrt{x^2 + a^2}} = \int \frac{x + \sqrt{x^2 + a^2}}{\sqrt{x^2 + a^2}(x + \sqrt{x^2 + a^2})} dx$$

これを変形すると

$$\int \frac{x+\sqrt{x^2+a^2}}{\sqrt{x^2+a^2}(x+\sqrt{x^2+a^2})} dx = \int \frac{1+\frac{x}{\sqrt{x^2+a^2}}}{x+\sqrt{x^2+a^2}} dx$$

となるが、こうすると分子は分母の微分であることが分かる。

ここで、公式

$$\int \frac{f'(x)}{f(x)} dx = \ln|f(x)| + C$$

を使うと

$$\int \frac{dx}{\sqrt{x^2+a^2}} = \ln\left|x+\sqrt{x^2+a^2}\right| + C$$

が得られる。ちなみに $x^2-a^2$ の場合もまったく同様で

$$\int \frac{dx}{\sqrt{x^2-a^2}} = \ln\left|x+\sqrt{x^2-a^2}\right| + C$$

も成立する。また、通例に従って $a^2$ と書いているが

$$\int \frac{dx}{\sqrt{x^2 \pm A}} = \ln\left|x+\sqrt{x^2 \pm A}\right| + C$$

と書いても差し支えない。

**演習 2-12** 次の不定積分を求めよ。

(1) $\int \frac{dx}{\sqrt{x^2+2}}$  (2) $\int \frac{dx}{x^2-9}$  (3) $\int \frac{dx}{\sqrt{2x^2+8}}$  (4) $\int \frac{dx}{4-x^2}$

解) 公式を利用すると

(1) $\int \frac{dx}{\sqrt{x^2+2}} = \ln\left|x+\sqrt{x^2+2}\right|$

(2) $\int \frac{dx}{x^2-9} = \int \frac{dx}{x^2-3^2} = \frac{1}{2 \cdot 3}\ln\left|\frac{x-3}{x+3}\right| = \frac{1}{6}\ln\left|\frac{x-3}{x+3}\right|$

(3) $\int \frac{dx}{\sqrt{2x^2+8}} = \frac{1}{\sqrt{2}}\int \frac{dx}{\sqrt{x^2+4}} = \frac{1}{\sqrt{2}}\ln\left|x+\sqrt{x^2+4}\right|$

(4) $\int \frac{dx}{4-x^2} = -\int \frac{dx}{x^2-2^2} = -\frac{1}{4}\ln\left|\frac{x-2}{x+2}\right|$   (ただし、定数項は省略)

このように、公式さえ覚えておれば、真正面から取り組むと時間がかかる積分計算が、いとも簡単に解ける。(正確には解いているのではなく、公式に

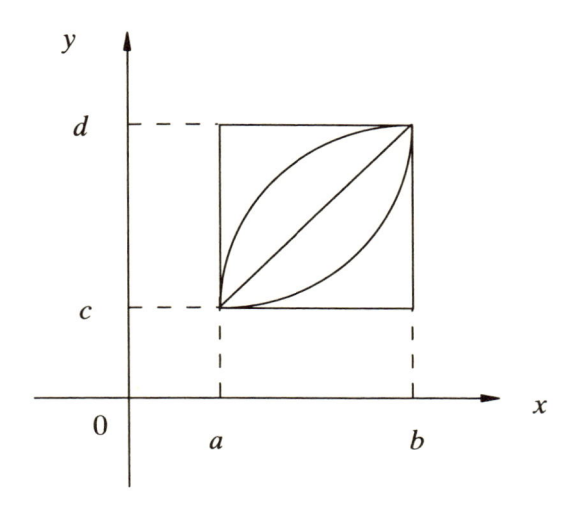

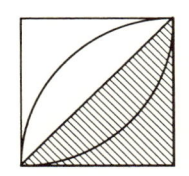

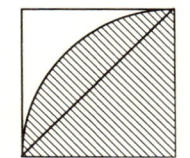

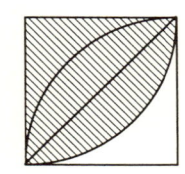

**図 2-10** 重積分では、変数が 2 個以上あるため、例えば、$xy$ 平面において $x$ と $y$ の範囲を指定しても、その経路の選び方は無数にある。

当てはめているだけであるが。）

ただし、積分公式は一種の禁断の木の実である。なぜなら、それに頼り切っていると、公式を忘れたとたんに、お手上げという状態に陥るからだ。よって、苦労してでも、公式がどのようにして得られたか、その道筋をきちんと確認しておく必要がある。

## 2.8. 重積分

微分の場合にも変数が 2 個以上考えられたが、当然、積分の場合にも変数が複数ある場合が考えられる。このような積分は、どうすればよいのであろうか。この場合も、微分と同じように、2 個の変数を一緒に計算するのではなく、どちらかの変数を固定して、まず 1 個の変数について積分し、次にもう 1 個の変数に関して積分するという方法をとる。このように、複数の変数

を持つ関数を積分することを重積分 (multiple integral) と呼んでいる。

ただし、重積分は、そう単純ではない。というのも、変数が 2 個以上ある場合には、その積分領域を指定する必要があるからである。変数が $x$ だけの場合には、積分路は $x$ 軸上に限定されるから、1 通りしかないが、変数が 2 個あると、図 2-10 に示すように、たとえ $x$ と $y$ の範囲を決めても、幾通りもの積分領域が考えられるからである。

### 2.8.1. 2重積分

具体例で見た方が分かりやすいので、実際に重積分を行ってみよう。まず変数が 2 個の 2 重積分 (double integral) を取り上げる。

いま、$x$ と $y$ の関数 $z = f(x, y)$ が次のように与えられているとする。
$$f(x, y) = ax^2 + bxy + cy^2$$
この関数の $x$ と $y$ に関する積分は
$$\iint_D f(x, y) dxdy$$
のように、積分記号を重ねて書く。ここで、積分領域を $D$ として、積分記号

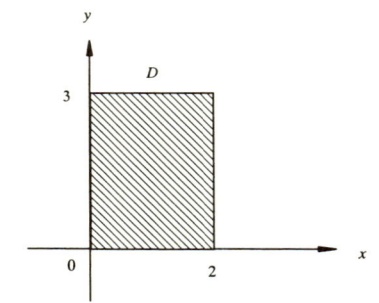

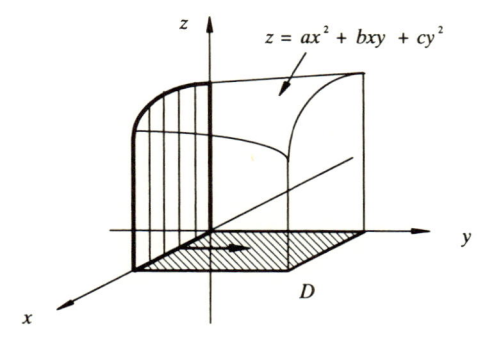

図 **2-11** 積分範囲と積分順序の模式図。

の下に添えるのが通例である。

いま $D$ として、図 2-11(a)に示したような長方形（$0 \leq x \leq 2$, $0 \leq y \leq 3$）の積分領域を考える。この場合、まず $x$ のみの関数として $f(x, y)$ を積分すると

$$\int_0^3 \int_0^2 (ax^2 + bxy + cy^2) dx dy = \int_0^3 \left[ \frac{a}{3} x^3 + \frac{b}{2} x^2 y + cxy^2 \right]_0^2 dy = \int_0^3 \left( \frac{8a}{3} + 2by + 2cy^2 \right) dy$$

と積分記号が 1 個はずれる。これは、図 2-11(b)の $xz$ 軸に沿った積分を $y$ の関数として求めたことに相当する。

つぎにかっこ内の関数を $y$ の関数として、$y$ について積分すると

$$\int_0^3 \left( \frac{8a}{3} + 2by + 2cy^2 \right) dy = \left[ \frac{8a}{3} y + by^2 + \frac{2c}{3} y^3 \right]_0^3 = 8a + 9b + 18c$$

という値が得られる。これは、関数 $z = f(x, y)$ と $xy$ 平面内の領域 $D$ によって囲まれた立体の体積を与える。

より一般的には、図 2-12 に示すように、関数 $z = f(x, y)$ で表される曲面が、$xy$ 平面内の $D$ で与えられる境界内につくる立体の体積を与える。2 重積分では、変数 $x$ を先に積分しても、変数 $y$ を先に積分しても、同じ値が得られる。

**演習 2-13** 上で示した重積分を、$y$ から先に積分して、その値を求めよ。

**解）** $f(x, y)$ を $y$ のみの関数として、まず積分する。

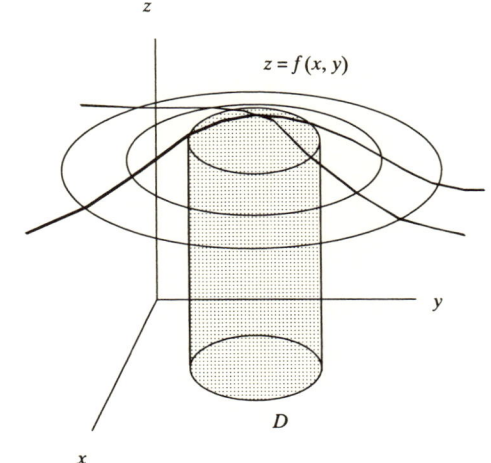

**図 2-12** 重積分は、$xy$ 平面内の領域 $D$ と、関数 $z = f(x, y)$ の張る曲面が囲む立体の体積を与える。

$$\int_0^3\int_0^2 (ax^2+bxy+cy^2)dxdy = \int_0^2\left[ax^2 y+\frac{b}{2}xy^2+\frac{c}{3}y^3\right]_0^3 dx = \int_0^2\left(3ax^2+\frac{9b}{2}x+9c\right)dx$$

となる。次に、$x$ で積分すると

$$\int_0^2\left(3ax^2+\frac{9b}{2}x+9c\right)dx = \left[ax^3+\frac{9}{4}bx^2+9cx\right]_0^2 = 8a+9b+18c$$

となって、同じ答えになることが確かめられる。

ちなみに、2 重積分において $f(x, y) = 1$ とおくと、積分領域 ($D$) の面積 ($S$) が得られる。

$$S = \iint_D dxdy$$

試しに $D$ として、いまの長方形を考えると

$$\int_0^3\int_0^2 1dxdy = \int_0^3 [x]_0^2 dy = \int_0^3 2dy = [2y]_0^3 = 6$$

となって、確かに長方形の面積が得られる。これは、厳密には高さが 1 の立体の体積に相当するが、結果は断面の面積となることは明かであろう。

### 2.8.2. $x$ と $y$ の相関のある 2 重積分

前項で取り扱った重積分は、積分領域 $D$ で $x$ と $y$ の間に相関がなく、非常に単純であったが、通常は、$x$ と $y$ に相関があり、$y$ は $x$ の関数 $y = \phi(x)$ となる。この場合の重積分は

$$\int_a^b \int_{\phi_1(x)}^{\phi_2(x)} f(x,y)dydx$$

として積分範囲 (interval) を示す $y$ の下端 (lower limit) と上端 (upper limit) が $x$ の関数となる。つまり、まず最初に

$$\int_{\phi_1(x)}^{\phi_2(x)} f(x,y)dy$$

の積分を行う。すると、結果は $x$ だけの関数となる。次に、それを $a \le x \le b$ の範囲で $x$ に関して積分すれば解が得られる。

この重積分はもちろん、$x$ を $y$ の関数と考えることもできるから $x = \varphi(y)$ として

$$\int_c^d \int_{\varphi_1(y)}^{\varphi_2(y)} f(x,y)dxdy$$

# 第2章 積分とは何か

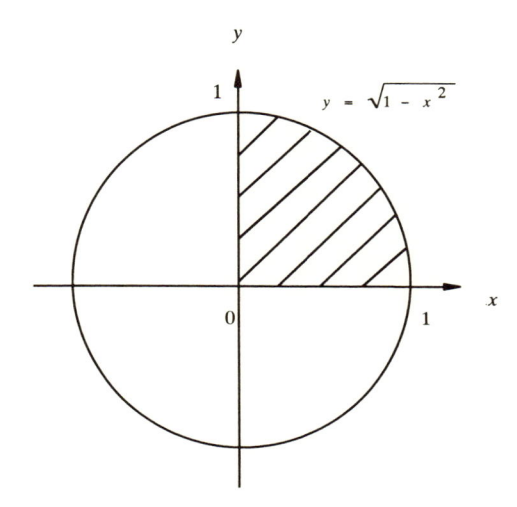

**図 2-13** 積分範囲と積分経路。

と書くこともできる。この場合は、先に $x$ に関して積分すると、$y$ だけの関数となり、$c \leq y \leq d$ の範囲で $y$ で積分すれば解が得られる。

例として、領域 $D$ が半径 1 の円の場合を取り上げてみよう。関数としては、$f(x, y) = 5$ という定数となる関数を考える。計算するまでもなく、この解は、半径が 1 で高さが 5 の円柱の体積となるから、わざわざ重積分などする必要がないが、重積分の手法を確認するうえで、取り上げてみる。まず、円が積分範囲であるので、図 2-13 の第一象限 (first quadrant) だけを考え、後で 4 倍すればよい。ここで、積分範囲の上端の関数は 4 分円

$$y = \sqrt{1-x^2}$$

であり、下端は直線 $y = 0$ であるから、積分は

$$\int_0^1 \int_0^{\sqrt{1-x^2}} 5\,dy\,dx = \int_0^1 [5y]_0^{\sqrt{1-x^2}} dx = \int_0^1 5\sqrt{1-x^2}\,dx$$

となる。つぎに

$$\int \sqrt{1-x^2}\,dx$$

の積分は、$x = \cos\theta$ と置くと、$dx = -\sin\theta\,d\theta$ であり、$x = 0$ のとき $\theta = \pi/2$、$x = 1$ のとき $\theta = 0$ であるから

$$\int_0^1 \sqrt{1-x^2}\,dx = -\int_{\pi/2}^0 \sin^2\theta\,d\theta$$

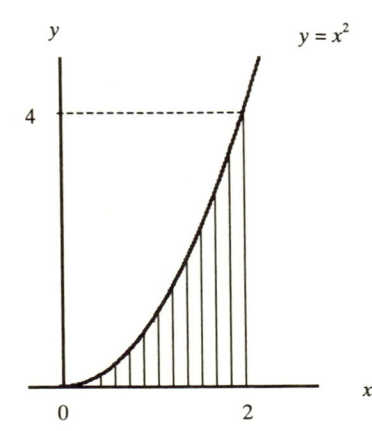

**図 2-14** 積分範囲。$y = x^2$ と直線 $y = 0$ とで囲まれた部分。

と変形できる。ここで、倍角の公式 (double angle formula)
$$\cos 2\theta = \cos^2 \theta - \sin^2 \theta = 1 - 2\sin^2 \theta$$
を使うと

$$\int_0^1 \sqrt{1-x^2}\, dx = \frac{1}{2}\int_{\pi/2}^0 (\cos 2\theta - 1)d\theta = \frac{1}{2}\left[\frac{\sin 2\theta}{2} - \theta\right]_{\pi/2}^0 = \frac{\pi}{4}$$

と計算できる。よって

$$\int_0^1 \int_0^{\sqrt{1-x^2}} 5\, dy\, dx = \frac{5}{4}\pi$$

と与えられる。ただし、これは第一象限(first quadrant)だけの値であるから、実際の体積は 4 倍して $5\pi$ という解が得られる。これは、まさに半径が 1 で高さが 5 の円柱の体積である。

**演習 2-14**  $y = x^2$ の曲線と $x$ 軸に囲まれた領域で $x = 0$ から $x = 2$ の範囲で、$z = xy$ の 2 重積分を求めよ。

解）この積分は、図 2-14 に示したように、$y$ に関して最初に積分すると、積分範囲は下端は $y = 0$ 上端は $y = x^2$ と考えられるから

$$\int_0^2 \int_0^{x^2} xy\, dy\, dx$$

によって求められる。よって

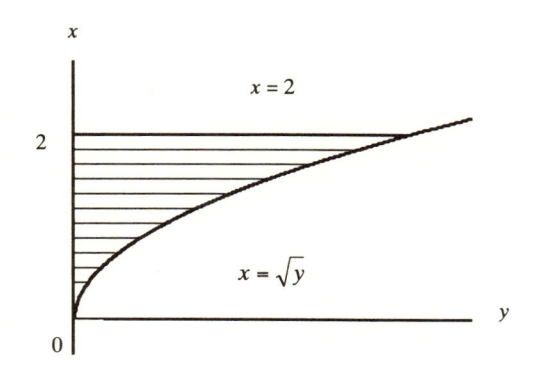

図 2-15 重積分において積分順序を変えるときは、その領域に注意する必要がある。図 2-14 と対応した積分範囲は、直線
$$x = 2$$
と曲線
$$x = \sqrt{y}$$
で囲まれた領域となる。

$$\int_0^2 \int_0^{x^2} xy\,dy\,dx = \int_0^2 \left[\frac{xy^2}{2}\right]_0^{x^2} dx = \int_0^2 \frac{x^5}{2} dx = \left[\frac{x^6}{12}\right]_0^2 = \frac{16}{3}$$

ちなみに、積分順序を変えて $x$ から積分すると、積分範囲は図 2-15 に示すように、下端が $x=\sqrt{y}$ と上端が $x=2$ と考えられるので

$$\int_0^4 \int_{\sqrt{y}}^2 xy\,dx\,dy$$

と書き換えられる。ここで積分範囲を単純に $x=0$ から $x=\sqrt{y}$ としないように注意する。(こうすると、積分範囲が変わってしまう。) これを計算すると

$$\int_0^4 \int_{\sqrt{y}}^2 xy\,dx\,dy = \int_0^4 \left[\frac{x^2 y}{2}\right]_{\sqrt{y}}^2 dy = \int_0^4 \left(2y - \frac{y^2}{2}\right) dy = \left[y^2 - \frac{y^3}{6}\right]_0^4 = \frac{16}{3}$$

となって、同じ解が得られる。

**演習 2-15**　　上記領域の面積($S$) を求めよ。

解)　　面積は、$f(x,y)=1$ として 2 重積分を計算すれば求められる。よって

$$S = \int_0^2 \int_0^{x^2} 1\,dy\,dx = \int_0^2 \left[y\right]_0^{x^2} dx = \int_0^2 x^2 dx = \left[\frac{x^3}{3}\right]_0^2 = \frac{8}{3}$$

もちろん、こんな面倒なことをしなくとも、$y = x^2$ の定積分で面積はすぐに求められる。

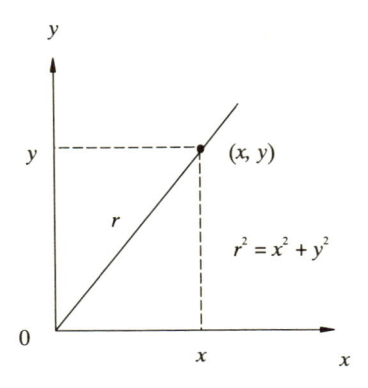

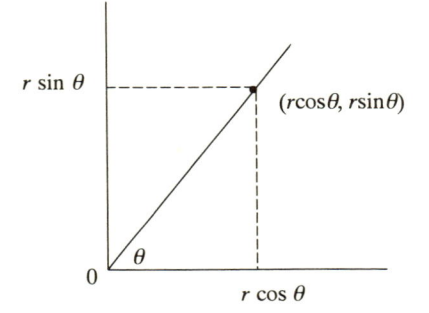

**図 2-16** 直交座標と極座標の対応。

$$S = \int_0^2 x^2 dx = \left[\frac{x^3}{3}\right]_0^2 = \frac{8}{3}$$

### 2.8.3. 座標変換

ここまで、敢えて正面から取り上げなかったが、座標変換について考えてみる。2.8.2.項でも利用しているように、適当な変数の置き換えを行うと、積分が簡単になる場合がある。

例えば、$xy$ 平面上の点は、図 2-16 に示すように、原点からの距離を $r$、$x$ 軸となす角を $\theta$ とすると、$r$ と $\theta$ で示すことができる。つまり、$(x, y)$ が $(r, \theta)$ の 2 変数を使って表記できる。この時

$$x = r\cos\theta \qquad y = r\sin\theta$$

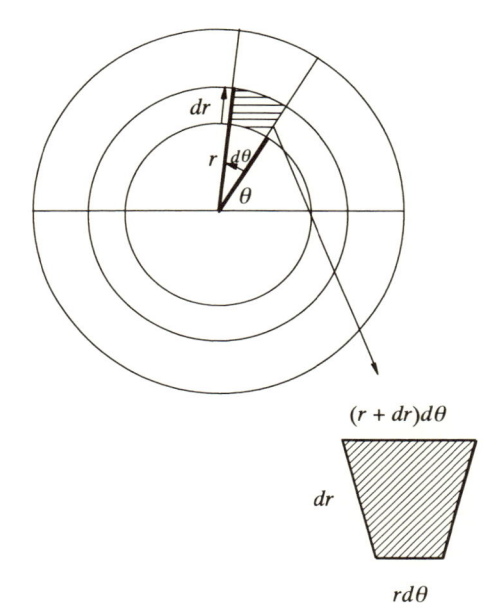

**図 2-17** 極座標において $r$ および $\theta$ がそれぞれ $dr$、$d\theta$ だけ変化したときの面積の変化量。

$$r = \sqrt{x^2 + y^2} \qquad \tan\theta = \frac{y}{x}$$

の対応関係にある。$(x, y)$ を直交座標 (rectangular coordinate system) と呼ぶのに対し、$(r, \theta)$ で表現する座標を極座標 (polar coordinate system) と呼んでいる。

実は、2 重積分に極座標を利用すると、特に、円や球がからんだ場合に計算が簡単になる例が多い。この時

$$\iint_D f(x,y)dxdy = \iint_{D'} f(r\cos\theta, r\sin\theta)rdrd\theta$$

というように $dxdy$ は $rdrd\theta$ に変わる。単純に $drd\theta$ とならないので注意が必要である。積分領域は、$xy$ 平面上の領域 $D$ を、$r\theta$ 平面上の領域 $D'$ に対応させることになる。

ここで、なぜ、このような変換になるかを考えてみよう。$dxdy$ は $xy$ 平面における微小素片の面積、つまり $x$ が $dx$、$y$ が $dy$ だけ変化した時の面積の変化分($dS$)である。これを極座標で考えると、$r$ が $dr$、$\theta$ が $d\theta$ だけ変化した時の面積の変化分に対応する。

これは、図 2-17 で斜線を施した面積素片に対応する。この部分の面積は

$$dS = \frac{\{rd\theta + (r+dr)d\theta\}}{2}dr = \frac{2rd\theta + drd\theta}{2}dr = rdrd\theta + \frac{1}{2}(dr)^2 d\theta$$

これが $dr$ と $d\theta$ が 0 に近づく極限では、第 2 項は無視できるので、結局

$$dS = rdrd\theta$$

となる。

ここで実際に、極座標を利用して 2 重積分を行ってみよう。$D$ を $x^2 + y^2 \leq 1$ として次の積分を求める。

$$\iint_D \frac{1}{\sqrt{1-x^2-y^2}} dxdy$$

これは、直交座標で書くと

$$\iint_D \frac{1}{\sqrt{1-x^2-y^2}} dxdy = 4\int_0^1 \int_0^{\sqrt{1-y^2}} \frac{1}{\sqrt{1-x^2-y^2}} dxdy$$

となり、かなり複雑な計算になる。

そこで、極座標を利用する。すると、直交座標の領域 $D: x^2+y^2 \leq 1$ は極座標の領域で考えると、図 2-18 に示すように、$0 \leq r \leq 1$, $0 \leq \theta \leq 2\pi$ となる。また $x^2 + y^2 = r^2$ であるから

$$\iint_D \frac{1}{\sqrt{1-x^2-y^2}} dxdy = \int_0^{2\pi} \int_0^1 \frac{1}{\sqrt{1-r^2}} rdrd\theta$$

と変形できる。まず先に

$$\int_0^1 \frac{r}{\sqrt{1-r^2}} dr$$

の積分を行う。

$1-r^2 = t$ とおくと $-2rdr = dt$ であり $r=0$ のとき $t=1$、$r=1$ のとき $t=0$ であるから

$$\int_0^1 \frac{r}{\sqrt{1-r^2}} dr = -\frac{1}{2}\int_1^0 \frac{dt}{\sqrt{t}} = -\frac{1}{2}\left[\frac{1}{-\frac{1}{2}+1}t^{-\frac{1}{2}+1}\right]_1^0 = \frac{1}{2}\left[2\sqrt{t}\right]_0^1 = 1$$

よって

$$\int_0^{2\pi} \int_0^1 \frac{1}{\sqrt{1-r^2}} rdrd\theta = \int_0^{2\pi} d\theta = 2\pi$$

と簡単に解が得られる。

第 2 章　積分とは何か

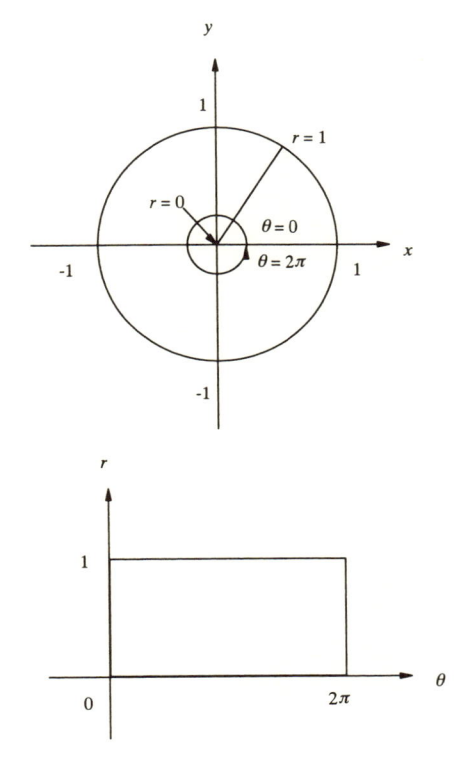

**図 2-18**　直交座標から極座標への座標変換。あえて $r\theta$ 平面を描くとこうなる。

**演習 2-16**　2.8.2 項で取り扱った $D$ が半径 1 の円（$x^2 + y^2 \leq 1$）の領域において、$f(x, y) = 5$ の 2 重積分を極座標を用いて計算せよ。

解）
$$\iint_D 5dxdy = \int_0^{2\pi}\int_0^1 5rdrd\theta = \int_0^{2\pi}\left[\frac{5}{2}r^2\right]_0^1 d\theta = \int_0^{2\pi}\frac{5}{2}d\theta = 5\pi$$

となって、拍子抜けするほど簡単に積分値が求められる。

### 2.8.4.　3 重積分

　変数が 2 個ではなく、3 個ある場合の積分も、2 重積分 (double integral) と同じ手法で行えばよい。つまり、積分範囲を指定したら、まず、被積分関数の $x, y$ は固定して、$z$ のみを変数として積分する。すると、結果は $x$ と $y$ だけの関数となる。後は、2 重積分と同じ手法で解くことができる。もちろん、

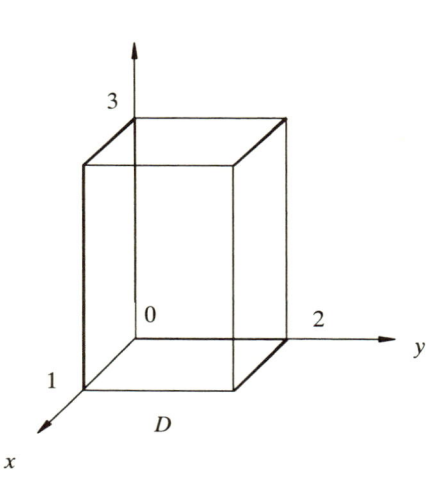

**図 2-19** 3 重積分の積分領域。この場合、積分領域は立体となる。

積分の順序は自由に変えることができる。3 重積分 (triple integral) は、被積分関数が $x, y, z$ の関数であり、積分範囲は面ではなく 3 次元の立体となる。その範囲を $D$ として

$$\iiint_D f(x,y,z)dxdydz$$

と表記する。

それでは、実際に 3 重積分を行ってみよう。被積分関数として

$$f(x,y,z) = x + y + z$$

を考える。

簡単のため、積分範囲を $x, y, z$ に相関のない $0 \leq x \leq 1, 0 \leq y \leq 2, 0 \leq z \leq 3$ の立方体とする（図 2-19 参照）。すると 3 重積分は

$$\int_0^3 \int_0^2 \int_0^1 f(x,y,z)dxdydz = \int_0^3 \int_0^2 \int_0^1 (x+y+z)dxdydz$$

と書ける。これを $x, y, z$ の順に積分してみよう。

まず、$x$ のみを変数とし、$y, z$ は定数とみなして積分すると

$$\int_0^3 \int_0^2 \int_0^1 (x+y+z)dxdydz = \int_0^3 \int_0^2 \left[\frac{x^2}{2} + xy + xz\right]_0^1 dydz = \int_0^3 \int_0^2 \left(\frac{1}{2} + y + z\right)dydz$$

となって、$y$と$z$だけの関数となる。つぎに$z$を定数として、$y$に関して積分すると

$$\int_0^3 \int_0^2 \left(\frac{1}{2} + y + z\right) dy\, dz = \int_0^3 \left[\frac{y}{2} + \frac{y^2}{2} + yz\right]_0^2 dz = \int_0^3 (3 + 2z) dz$$

となり、最後は$z$だけの関数となる。これを普通に積分すれば

$$\int_0^3 (3 + 2z) dz = \left[3z + z^2\right]_0^3 = 9 + 9 = 18$$

が解として得られる。

**演習 2-17**　関数 $f(x, y, z) = x^2$ において、原点を中心とする半径1の球を積分領域とする3重積分を求めよ。

**解)**　被積分関数が $x^2$ であるので、対称性を考えて $x \geq 0, y \geq 0, z \geq 0$ 領域（図2-20）の3重積分を行って、最後に8倍する。

ここで球面は

$$x^2 + y^2 + z^2 = 1$$

であるから、1/8の領域での積分は

$$\int_0^1 \int_0^{\sqrt{1-x^2}} \int_0^{\sqrt{1-x^2-y^2}} x^2\, dz\, dy\, dx$$

と与えられる。最初に$z$に関して積分すると

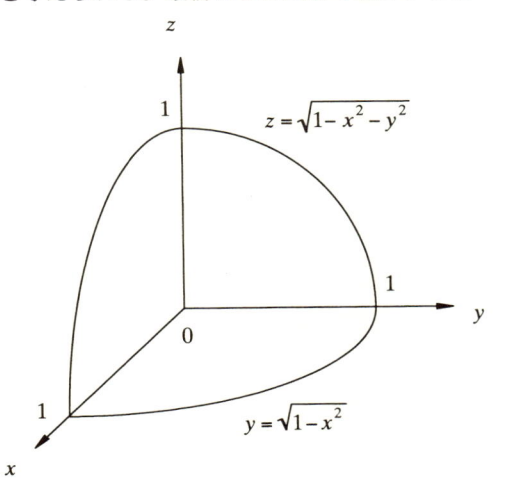

**図2-20**　原点を中心とし、半径が1の球の積分領域。図では1/8の領域を示している。

$$\int_0^1 \int_0^{\sqrt{1-x^2}} \int_0^{\sqrt{1-x^2-y^2}} x^2 \, dz \, dy \, dx$$
$$= \int_0^1 \int_0^{\sqrt{1-x^2}} x^2 [z]_0^{\sqrt{1-x^2-y^2}} dy \, dx = \int_0^1 \int_0^{\sqrt{1-x^2}} x^2 \sqrt{1-x^2-y^2} \, dy \, dx$$

ここで、$x = r\cos\theta, y = r\sin\theta$ と座標変換すると

$$\int_0^{\pi/2} \int_0^1 (r\cos\theta)^2 \sqrt{1-r^2} \, r \, dr \, d\theta = \int_0^{\pi/2} \cos^2\theta \left( \int_0^1 r^3 \sqrt{1-r^2} \, dr \right) d\theta$$

まず先に

$$\int_0^1 r^3 \sqrt{1-r^2} \, dr$$

を計算する。

$1 - r^2 = t$ とおくと $-2r \, dr = dt$、$r = 0$ のとき $t = 1$、$r = 1$ のとき $t = 0$ であるから

$$\int_0^1 r^3 \sqrt{1-r^2} \, dr = -\frac{1}{2} \int_1^0 (1-t)\sqrt{t} \, dt = \frac{1}{2} \int_0^1 t^{\frac{1}{2}} - t^{\frac{3}{2}} \, dt = \frac{1}{2} \left[ \frac{2}{3} t^{\frac{3}{2}} - \frac{2}{5} t^{\frac{5}{2}} \right]_0^1 = \frac{1}{3} - \frac{1}{5} = \frac{2}{15}$$

よって

$$\int_0^{\pi/2} \cos^2\theta \left( \int_0^1 r^3 \sqrt{1-r^2} \, dr \right) d\theta = \int_0^{\pi/2} \frac{2}{15} \cos^2\theta \, d\theta = \frac{2}{15} \int_0^{\pi/2} \frac{\cos 2\theta + 1}{2} d\theta$$
$$= \frac{2}{15} \left[ \frac{\sin 2\theta}{4} + \frac{\theta}{2} \right]_0^{\pi/2} = \frac{2}{15} \cdot \frac{\pi}{4}$$

これを 8 倍すると、解として $\dfrac{4}{15}\pi$ が得られる。

**演習 2-18** 演習 2-17 の積分領域の球の半径を $a$ に変えて $f(x, y, z) = 1$ を 3 重積分し、その結果がこの領域の体積となることを示せ。

解） 前問と同様に、球の 1/8 の領域を考えると

$$\int_0^a \int_0^{\sqrt{a^2-x^2}} \int_0^{\sqrt{a^2-x^2-y^2}} 1 \, dz \, dy \, dx$$

まず $z$ に関して積分すると

$$\int_0^a \int_0^{\sqrt{a^2-x^2}} \int_0^{\sqrt{a^2-x^2-y^2}} 1 \, dz \, dy \, dx = \int_0^a \int_0^{\sqrt{a^2-x^2}} [z]_0^{\sqrt{a^2-x^2-y^2}} dy \, dx = \int_0^a \int_0^{\sqrt{a^2-x^2}} \sqrt{a^2-x^2-y^2} \, dy \, dx$$

ここで、$x = r\cos\theta, y = r\sin\theta$ と座標変換すると

$$\int_0^{\pi/2}\int_0^a \sqrt{a^2 - r^2}\, r\, dr\, d\theta = \int_0^{\pi/2}\int_0^a r\sqrt{a^2 - r^2}\, dr\, d\theta$$

ここで

$$\int_0^a r\sqrt{a^2 - r^2}\, dr$$

をまず計算する。$a^2 - r^2 = t$ とおくと $-2r\, dr = dt$ で $r = 0$ のとき $t = a^2$、$r = a$ のとき $t = 0$ であるから

$$\int_0^a r\sqrt{a^2 - r^2}\, dr = -\frac{1}{2}\int_{a^2}^0 \sqrt{t}\, dt = \frac{1}{2}\int_0^{a^2} t^{\frac{1}{2}}\, dt = \frac{1}{2}\left[\frac{2}{3}t^{\frac{3}{2}}\right]_0^{a^2} = \frac{1}{3}a^3$$

よって

$$\int_0^{\pi/2}\int_0^a \sqrt{1 - r^2}\, r\, dr\, d\theta = \int_0^{\pi/2} \frac{a^3}{3}\, d\theta = \left[\frac{a^3 \theta}{3}\right]_0^{\pi/2} = \frac{\pi}{6}a^3$$

となる。これを 8 倍して

$$\frac{4\pi a^3}{3}$$

が得られる。これは確かに半径 $a$ の球の体積である。

## 2.9. 定積分の応用

積分の応用に関しては、微分方程式の解法がもっとも重要なものであるが、その前に、数学として積分の位置づけを考えたときに、定積分の応用として必ず教科書に取りあげられる代表的なものがいくつかあるので、紹介しておく。(個人的には、積分の本来の効用とはあまり考えてはいないが。)

定積分は、もともとは面積を求めるために導入されたものであるが、当然のことながら、それに限る必要はない。実際に、曲線の長さ、回転体の体積および表面積を求めるのに利用される。

### 2.9.1. 関数に囲まれた面積

すでに、定積分や積分の定義そのものを紹介した項で面積を求める方法については説明ずみであるが、ここでは、さらに複雑な図形を考えてみる。

いまふたつの関数

$$y = f(x) \qquad y = g(x)$$

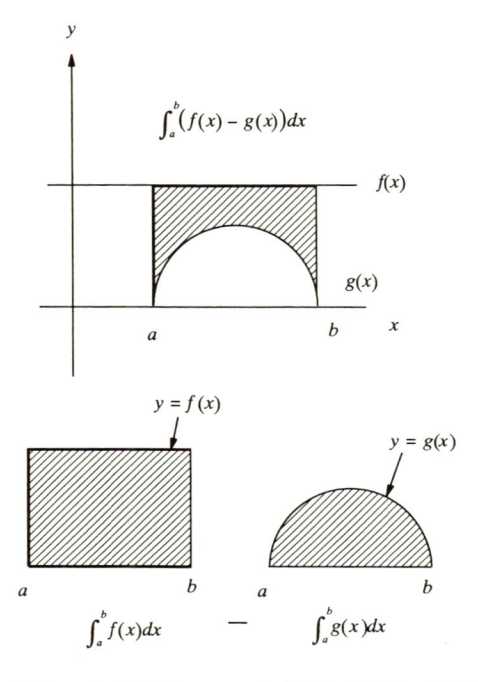

**図 2-21** 関数 $y=f(x)$ と関数 $y=g(x)$ に囲まれた領域の面積は、それぞれの積分値を引いた値になる。これは、考えれば当たり前であるが、こういう事実を認識していると、複雑な面積計算に対応できる場合がある。

があって、この関数で囲まれた部分の面積を求めるにはどうしたらよいであろうか。答は簡単で、積分範囲を $a \leq x \leq b$ とすると

$$S = \int_a^b \{f(x) - g(x)\}dx$$

で与えられる。図 2-21 を見れば、当たり前と言えば当たり前であるが、この基礎をつかんでいれば、意外と便利である。

例として

$$y = x^2 \qquad y^2 = x$$

で囲まれた部分の面積を求めてみよう（図 2-22 参照）。これらふたつの曲線の交点を求めると、両式より $y$ を消去して $(x^2)^2 = x$ となる。よって

$$x^4 - x = 0 \qquad x(x^3 - 1) = 0$$

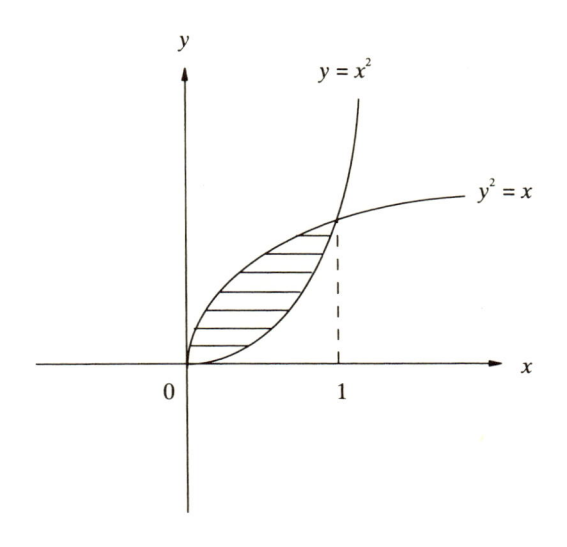

**図 2-22** 関数 $y = x^2$ と $y = \sqrt{x}$ で囲まれた部分の面積。

となって、$x = 0$ および $x = 1$ であることが分かる。曲線で囲む部分では $y^2 = x$ は

$$y = \sqrt{x}$$

であるので、求める面積 $S$ は

$$S = \int_0^1 (\sqrt{x} - x^2)dx = \int_0^1 \left(x^{\frac{1}{2}} - x^2\right)dx = \left[\frac{2}{3}x^{\frac{3}{2}} - \frac{1}{3}x^3\right]_0^1 = \frac{2}{3} - \frac{1}{3} = \frac{1}{3}$$

と簡単に求めることができる。

**演習 2-19** 直線 $y = x$ と、曲線 $y = x^n$ ($n = 2, 3, ...$)に囲まれた部分の面積を求めよ。

**解)** $y = x$ と $y = x^n$ は、$n$ の値に関係なく $x = 0$ と $x = 1$ で交わる。まず、図 2-23 に示した $y = x^2$ の場合に面積を求めると

$$S = \int_0^1 (x - x^2)dx = \left[\frac{x^2}{2} - \frac{x^3}{3}\right]_0^1 = \frac{1}{2} - \frac{1}{3} = \frac{1}{6}$$

つぎに $y = x^3$ の場合は

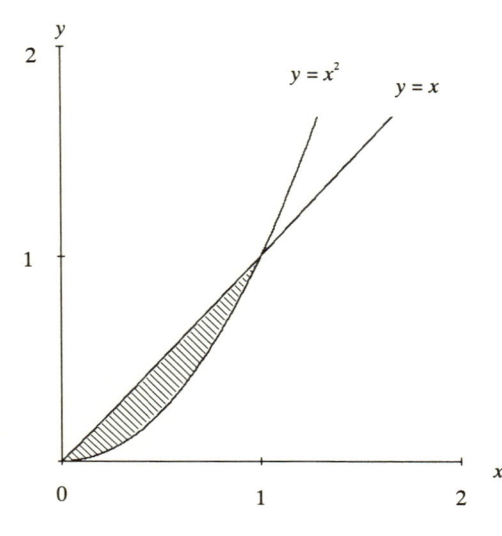

**図 2-23** 関数 $y=x$ と $y=x^2$ に囲まれた部分の面積。

$$S = \int_0^1 (x - x^3)dx = \left[\frac{x^2}{2} - \frac{x^4}{4}\right]_0^1 = \frac{1}{2} - \frac{1}{4} = \frac{1}{4}$$

となる。一般化して $y = x^n$ の場合は

$$S = \int_0^1 (x - x^n)dx = \left[\frac{x^2}{2} - \frac{x^{n+1}}{n+1}\right]_0^1 = \frac{1}{2} - \frac{1}{n+1}$$

これは、$n \to \infty$ では $y = x$ の面積に近づくことを示している。$y = x^n$ のグラフは $x = 1$ で $y = 1$ であるから、これは $n$ が大きくなると、$x = 1$ で $y = 0$ から $y = 1$ へ急激に変化するグラフとなることを示している。

実際に、$y = x^{10}$ と $y = x^{100}$ のグラフをプロットすると図 2-24 のように確かに $n$ が増えると $x = 1$ でステップ的に変化することが分かる。

### 2.9.2. 曲線の長さ

関数の積分を利用すれば面積が求められるが、序章で紹介したように、積分とは微小に区分（微分）された部分の統合であるから、なにも面積にこだわる必要がない。例えば、この微小に区分（微分）されたものが、ある曲線の一部としたら、その統合は線の長さを与えるはずである。

ここで、この微小に区分された線分を $ds$ とすると、曲線の長さ（$\ell$）は

第2章 積分とは何か

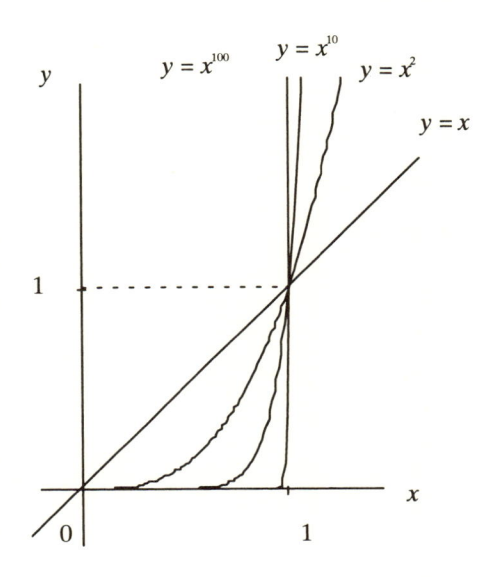

**図 2-24** 関数 $y=x^n$ のグラフ。$n$ が大きくなると、$x=1$ で急激に立ち上がる。

$$\ell = \int ds$$

と与えられることになる。ただし、このままでは計算の拠り所がない。そこで、$y = f(x)$ が曲線を表す関数と考える。そして、$ds$ がどのように表現できるか思案すると、図 2-25 に示したように

$$ds^2 = dx^2 + dy^2$$

の関係にある。（範囲が大きいとこの関係は分かりにくいが、図に示すように $dx, dy$ がゼロに近づく極限では、$ds$ は直線とみなすことができるようになる。）よって、この関係式が成立する。つまり

$$ds = \sqrt{dx^2 + dy^2}$$

と表すことができる。$dx$ を根号の外に出して

$$ds = \sqrt{dx^2 + dy^2} = \sqrt{1 + \left(\frac{dy}{dx}\right)^2} dx$$

と書くこともできる。

これが微分した線のパーツに相当するから、これを統合、すなわち積分すれば、線の長さが得られる。よって

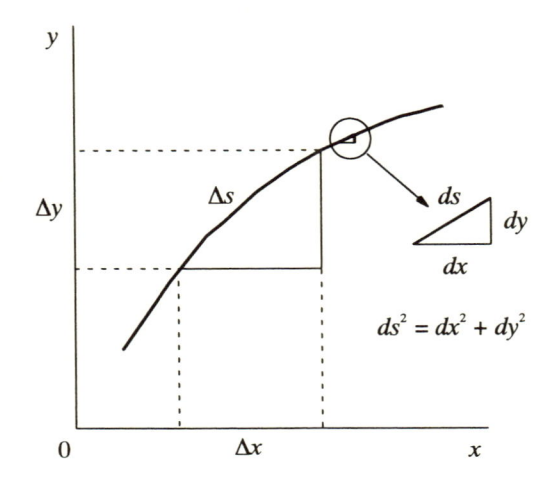

**図 2-25** 線分の長さ（$ds$）の微分表示。線分素が極微であれば、直角三角形とみなして、$ds^2 = dx^2 + dy^2$ で与えられる。

$$\ell = \int \sqrt{dx^2 + dy^2} = \int \sqrt{1 + \left(\frac{dy}{dx}\right)^2}\,dx$$

と与えられる。これで計算準備が整った。

この式は $y = f(x)$ とすると

$$\frac{dy}{dx} = f'(x)$$

であるから

$$\ell = \int \sqrt{1 + \left(\frac{dy}{dx}\right)^2}\,dx = \int \sqrt{1 + (f'(x))^2}\,dx$$

と書くこともできる。

このように、微積分の利点は、微小部位に注目して局所的な関係を数式で表現できれば、後は積分することで全体像をつかめる点にある。後でくわしく紹介するが、この手法は、線分に限らず、すべての物理や経済現象に適用できる。

**演習 2-20** $y = x$ の $(1, 1)$ から $(5, 5)$ までの長さを求めよ。

解） $\dfrac{dy}{dx} = 1$ であるから

$$\ell = \int_1^5 \sqrt{1+\left(\frac{dy}{dx}\right)^2}\,dx = \int_1^5 \sqrt{1+1^2}\,dx = \left[\sqrt{2}x\right]_1^5 = 4\sqrt{2}$$

となる。

もちろん、これは点(1, 1)と(5, 5)間の距離であるから、何も積分を使わなくとも

$$\sqrt{(5-1)^2+(5-1)^2} = \sqrt{16+16} = \sqrt{32} = 4\sqrt{2}$$

とすぐに計算できる。微積分の利点は、この手法が複雑な関数に対しても、そのまま応用できる点にある。

**演習 2-21** $y = x\sqrt{x}$ の曲線において、(0, 0)から(1, 1)までの曲線の長さを求めよ。

解) $y = x^{3/2}$ であるから

$$\frac{dy}{dx} = \frac{3}{2}x^{\frac{3}{2}-1} = \frac{3}{2}x^{\frac{1}{2}}$$

よって

$$\ell = \int_0^1 \sqrt{1+\left(\frac{dy}{dx}\right)^2}\,dx = \int_0^1 \sqrt{1+\left(\frac{3}{2}x^{\frac{1}{2}}\right)^2}\,dx = \int_0^1 \sqrt{1+\frac{9}{4}x}\,dx$$

ここで $1+\frac{9}{4}x = t$ とおくと $\frac{9}{4}dx = dt$、$x = 0$ のとき $t = 1$、$x = 1$ のとき $t = 13/4$ であるから

$$\ell = \int_0^1 \sqrt{1+\frac{9}{4}x}\,dx = \int_1^{13/4} \frac{4}{9}\sqrt{t}\,dt = \left[\frac{4}{9}\cdot\frac{2}{3}t^{\frac{3}{2}}\right]_1^{13/4} = \frac{8}{27}\left(\frac{13}{8}\sqrt{13}-1\right)$$

### 2.9.3. 極座標による曲線の長さ

曲線の長さを求める場合にも、極座標を用いた方が計算が簡単になる場合がある。それでは、極座標を使うと線分の長さはどう表現できるのであろうか。

この場合は、$r$ と $\theta$ がわずかに変化した時の線分の長さを求めればよい。こ

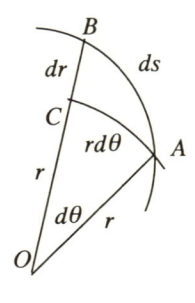

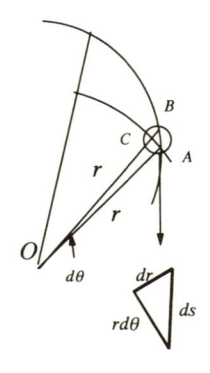

$$ds^2 = dr^2 + r^2 d\theta^2$$

**図 2-26** 極座標の場合の線分の長さの微分表示。この場合も、線分素片が十分小さければ、直角三角形とみなす。ただし、
$$ds^2 = dr^2 + r^2 d\theta^2$$
となる。

れは、図 2-26 に示すように線分 AB の長さである。ここで、三角形 ABC は直角三角形とみなせるから、

$$\overline{AB}^2 = \overline{AC}^2 + \overline{BC}^2$$

という関係にある。これを $r$ と $\theta$ で表せば

$$ds^2 = dr^2 + (rd\theta)^2$$

となる。(この図では直角三角形とは程遠いように見えるが、まず∠ACB は円と中心を結ぶ線がなす角であるから直角であることが分かる。さらに、$dr$ と $d\theta$ が小さくなれば、曲線上の線分でも序章の円の分割で紹介したように直線近似ができるようになる。よって、直角三角形となる。)

すると

$$ds = \sqrt{dr^2 + r^2 d\theta^2}$$

とかけて $d\theta$ を根号の外に出すと

$$ds = \sqrt{r^2 + \left(\frac{dr}{d\theta}\right)^2}\, d\theta$$

となる。よって曲線の長さを極座標で表すと

$$\ell = \int ds = \int \sqrt{r^2 + \left(\frac{dr}{d\theta}\right)^2}\, d\theta$$

第2章 積分とは何か

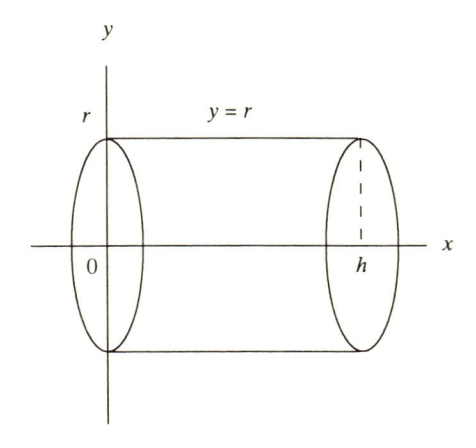

**図 2-27** $y=r$ を $x$ 軸のまわりに回転して生じる回転体。

で与えられる。

**演習 2-22** 極座標を使って、半径が $a$ の円の円周の長さを求めよ。

解) 円では半径 $r$ が $\theta$ によらず常に一定であるから

$$\frac{dr}{d\theta} = 0$$

よって

$$\ell = \int_0^{2\pi} \sqrt{r^2 + \left(\frac{dr}{d\theta}\right)^2}\, d\theta = \int_0^{2\pi} a\, d\theta = 2\pi a$$

となる。

### 2.9.4. 回転体の体積

半径が $r$ の円の面積は $\pi r^2$ で与えられる。これが、高さ $h$ の円柱になると、その体積は $\pi r^2 h$ となる。これは、別な視点でみると、図 2-27 に示すように、$y=r$ の直線を $0 \leq x \leq h$ の範囲で、$x$ 軸のまわりに回転して生ずる回転体（円柱）の体積と考えられるので

$$\int_0^h \pi y^2\, dx = \int_0^h \pi r^2\, dx = \pi r^2 h$$

と積分記号を使って書くことができる。いまの場合は $y = r$ と一定の値であ

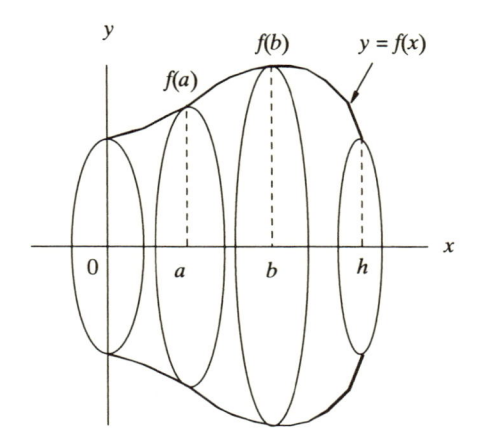

図 2-28 $y=f(x)$ を $x$ 軸のまわりに回転して生じる回転体。

ったが、$y = f(x)$ という関数であっても同様の手法が使える。これを

$$\int_0^h \pi y^2 dx = \int_0^h \pi f(x)^2 dx$$

と書くと、この積分は図 2-28 に示すように、関数 $f(x)$ を $x$ 軸のまわりに回転して生ずる回転体の体積を与えることになる。範囲を $a \leq x \leq b$ とすると、体積は

$$V = \int_a^b \pi y^2 dx = \int_a^b \pi f(x)^2 dx$$

と一般化できる。

**演習 2-23** 曲線 $y = \sqrt{r^2 - x^2}$ が $x$ 軸のまわりに回転して生ずる回転体の体積を求めよ。

**解)** この関数の定義域は $-r \leq x \leq r$ である。よって回転体の体積 $(V)$ は

$$V = \int_{-r}^{r} \pi \left(\sqrt{r^2 - x^2}\right)^2 dx = \int_{-r}^{r} \pi (r^2 - x^2) dx = \pi \left[r^2 x - \frac{x^3}{3}\right]_{-r}^{r}$$

$$= \pi \left\{\left(r^3 - \frac{r^3}{3}\right) - \left(-r^3 + \frac{r^3}{3}\right)\right\} = \frac{4}{3}\pi r^3$$

となる。これは御存じ、半径が $r$ の球の体積である。

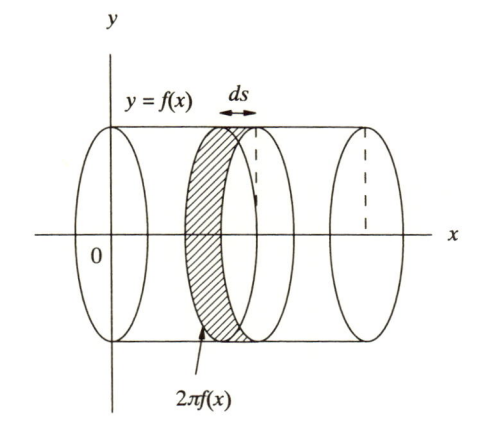

**図 2-29** $y=f(x)$ を $x$ 軸のまわりに回転して生じる回転体の表面積。

### 2.9.5. 回転体の表面積

前項では、回転体の体積を求める方法を示したが、まったく同様の考え方で回転体の表面積を求めることができる。半径が $r$ の円の面積は $\pi r^2$ で与えられるが、その周の長さは $2\pi r$ である。表面積は、この周の長さに辺の長さをかけたものになる。これは関数 $f(x)$ の線の長さに相当する（図 2-29 参照）。

$$\ell = \int \sqrt{1+\left(\frac{dy}{dx}\right)^2}\,dx = \int \sqrt{1+(f'(x))^2}\,dx$$

である。局所的な線分の長さ $(ds)$ は

$$ds = \sqrt{1+\left(\frac{dy}{dx}\right)^2}\,dx = \sqrt{1+(f'(x))^2}\,dx$$

よって、表面積 $(S)$ は周長 $(2\pi f(x))$ に線の長さ $(ds)$ をかけて

$$S = \int 2\pi f(x)\,ds = 2\pi \int f(x)\sqrt{1+(f'(x))^2}\,dx$$

あるいは

$$S = 2\pi \int y\sqrt{1+(y')^2}\,dx = 2\pi \int y\sqrt{1+\left(\frac{dy}{dx}\right)^2}\,dx$$

と書ける。実際に、ある範囲 $a \le x \le b$ における表面積は

$$S = 2\pi \int_a^b y\sqrt{1+\left(\frac{dy}{dx}\right)^2}\,dx$$

で与えられることになる。

**演習 2-24** 曲線 $y = \sqrt{r^2 - x^2}$ が $x$ 軸のまわりに回転して生ずる立体の表面積を求めよ。

解） この関数の定義域は $-r \leq x \leq r$ である。
$$y = \sqrt{r^2 - x^2} = \left(r^2 - x^2\right)^{\frac{1}{2}}$$

であるから
$$\frac{dy}{dx} = \frac{1}{2}\left(r^2 - x^2\right)^{\frac{1}{2}-1}\left(r^2 - x^2\right)' = \frac{1}{2}\frac{1}{\sqrt{r^2 - x^2}}(-2x) = -\frac{x}{\sqrt{r^2 - x^2}}$$

よって
$$\sqrt{1+\left(\frac{dy}{dx}\right)^2} = \sqrt{1+\frac{x^2}{r^2-x^2}} = \sqrt{\frac{r^2}{r^2-x^2}} = \frac{r}{\sqrt{r^2-x^2}}$$

すると求める表面積($S$)は
$$S = 2\pi\int_{-r}^r y\sqrt{1+\left(\frac{dy}{dx}\right)^2}\,dx = 4\pi\int_0^r \sqrt{r^2-x^2}\,\frac{r}{\sqrt{r^2-x^2}}\,dx = 4\pi\int_0^r r\,dx = 4\pi r[x]_0^r = 4\pi r^2$$

となる。これは、まさしく球の表面積である。

### 2.9.6. 線積分
普通の積分は
$$\int_a^b f(x)\,dx$$

と書いて、積分路は $x$ 軸上の範囲であった。これが、重積分となると、積分領域そのものを指定する必要があることを説明した。しかし、積分路が1次元の場合でも、別の経路が考えられないのであろうか。

例えば、具体例として $y = x^2$ の曲線上で積分することを考えてみよう。当然、積分の対象となるのは、$x$ と $y$ の関数である。ここで被積分関数を

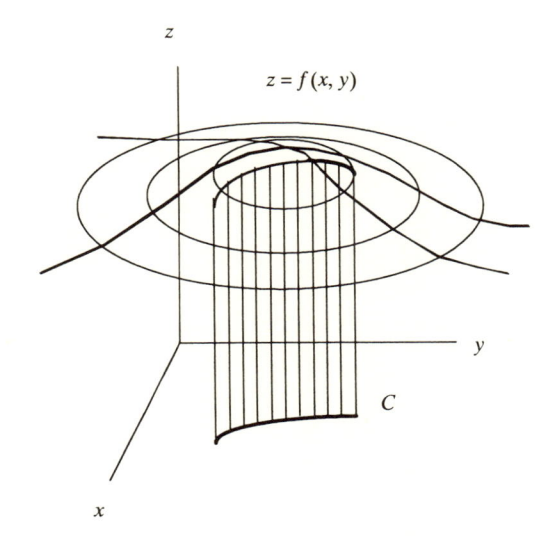

**図 2-30** 線積分の模式図。積分路 C に沿った関数
$$z=f(x,y)$$
の積分は、図のように関数
$$z=f(x,y)$$
が張る曲面と積分路 C とが囲む面積となる。

$$z = f(x,y) = x^2 + xy$$

とすると $y = x^2$ の曲線上では

$$z = x^2 + xy = x^2 + x(x^2) = x^2 + x^3$$

となるはずである。よって

$$\int (x^2 + x^3) dx$$

を計算すればよいことになる。いま、求める積分の積分路が $y = x^2$ の曲線上で、点$(0, 0)$から$(2, 4)$までとすると

$$\int_0^2 (x^2 + x^3) dx = \left[\frac{x^3}{3} + \frac{x^4}{4}\right]_0^2 = \frac{8}{3} + 4 = 6\frac{2}{3}$$

と与えられる。一般には、積分路の曲線を $C$ とすると

$$\int_C f(x, y) dx$$

のように表記し、線積分 (curvilinear integral) と呼んでいる。

この線積分の値は、図 2-30 に示したように、積分路 $C$ と関数 $z = f(x, y)$ に囲まれた領域の面積を与える。

積分の計算方法は、簡単で、積分路の曲線が関数 $y = g(x)$ で与えられれば、これを $f(x, y)$ の $y$ に代入し、$x$ のみの関数としたのち、対応した $x$ 軸上の積

分範囲で積分すればよい。

**演習 2-25** 積分路 $C$ を原点から点 $(2, 8)$ までの $y = x^3$ の曲線として、関数 $f(x, y) = xy$ の線積分を求めよ。

解) $\int_C f(x, y) dx = \int_0^2 xy dx = \int_0^2 x(x^3) dx = \left[\frac{x^5}{5}\right]_0^2 = \frac{32}{5}$

以上で一般の入門書に載っている定積分の応用は紹介した。教科書によっては、より複雑な図形の解析なども紹介されているが、基礎さえしっかりしていれば、それほど解法は苦にならない。

それよりも、積分が非常に多くの分野で活躍しているのは、ここで紹介した体積や面積などを求める方法によるものではないことを認識する必要がある。微分(局所的な変化)をてがかりにして、ある現象を表現する微分方程式がいったん得られれば、積分を利用してその方程式を解法することで、その現象の全体像を把握できる。これが、より重要である。微分方程式の解法については第5章で紹介する。

## 補遺 2-1　原始関数の微分

第 2 章の冒頭で、積分と微分が逆の演算になっているのは、つきつめて考えると不思議であると言ったが、これを提唱したのはニュートン (Newton) とライプニッツ (Leibniz) のふたりと言われている。これは「微分積分学の基本定理」(Fundamental theorem of calculus) として知られているが、歴史的には、その定理をどちらが先に発見したかで大きな紛争を巻き起こした。つまり、微分と積分が逆の演算 (converse process) であることは、必ずしも自明ではなかったことになる。

ここでは、簡単にそれを紹介する。本文で示したように、ある関数 $f(x)$ の原始関数は

$$S = \int_0^x f(x) dx = F(x) = \lim_{n \to \infty}\left\{f\left(\frac{x}{n}\right) + f\left(2 \cdot \frac{x}{n}\right) + \cdots + f\left(n \cdot \frac{x}{n}\right)\right\}\frac{x}{n}$$

で与えられる。ここで、分かりやすくするため $x/n = h$ と置き換えて、lim もとる。すると

$$F(x) = \{f(h) + f(2 \cdot h) + \ldots + f(n \cdot h)\}h = \{f(h) + f(2 \cdot h) + \ldots + f(x)\}h$$

となる。このとき

$$F(x+h) = \{f(h) + f(2 \cdot h) + \ldots + f(x) + f(x+h)\}h$$

と書くことができる。ここで、微分の定義から

$$F'(x) = \lim_{h \to 0} \frac{F(x+h) - F(x)}{h}$$

となるので、上式を代入すると

$$F(x+h) - F(x) = \{f(h) + f(2 \cdot h) + \ldots + f(x) + f(x+h)\}h$$
$$- \{f(h) + f(2 \cdot h) + \ldots + f(x)\}h = f(x+h)h$$

と計算できるので

$$F'(x) = \lim_{h \to 0} \frac{F(x+h) - F(x)}{h} = \lim_{h \to 0} \frac{f(x+h)h}{h} = f(x)$$

となり、関数 $f(x)$ を積分して得られた原始関数 $F(x)$ を微分すると、確かに $f(x)$ となる。

　つきつめて考えると不思議とコメントしたのは、どんなに複雑な関数の場合でも、(つまり、この方法で原始関数の計算が困難な場合でも) この関係が成立していることである。

# 第3章　微分を利用して関数を展開する

　数学を測定や数値解析に利用する場合に、非常に便利な手法として級数展開 (series expansion) がある。これは、関数 $f(x)$ を、次のような（無限の）べき級数 (power series) の多項式 (polynomial) に展開する手法である。

$$f(x) = a_0 + a_1 x + a_2 x^2 + a_3 x^3 + a_4 x^4 + a_5 x^5 + \ldots$$

　いったん、関数がこういうかたちに変形できれば、取り扱いが便利である。例えば、微分と積分が簡単にできる。もちろん、すべての関数が、こう変形できるわけではないが、理工系の数学において重要な指数関数や三角関数が無限べき級数 (infinite power series) への展開が可能であるため、その波及効果が大きい。

　ただし、級数展開が便利だという話を強調していたら、学生から、無限に続く数式ではかえって不便ではないかという質問を受けた。確かにそういう見方もできるが、実際に使うときには、無限の計算をするわけではない。例えば、関数どうしの関係を調べる時は、この無限多項式の規則性を見つけたうえで、それを一般式に直して比較検討するのが通例である。また、実際の計算に使う時には、最初の数項しか計算しない。ほとんどの場合、それで関数の値を近似できる。あえて言えば、それでうまく近似できない関数にはこの手法は使わない。数学の手法には万能というものはなく、時と場合によってうまく使い分けているのである。よって、この章で紹介する展開は、それを使った方が便利になる場合しか示していない。

　それではどのような方法で、関数の展開を行うのか。これには微分をうまく利用するのである。

## 3.1.　関数の級数展開

　関数を展開するには、それぞれの係数 (coefficient) を求めなければならない。それでは、どのような手法で係数は得られるのであろうか。それを次に示す。
　まず級数展開の式

## 第3章 微分を利用して関数を展開する

$$f(x) = a_0 + a_1 x + a_2 x^2 + a_3 x^3 + a_4 x^4 + a_5 x^5 + \ldots$$

に $x = 0$ を代入する。すると、$x$ を含んだ項がすべて消えるので $f(0) = a_0$ となって、最初の定数項 (first constant term) が求められる。次に、$f(x)$ を $x$ で微分すると

$$f'(x) = a_1 + 2a_2 x + 3a_3 x^2 + 4a_4 x^3 + 5a_5 x^4 + \ldots$$

となる。この式に $x = 0$ を代入すれば $f'(0) = a_1$ となって、$a_2$ 以降の項はすべて消えて、$a_1$ のみが求められる。

同様に順次微分を行いながら、$x = 0$ を代入していくと、それ以降の係数が求められる。例えば

$$f''(x) = 2a_2 + 3 \cdot 2a_3 x + 4 \cdot 3a_4 x^2 + 5 \cdot 4a_5 x^3 + \ldots$$
$$f'''(x) = 3 \cdot 2a_3 + 4 \cdot 3 \cdot 2a_4 x + 5 \cdot 4 \cdot 3a_5 x^2 + \ldots$$

であるから、$x = 0$ を代入すれば、それぞれ $a_2, a_3$ が求められる。

よって、定数は

$$a_0 = f(0) \qquad a_1 = f'(0) \qquad a_2 = \frac{1}{1 \cdot 2} f''(0) \qquad a_3 = \frac{1}{1 \cdot 2 \cdot 3} f'''(0)$$

$$\ldots\ldots\ldots \qquad a_n = \frac{1}{n!} f^n(0)$$

で与えられ、展開式は

$$f(x) = f(0) + f'(0)x + \frac{1}{2!} f''(0) x^2 + \frac{1}{3!} f'''(0) x^3 + \ldots + \frac{1}{n!} f^{(n)}(0) x^n + \ldots$$

となる。これをまとめて書くと一般式 (general form)

$$f(x) = \sum_{n=0}^{\infty} \frac{1}{n!} f^{(n)}(0) x^n$$

が得られる。

それでは、以上の手法を利用して実際の関数の級数展開を求めてみよう。

**演習 3-1** $f(x) = 2x^3 + 4x^2 + 3x + 5$ を級数展開せよ。

解) まず $f(0) = 5$ である。次に

$$f'(x) = 6x^2 + 8x + 3 \qquad f''(x) = 12x + 8$$
$$f'''(x) = 12 \qquad f^{(4)}(x) = 0 \quad \ldots\ldots \quad f^{(n)}(0) = 0$$

であるから、係数は $f'(0) = 3 \quad f''(0) = 8 \quad f'''(0) = 12$ と与えられる。

よって $f(x)$ は

$$f(x) = 5 + 3x + \frac{1}{2!}8x^2 + \frac{1}{3!}12x^3 + 0\ldots = 5 + 3x + 4x^2 + 2x^3$$

と展開できる。当たり前であるが、多項式を級数展開すれば、もとの関数が得られる。

### 3.2. 指数関数の展開

級数展開の一般式を見ると分かるように、展開するためには、$n$ 階の導関数 (nth order derivative) を求める必要がある。よって、その導関数を求める計算が複雑な関数では級数展開する意味がない。逆に言えば、$n$ 階の微分が簡単にできる関数のみが、その対象となる。

このような関数の代表が指数関数 (exponential function) である。なぜなら、指数関数 $e^x$ では、微分 (differentiation) したものがそれ自身になるように定義されているからである。

確認の意味で、その関係を示すと

$$\frac{df(x)}{dx} = \frac{de^x}{dx} = e^x = f(x)$$

となる。よって

$$\frac{d^2 f(x)}{dx^2} = \frac{d}{dx}\left(\frac{df(x)}{dx}\right) = \frac{de^x}{dx} = e^x$$

となって $e$ の場合は、$f^{(n)}(x) = e^x$ と簡単となる。ここで、$x = 0$ を代入すると、すべて $f^{(n)}(0) = e^0 = 1$ となる。よって、$e$ の展開式は

$$e^x = 1 + x + \frac{1}{2!}x^2 + \frac{1}{3!}x^3 + \frac{1}{4!}x^4 + \ldots + \frac{1}{n!}x^n + \ldots$$

で与えられることになる。規則正しい整然とした展開式となっている。ためしに、この展開式の最初の 3 項および 4 項をグラフにすると、図 3-1 に示すように、$y = e^x$ のグラフに漸近していくことが分かる。

ここで、$e^x$ の展開式を利用すると自然対数 (natural logarithm) の底 (base) で

第 3 章　微分を利用して関数を展開する

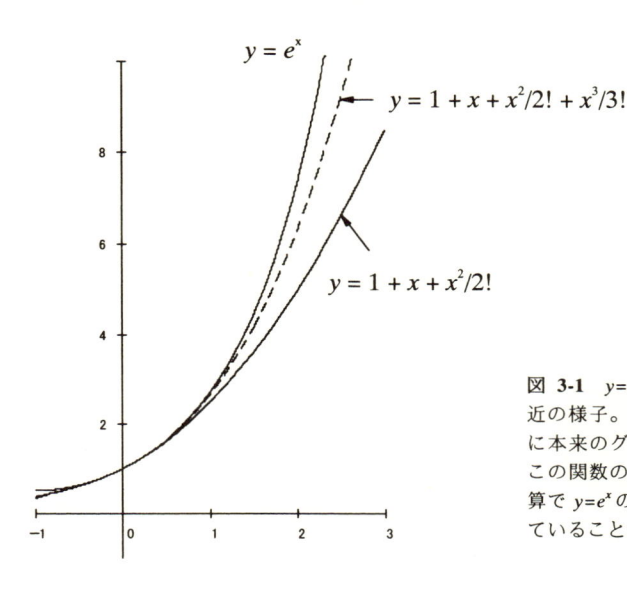

図 3-1　$y=e^x$ の級数展開による漸近の様子。項数が増えると、次第に本来のグラフに近づいていく。この関数の場合、$x^3$ の項までの計算で $y=e^x$ のグラフをかなり近似していることが分かる。

ある $e$ の値を求めることができる。$e^x$ の展開式に $x = 1$ を代入すると、

$$e = 1 + 1 + \frac{1}{2} + \frac{1}{6} + \frac{1}{24} + \cdots$$

これを計算すると

$$e = 2.718281828\cdots$$

が得られる。このように、級数展開を利用すると、無理数 (irrational number) の $e$ を求めることも可能となる。

### 3.3.　三角関数の展開式

三角関数 (trigonometric function) も級数展開を行うと便利なことが多い。そこで、その展開を試みる。

まず $f(x) = \sin x$ を考える。この場合

$$f'(x) = \cos x \quad f''(x) = -\sin x \quad f'''(x) = -\cos x$$
$$f^{(4)}(x) = \sin x \quad f^{(5)}(x) = \cos x \quad f^{(6)}(x) = -\sin x$$

となり、4 階微分するともとに戻る。その後、順次同じサイクルを繰り返す。ここで、$\sin 0 = 0, \cos 0 = 1$ であるから、

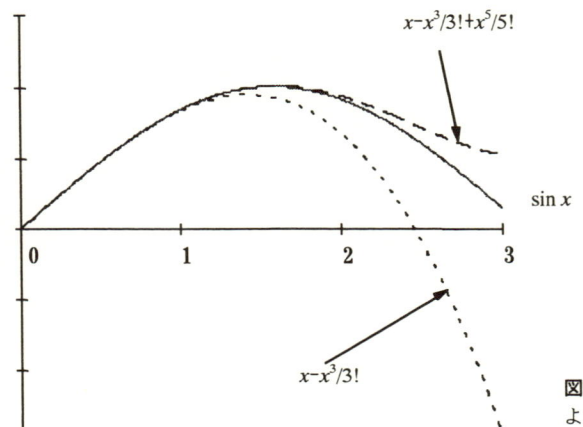

**図 3-2** $y=\sin x$ の級数展開による漸近の様子。

$$\sin x = x - \frac{1}{3!}x^3 + \frac{1}{5!}x^5 - \frac{1}{7!}x^7 + ... + (-1)^n \frac{1}{(2n+1)!}x^{2n+1} + .....$$

と展開できることになる。$x$ が十分小さい場合は $x^3$ 以降の項が無視できるので、第 1 章の補遺 1-3 で証明した近似式である $\sin x \cong x$ が成立することが、この展開式から分かる。級数展開の便利な点は、最初の数項でめどが立つ場合に、近似が簡単にできる点にある。実際に、この近似式を使って $y = \sin x$ のグラフと比較してみると、図 3-2 に示すように、最初の 3 項までで、かなりよい近似が得られることが分かる。

次に $f(x) = \cos x$ について展開式を考えてみよう。この場合の導関数は

$$f'(x) = -\sin x \quad f''(x) = -\cos x \quad f'''(x) = \sin x$$
$$f^{(4)}(x) = \cos x \quad f^{(5)}(x) = -\sin x \quad f^{(6)}(x) = -\cos x$$

で与えられ、$\sin 0 = 0, \cos 0 = 1$ であるから、

$$\cos x = 1 - \frac{1}{2!}x^2 + \frac{1}{4!}x^4 - \frac{1}{6!}x^6 + .... + (-1)^n \frac{1}{(2n)!}x^{2n} + .....$$

となる。図 3-3 に級数展開による漸近の様子を示す。

**演習 3-2** $(1+x)^n$ を級数展開せよ。

解） $f(x) = (1+x)^n$ と置いて、その導関数を求める。

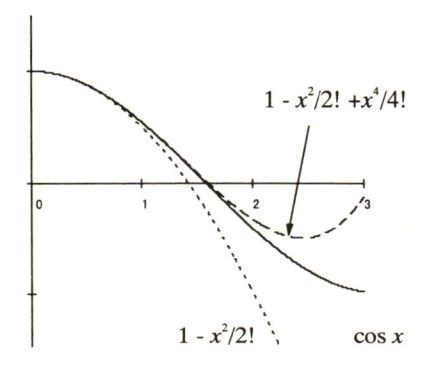

第3章 微分を利用して関数を展開する

**図 3-3** $y=\cos x$ の級数展開による漸近の様子。

$$f'(x) = n(1+x)^{n-1}$$
$$f''(x) = n(n-1)(1+x)^{n-2}$$
$$f'''(x) = n(n-1)(n-2)(1+x)^{n-3}$$
$$f^{(4)}(x) = n(n-1)(n-2)(n-3)(1+x)^{n-4}$$
$$\vdots$$
$$f^{(n)}(x) = n!$$

となる。ここで $x=0$ を代入すると

$$f'(0) = n$$
$$f''(0) = n(n-1)$$
$$f'''(0) = n(n-1)(n-2)$$
$$f^{(4)}(0) = n(n-1)(n-2)(n-3)$$
$$\vdots$$
$$f^{(n)}(0) = n!$$

となる。これを

$$f(x) = f(0) + f'(0)x + \frac{1}{2!}f''(0)x^2 + \frac{1}{3!}f'''(0)x^3 + \cdots + \frac{1}{n!}f^{(n)}(0)x^n$$

に代入すると

$$f(x) = 1 + nx + \frac{1}{2!}n(n-1)x^2 + \frac{1}{3!}n(n-1)(n-2)x^3 + \cdots + x^n$$

となる。これを一般式にすると

$$f(x) = (1+x)^n = \sum_{k=0}^{n} \frac{n!}{k!(n-k)!}x^k$$

が得られる。これは、2項定理 (binomial theorem) と呼ばれるよく知られた関

係である。この時

$$\frac{n!}{k!(n-k)!} = \binom{n}{k}$$

と書くこともでき

$$(1+x)^n = \sum_{k=0}^{n} \binom{n}{k} x^k$$

と表記される。

### 3.4. 対数関数の展開

対数関数についても、微分を利用することで、級数展開が可能である。しかし、そのためには、少し工夫が必要になるので、その基礎となる等比級数 (geometrical series) の和 (sum) について復習する。

### 3.4.1. 等比級数の和

等比級数の和は、次の方法で求められる。

初項 (first term) が $a$ で公比 (common ratio) が $r$ の級数の $r^n$ 項までの和をまず求めてみよう。

$$\sum_{n=0}^{n} ar^n = S = a + ar + ar^2 + ar^3 + ar^4 + ar^5 + \ldots + ar^n$$

この和を $S$ として、両辺に $r$ をかける。すると

$$Sr = ar + ar^2 + ar^3 + ar^4 + ar^5 + \ldots + ar^n + ar^{n+1}$$

ここで

$$Sr - S = S(r-1) = ar^{n+1} - a = a(r^{n+1} - 1)$$

となり、よって和は

$$S = \frac{a(r^{n+1} - 1)}{r - 1}$$

で与えられることになる。ここで $a = 1, r = x$ と置くと

$$1 + x + x^2 + x^3 + x^4 + x^5 + \ldots + x^n = \frac{x^{n+1} - 1}{x - 1}$$

となる。このかたちは $x^n - 1$ の因数分解に利用される。

すなわち

$$1 + x + x^2 + x^3 + x^4 + x^5 + \ldots + x^{n-1} = \frac{x^n - 1}{x - 1}$$

の関係から、$x - 1$ を移項して

第3章　微分を利用して関数を展開する

$$x^n - 1 = (x-1)(x^{n-1} + x^{n-2} + ... + x^3 + x^2 + x + 1)$$

となる。例えば、$n$ を順次大きくしていくと

$$x^2 - 1 = (x-1)(x+1)$$
$$x^3 - 1 = (x-1)(x^2 + x + 1)$$
$$x^4 - 1 = (x-1)(x^3 + x^2 + x + 1)$$
$$x^5 - 1 = (x-1)(x^4 + x^3 + x^2 + x + 1)$$

が得られる。

さて、ここで $|x| \geq 1$ の場合には、

$$1 + x + x^2 + x^3 + x^4 + x^5 + ..... + x^n + ....$$

の無限級数は発散してしまうが $|x| < 1$ の場合には一定の値に近づく。その値は

$$1 + x + x^2 + x^3 + x^4 + x^5 + ..... + x^n + ... = \lim_{n \to \infty} \frac{x^{n+1} - 1}{x - 1} = \frac{-1}{x-1} = \frac{1}{1-x}$$

つまり、逆の視点でみれば、関数

$$\frac{1}{1-x}$$

の級数展開が上式の左辺で得られることを示している。すなわち

$$\frac{1}{1-x} = 1 + x + x^2 + x^3 + x^4 + x^5 + ..... + x^n + ...$$

となる。ここで $x = -x$ を代入すると

$$\frac{1}{1+x} = 1 - x + x^2 - x^3 + x^4 - x^5 + ..... + (-1)^n x^n + ...$$

となり、関数 $\frac{1}{1+x}$ の級数展開を求めることもできる。

**演習 3-3**　演習 3-2 で求めた $(1+x)^n$ の一般式を用いて、

$$\frac{1}{1-x} \quad \text{および} \quad \frac{1}{1+x}$$

の級数展開を求めよ。

解）　　演習 3-2 より

$$(1+x)^n = 1 + nx + \frac{1}{2!}n(n-1)x^2 + \frac{1}{3!}n(n-1)(n-2)x^3 + .... + x^n$$

$$(1+x)^n = \sum_{k=0}^{n} \frac{n!}{k!(n-k)!} x^k$$

が得られている。ここで、$n = -1$ を代入すると

$$(1+x)^{-1} = \frac{1}{1+x} = 1 - x + x^2 - x^3 + x^4 - x^5 + \ldots + (-1)^n x^n + \ldots$$

が、すぐに得られる。ここで、$x = -x$ を代入すれば、ただちに

$$\frac{1}{1-x}$$

を求めることが可能である。

**演習 3-4**  $(1+x)^{-2}$ および $(1+x)^{1/2}$ の級数展開を求めよ。

**解)**  一般式 $(1+x)^n = 1 + nx + \frac{1}{2!}n(n-1)x^2 + \frac{1}{3!}n(n-1)(n-2)x^3 + \ldots + x^n$

において $n = -2$ および $n = 1/2$ を代入すると

$$(1+x)^{-2} = \frac{1}{(1+x)^2} = \frac{1}{1+2x+x^2} = 1 - 2x + 3x^2 - 4x^3 + 5x^4 - 6x^5 + \ldots + (-1)^n (n+1)x^n + \ldots$$

$$(1+x)^{1/2} = \sqrt{1+x} = 1 + \frac{x}{2} - \frac{x^2}{8} + \frac{x^3}{16} - \frac{5}{128}x^4 + \ldots$$

が得られる。

### 3.4.2. 対数関数の級数展開

ここで、対数関数 $f(x) = \ln x$ の級数展開を考える。このままのかたちで、級数展開の一般式

$$f(x) = f(0) + f'(0)x + \frac{1}{2!}f''(0)x^2 + \frac{1}{3!}f'''(0)x^3 + \ldots + \frac{1}{n!}f^{(n)}(0)x^n + \ldots$$

にあてはめようとすると、最初の項を求める段階で $f(0) = \ln 0 = -\infty$ となって、いきなり破綻を来す。そこで

$$f(x) = \ln(x+1)$$

という関数を考える。すると

$$f(0) = \ln 1 = 0$$

となって、第 1 項が求まる。次に、微分公式より

$$\frac{df(x)}{dx} = f'(x) = \frac{1}{1+x}$$

## 第3章 微分を利用して関数を展開する

であるが、この右辺は前項の結果を使うと
$$f'(x) = 1 - x + x^2 - x^3 + x^4 - x^5 + \cdots + (-1)^n x^n + \cdots$$
と与えられる。よって
$$f'(0) = 1$$
となる。次に、
$$f''(x) = -1 + 2x - 3x^2 + 4x^3 - 5x^4 + \cdots + (-1)^n n x^{n-1} + \cdots$$
となるから、$f''(0) = -1$ と与えられる。さらに微分を行うと
$$f'''(x) = 2 - 3\cdot 2x + 4\cdot 3x^2 - 5\cdot 4x^3 + \cdots + (-1)^n n(n-1)x^{n-2} + \cdots$$
となって、$f'''(0) = 2$ が得られる。これを順次、繰り返していくと
$$\ln(1+x) = x - \frac{x^2}{2} + \frac{x^3}{3} - \frac{x^4}{4} + \frac{x^5}{5} + \cdots$$
という展開式が得られる。この式に、$x = x - 1$ を代入すれば
$$\ln x = (x-1) - \frac{(x-1)^2}{2} + \frac{(x-1)^3}{3} - \frac{(x-1)^4}{4} + \frac{(x-1)^5}{5} + \cdots$$
となって、めでたく対数関数が級数展開できたことになる。(ただし、この級数で対数の値が得られるのは $0 < x \leq 2$ の範囲である。)

**演習 3-5** 級数展開を利用して $\ln x$ の積分を求めよ。

解)
$$\ln x = (x-1) - \frac{(x-1)^2}{2} + \frac{(x-1)^3}{3} - \frac{(x-1)^4}{4} + \frac{(x-1)^5}{5} + \cdots$$
であるから、この多項式はすぐに積分できて
$$\int \ln x \, dx = \frac{(x-1)^2}{2} - \frac{(x-1)^3}{2\cdot 3} + \frac{(x-1)^4}{3\cdot 4} - \frac{(x-1)^5}{4\cdot 5} + \cdots + C$$
と与えられる。数値計算する場合には、このままでもよいのであるが、せっかくの機会であるから、これを級数展開を使わないかたちに変形してみよう。(簡単のため、積分定数は省略する。)

いま変形したいのは、次の級数である。
$$\frac{(x-1)^2}{2} - \frac{(x-1)^3}{2\cdot 3} + \frac{(x-1)^4}{3\cdot 4} - \frac{(x-1)^5}{4\cdot 5} + \cdots$$
ここで、試しに $x \ln x$ を計算してみよう。すると
$$x \ln x = x(x-1) - \frac{x(x-1)^2}{2} + \frac{x(x-1)^3}{3} - \frac{x(x-1)^4}{4} + \frac{x(x-1)^5}{5} + \cdots$$
となる。この右辺は工夫すると

$$\{(x-1)^2 + (x-1)\} - \left\{\frac{(x-1)^3}{2} + \frac{(x-1)^2}{2}\right\} + \left\{\frac{(x-1)^4}{3} + \frac{(x-1)^3}{3}\right\} - \cdots$$

と変形できる。これを計算すると

$$(x-1) + \frac{(x-1)^2}{2} - \frac{(x-1)^3}{2\cdot 3} + \frac{(x-1)^4}{3\cdot 4} - \frac{(x-1)^5}{4\cdot 5} + \cdots = x\ln x$$

となるから

$$\frac{(x-1)^2}{2} - \frac{(x-1)^3}{2\cdot 3} + \frac{(x-1)^4}{3\cdot 4} - \frac{(x-1)^5}{4\cdot 5} + \cdots = x\ln x - (x-1)$$

よって

$$\int \ln x\, dx = x\ln x - (x-1) + C = x\ln x - x + C$$

と計算できる。(ただし、定数項の1は積分定数にまとめた。)

この積分は第2章で、部分積分を利用して求めたものである。このように、級数展開ができればそのままでは積分が難しい関数でも、解法が可能になる。

### 3.5. 級数展開を微積分に利用する

一般の関数は、微分を利用することで、級数展開が可能になる。ところが、級数展開を利用することで、微分方程式 (differential equation) を解くことができる。微分方程式については第5章でも取り上げるが、級数展開の効用としてここに紹介する。

#### 3.5.1. 級数による微分方程式の解法

つぎのような微分方程式が与えられたとしよう。

$$\frac{d^2 x}{dt^2} + \omega^2 x = 0 \qquad (\omega > 0)$$

これは、有名な単振動 (simple harmonic motion) の微分方程式である。これを級数展開を利用して解くために、$x$ を

$$x = a_0 + a_1 t + a_2 t^2 + a_3 t^3 + a_4 t^4 + a_5 t^5 + \cdots + a_n t^n + \cdots$$

のように $t$ に関する多項式 (polynomial) と置く。すると

$$\frac{dx}{dt} = a_1 + 2a_2 t + 3a_3 t^2 + 4a_4 t^3 + 5a_5 t^4 + \cdots + na_n t^{n-1} + \cdots$$

## 第3章 微分を利用して関数を展開する

$$\frac{d^2x}{dt^2} = 2a_2 + 3\cdot 2a_3 t + 4\cdot 3a_4 t^2 + 5\cdot 4a_5 t^3 + \ldots + n(n-1)a_n t^{n-2} + \ldots$$

となるので、これを最初の微分方程式に代入する。

$$\frac{d^2x}{dt^2} = 2a_2 + 3\cdot 2a_3 t + 4\cdot 3a_4 t^2 + 5\cdot 4a_5 t^3 + \ldots + n(n-1)a_n t^{n-2} + \ldots$$

$$\omega^2 x = \omega^2 a_0 + \omega^2 a_1 t + \omega^2 a_2 t^2 + \omega^2 a_3 t^3 + \omega^2 a_4 t^4 + \omega^2 a_5 t^5 + \ldots + \omega^2 a_n t^n + \ldots$$

これを全部足して、$t$ で整理すると

$$(2a_2 + \omega^2 a_0) + (3\cdot 2a_3 + \omega^2 a_1)t + (4\cdot 3a_4 + \omega^2 a_2)t^2$$
$$+ (5\cdot 4a_5 + \omega^2 a_3)t^3 + \ldots + [(n+2)(n+1)a_{n+2} + \omega^2 a_n]t^n + \ldots = 0$$

となる。この式がゼロになるためには、すべての係数 (coefficients) がゼロでなければならない。よって、

$$2\cdot 1 a_2 + \omega^2 a_0 = 0$$
$$3\cdot 2 a_3 + \omega^2 a_1 = 0$$
$$4\cdot 3 a_4 + \omega^2 a_2 = 0$$
$$5\cdot 4 a_5 + \omega^2 a_3 = 0$$
$$\ldots$$
$$n(n-1)a_n + \omega^2 a_{n-2} = 0$$
$$(n+1)n a_{n+1} + \omega^2 a_{n-1} = 0$$
$$(n+2)(n+1)a_{n+2} + \omega^2 a_n = 0$$

の関係が得られる。ここで、それぞれの係数は

$$a_2 = -\frac{1}{2\cdot 1}\omega^2 a_0$$

$$a_3 = -\frac{1}{3\cdot 2}\omega^2 a_1$$

$$a_4 = -\frac{1}{4\cdot 3}\omega^2 a_2 = \frac{1}{4\cdot 3\cdot 2\cdot 1}\omega^4 a_0 = \frac{1}{4!}\omega^4 a_0$$

$$a_5 = -\frac{1}{5\cdot 4}\omega^2 a_3 = \frac{1}{5\cdot 4\cdot 3\cdot 2}\omega^4 a_1 = \frac{1}{5!}\omega^4 a_1$$

$$a_6 = -\frac{1}{6\cdot 5}\omega^2 a_4 = -\frac{1}{6!}\omega^6 a_0$$

$$a_7 = -\frac{1}{7\cdot 6}\omega^2 a_5 = -\frac{1}{7!}\omega^6 a_1$$

$$\ldots\ldots$$

$$a_{2n} = (-1)^n \frac{1}{2n!} \omega^{2n} a_0$$

$$a_{2n+1} = (-1)^n \frac{1}{(2n+1)!} \omega^{2n} a_1$$

のように、$a_0$ あるいは $a_1$ で表される。よって解は、$a_0$ および $a_1$ を任意の定数として

$$x = a_0 \left( 1 - \frac{\omega^2}{2!} t^2 + \frac{\omega^4}{4!} t^4 + \ldots + (-1)^n \frac{\omega^{2n}}{2n!} t^{2n} + \ldots \right)$$
$$+ a_1 \left( t - \frac{\omega^2}{3!} t^3 + \frac{\omega^4}{5!} t^5 + \ldots + (-1)^n \frac{\omega^{2n}}{(2n+1)!} t^{2n+1} + \ldots \right)$$

ここで、さらに次のような変換をする。

$$x = a_0 \left( 1 - \frac{\omega^2}{2!} t^2 + \frac{\omega^4}{4!} t^4 - \frac{\omega^6}{6!} t^6 + \ldots + (-1)^n \frac{\omega^{2n}}{2n!} t^{2n} + \ldots \right) +$$

$$\frac{a_1}{\omega} \left( \omega t - \frac{\omega^3}{3!} t^3 + \frac{\omega^5}{5!} t^5 - \frac{\omega^7}{7!} t^7 + \ldots + (-1)^n \frac{\omega^{2n+1}}{(2n+1)!} t^{2n+1} + \ldots \right)$$

ここで、sin と cos の展開を再び書くと

$$\sin x = x - \frac{1}{3!} x^3 + \frac{1}{5!} x^5 - \frac{1}{7!} x^7 \ldots + (-1)^n \frac{1}{(2n+1)!} x^{2n+1} + \ldots$$

$$\cos x = 1 - \frac{1}{2!} x^2 + \frac{1}{4!} x^4 - \frac{1}{6!} x^6 \ldots + (-1)^n \frac{1}{(2n)!} x^{2n} + \ldots$$

であったから、一般解が

$$x(t) = a_0 \cos \omega t + \frac{a_1}{\omega} \sin \omega t$$

で与えられることが分かる。

　このように、級数展開を利用して微分方程式を解くことができる。今回の例は、最終的にはきれいなかたちに変形できたが、たとえ、それがうまくいかない場合でも、普通の方法では解けない微分方程式の解が、どのような特徴を持つかということを調べることができる。

　微積分では、特殊関数(special function)と呼ばれる関数が登場するが、それは解法の難しい微分方程式を級数展開を利用して解いたときに得られる関数である。級数展開には、以上のべき級数展開の他に、三角関数や指数関数で級数展開する場合もある。その代表例が第4章で扱うフーリエ級数展開である。

第3章 微分を利用して関数を展開する

**3.5.2.　級数を使った微分の解法**

いったん、与えられた関数を級数展開できると、$x$ のべき級数 (power series) になっているので、その微分 (differentiation) や積分 (integration) を簡単に行うことができる。その後、微分あるいは積分したべき級数を、他の関数の級数展開と比較することで微分積分を行うことが可能となる場合がある。その例をいくつか紹介する。

**3.5.2.1.　三角関数の微分**

前節でも取り扱ったが、$\sin x$ の級数展開は以下で与えられる。

$$\sin x = x - \frac{1}{3!}x^3 + \frac{1}{5!}x^5 - \frac{1}{7!}x^7 + \ldots + (-1)^n \frac{1}{(2n+1)!}x^{2n+1} + \ldots$$

これを $x$ で微分してみよう。すると

$$\frac{d(\sin x)}{dx} = 1 - \frac{1}{3!}\cdot 3x^2 + \frac{1}{5!}\cdot 5x^4 - \frac{1}{7!}\cdot 7x^6 + \ldots + (-1)^n \frac{1}{(2n+1)!}\cdot (2n+1)x^{2n} + \ldots$$

となり、右辺を整理すると

$$1 - \frac{1}{2!}x^2 + \frac{1}{4!}x^4 - \frac{1}{6!}x^6 + \ldots + (-1)^n \frac{1}{(2n)!}x^{2n} + \ldots$$

となって、まさに $\cos x$ であることが分かる。すなわち

$$\frac{d(\sin x)}{dx} = \cos x$$

同様にして、$\cos x$ の微分を求めてみよう。

$$\cos x = 1 - \frac{1}{2!}x^2 + \frac{1}{4!}x^4 - \frac{1}{6!}x^6 + \ldots + (-1)^n \frac{1}{(2n)!}x^{2n} + \ldots$$

であるから

$$\frac{d(\cos x)}{dx} = -\frac{1}{2!}\cdot 2x + \frac{1}{4!}\cdot 4x^3 - \frac{1}{6!}\cdot 6x^5 + \ldots + (-1)^n \frac{1}{(2n)!}\cdot 2nx^{2n-1} + \ldots$$

となる。この右辺を整理すると

$$-x + \frac{1}{3!}x^3 - \frac{1}{5!}x^5 + \frac{1}{7!}x^7 + \ldots + (-1)^n \frac{1}{(2n-1)!}x^{2n-1} + \ldots$$

となって、$-\sin x$ であることが分かる。よって、

$$\frac{d(\cos x)}{dx} = -\sin x$$

で与えられる。

### 3.5.2.2. 指数関数の微分

次に第 1 章で取り扱った指数関数についても同様に見てみよう。指数関数の級数展開は次式で与えられる。

$$e^x = 1 + x + \frac{1}{2!}x^2 + \frac{1}{3!}x^3 + \frac{1}{4!}x^4 + \ldots + \frac{1}{n!}x^n + \ldots$$

ここで、$x$ で微分すると

$$\frac{d(e^x)}{dx} = 0 + 1 + \frac{1}{2!} \cdot 2x + \frac{1}{3!} \cdot 3x^2 + \frac{1}{4!} \cdot 4x^3 + \frac{1}{5!} \cdot 5x^4 + \ldots + \frac{1}{n!} \cdot nx^{n-1} + \ldots$$

となり、右辺を整理すると

$$1 + x + \frac{1}{2!}x^2 + \frac{1}{3!}x^3 + \frac{1}{4!}x^4 + \ldots + \frac{1}{n!}x^n + \ldots$$

となって、それ自身に戻る。つまり

$$\frac{d(e^x)}{dx} = e^x$$

が確かめられる。

このように、級数展開したものは、微分が容易であるから、級数展開した関数を微分することで、関数そのものの微分が可能になる場合もある。

### 3.5.3. 級数を使った積分

すでに、$\ln x$ の積分については紹介したが、三角関数や指数関数を級数展開できれば、べき級数の積分を利用することで、積分を求めることができる。まず、三角関数から考える。$\sin x$ は

$$\sin x = x - \frac{1}{3!}x^3 + \frac{1}{5!}x^5 - \frac{1}{7!}x^7 + \ldots + (-1)^n \frac{1}{(2n+1)!}x^{2n+1} + \ldots$$

と展開できる。これら各項を積分すると

$$\int \sin x\, dx = C + \frac{x^2}{2} - \frac{1}{3!} \cdot \frac{1}{4}x^4 + \frac{1}{5!} \cdot \frac{1}{6}x^6 - \frac{1}{7!} \cdot \frac{1}{8}x^8 + \ldots + (-1)^n \frac{1}{(2n+1)!} \cdot \frac{1}{2n+2}x^{2n+2} + \ldots$$

となる。最初の定数項は任意であるから、−1 を取り出して、書き直すと

$$\int \sin x\, dx = C - 1 + \frac{x^2}{2!} - \frac{1}{4!}x^4 + \frac{1}{6!}x^6 - \frac{1}{8!}x^8 + \ldots + (-1)^n \frac{1}{(2n+2)!}x^{2n+2} + \ldots$$

となって、まさに $-\cos x$ の級数展開式に積分定数 $C$ がついたかたちとなって

いる。よって

$$\int \sin x \, dx = -\cos x + C$$

が得られる。同様にして

$$\int \cos x \, dx = \sin x + C$$

が得られる。
　次に指数関数は

$$e^x = 1 + x + \frac{1}{2!}x^2 + \frac{1}{3!}x^3 + \frac{1}{4!}x^4 + \cdots + \frac{1}{n!}x^n + \cdots$$

であるから、各項ごとに積分すると

$$\int e^x \, dx = C + x + \frac{x^2}{2} + \frac{1}{2!}\frac{x^3}{3} + \frac{1}{3!}\frac{x^4}{4} + \cdots + \frac{1}{n!}\frac{x^{n+1}}{n+1} + \cdots$$

$$= C + 1 + x + \frac{1}{2!}x^2 + \frac{1}{3!}x^3 + \frac{1}{4!}x^4 + \cdots + \frac{1}{n!}x^n + \cdots$$

であるから

$$\int e^x \, dx = e^x + C$$

となる。

**演習 3-6**　$\cos x$ を級数展開を利用して積分せよ。

解)　$\cos x$ の級数展開は

$$\cos x = 1 - \frac{1}{2!}x^2 + \frac{1}{4!}x^4 - \frac{1}{6!}x^6 + \cdots + (-1)^n \frac{1}{(2n)!}x^{2n} + \cdots$$

である。そこで、それぞれの項の積分を求めると

$$\int \cos x \, dx = C + x - \frac{1}{2!}\frac{x^3}{3} + \frac{1}{4!}\frac{x^5}{5} - \frac{1}{6!}\frac{x^7}{7} + \cdots + (-1)^n \frac{1}{2n!}\frac{x^{2n+1}}{2n+1} + \cdots$$

$$= C + x - \frac{1}{3!}x^3 + \frac{1}{5!}x^5 - \frac{1}{7!}x^7 + \cdots + (-1)^n \frac{1}{(2n+1)!}x^{2n+1} + \cdots$$

これは、まさに $\sin x$ の展開式であるから

$$\int \cos x \, dx = \sin x + C$$

となる。

## 3.6. オイラーの公式

おそらく、級数展開が数学応用において果たした最も重要な役割のひとつは、三角関数と指数関数を結びつけたオイラーの公式 (Euler's formula) の導出であろう。オイラーの公式は数学を理工学へ応用するときに主役を演じている。この公式がなければ、20世紀最大の発見と呼ばれる量子力学の数学表現がこれだけ進展しなかった(あるいはすっきりしなかった)と考えられる。

オイラーの公式とは次式のように、指数関数と三角関数を虚数を仲立ちにして関係づける公式である。

$$e^{\pm i\theta} = \cos\theta \pm i\sin\theta \qquad (\exp(\pm i\theta) = \cos\theta \pm i\sin\theta)$$

オイラーの公式に$\theta$として$\pi$を代入してみよう。すると、

$$e^{i\pi} = \cos\pi + i\sin\pi = -1 + i\cdot 0 = -1$$

という値が得られる。つまり、自然対数の底である$e$を$i\pi$乗したら$-1$になるという摩訶不思議な関係である。$e$も$\pi$も無理数であるうえ、$i$は想像の産物である。にもかかわらず、その組み合わせから$-1$という有理数が得られるというのだから神秘的である。

それぞれ独立に数学に導入された指数関数と三角関数が、虚数を介することで、いともきれいな関係を紡ぎ出している。このため、オイラーの公式を数学の最も美しい表現というひともいる。

**演習 3-7** オイラーの公式をつかって、$\exp(i\pi/2)$, $\exp(i3\pi/2)$, $\exp(i2\pi)$ を計算せよ。

解) 
$$\exp(i\frac{\pi}{2}) = \cos\frac{\pi}{2} + i\sin\frac{\pi}{2} = 0 + i\cdot 1 = i$$

$$\exp(i\frac{3\pi}{2}) = \cos\frac{3\pi}{2} + i\sin\frac{3\pi}{2} = 0 + i\cdot(-1) = -i$$

$$\exp(i2\pi) = \cos 2\pi + i\sin 2\pi = 1 + i\cdot 0 = 1$$

### 3.6.1. オイラーの公式を導く

ここで、オイラーの関係がどうして成立するかを考えてみよう。ここで、あらためて$e^x$の展開式と$\sin x, \cos x$の展開式を並べて示すと

$$e^x = 1 + x + \frac{1}{2!}x^2 + \frac{1}{3!}x^3 + \frac{1}{4!}x^4 + \frac{1}{5!}x^5 + .... + \frac{1}{n!}x^n + .....$$

第3章　微分を利用して関数を展開する

$$\sin x = x - \frac{1}{3!}x^3 + \frac{1}{5!}x^5 - \frac{1}{7!}x^7 + ... + (-1)^n \frac{1}{(2n+1)!}x^{2n+1} + .....$$

$$\cos x = 1 - \frac{1}{2!}x^2 + \frac{1}{4!}x^4 - \frac{1}{6!}x^6 + .... + (-1)^n \frac{1}{(2n)!}x^{2n} + .....$$

となる。

　これら展開式を見ると、$e^x$ は $\sin x$, $\cos x$ の展開式によく似ていることが分かる。惜しむらくは sine cosine では $(-1)^n$ の係数により符号が順次反転するので、単純にこれらを関係づけることができない。せっかく、うまい関係を築けそうなのに、いま一歩でそれができない。

　ところが、ここで虚数 ($i$) を使うと、この三者がみごとに連結されるのである。

　指数関数の展開式に $x = ix$ を代入してみる。すると

$$e^{ix} = 1 + ix + \frac{1}{2!}(ix)^2 + \frac{1}{3!}(ix)^3 + \frac{1}{4!}(ix)^4 + \frac{1}{5!}(ix)^5 + .... + \frac{1}{n!}(ix)^n + .....$$

$$= 1 + ix - \frac{1}{2!}x^2 - \frac{i}{3!}x^3 + \frac{1}{4!}x^4 + \frac{i}{5!}x^5 - \frac{1}{6!}x^6 - \frac{i}{7!}x^7 + .....$$

と計算できる。この実部 (real part) と虚部 (imaginary part) を取り出すと、実部は

$$1 - \frac{1}{2!}x^2 + \frac{1}{4!}x^4 - \frac{1}{6!}x^6 .... + (-1)^n \frac{1}{(2n)!}x^{2n} + .....$$

であるから、まさに $\cos x$ の展開式となっている。一方、虚部は

$$x - \frac{1}{3!}x^3 + \frac{1}{5!}x^5 - \frac{1}{7!}x^7 ... + (-1)^n \frac{1}{(2n+1)!}x^{2n+1} + .....$$

となっており、まさに $\sin x$ の展開式である。よって $e^{ix} = \cos x + i \sin x$ という関係が得られることが分かる。

　これがオイラーの公式である。実数では、何か密接な関係がありそうだということは分かっていても、関係づけることが難しかった指数関数と三角関数が、虚数を導入することで見事に結びつけることが可能となったのである。

**演習 3-8**　次の関係を導け。

$$\cos x = \frac{e^{ix} + e^{-ix}}{2} \qquad \sin x = \frac{e^{ix} - e^{-ix}}{2i}$$

解)　　　オイラーの公式から

$$e^{ix} = \cos x + i\sin x \qquad e^{-ix} = \cos x - i\sin x$$

となる。両辺の和と差をとると

$$e^{ix} + e^{-ix} = 2\cos x \qquad e^{ix} - e^{-ix} = 2i\sin x$$

となって、これを整理すれば $\sin x, \cos x$ の表式が得られる。

**演習 3-9** オイラーの公式を利用して $i^i$（つまり $\sqrt{-1}^{\sqrt{-1}}$）を計算せよ。

解） $i^i = k$ と置いて、両辺の対数をとると $i\ln i = \ln k$ となる。
ここで、オイラー関係より $i = \exp i(\pi/2)$ であるから $\ln i$ に代入すると

$$i\ln i = i \cdot i\frac{\pi}{2} = i^2 \frac{\pi}{2} = -\frac{\pi}{2} \qquad \therefore -\frac{\pi}{2} = \ln k \qquad k = e^{-\frac{\pi}{2}}$$

となる。つまり

$$\sqrt{-1}^{\sqrt{-1}} = i^i = \exp\left(-\frac{\pi}{2}\right)$$

と変形できる。ここで

$$e^x = 1 + x + \frac{1}{2!}x^2 + \frac{1}{3!}x^3 + \frac{1}{4!}x^4 + \frac{1}{5!}x^5 + \ldots + \frac{1}{n!}x^n + \ldots$$

の展開式の $x$ に $-\pi/2$ を代入して計算すると

$$\sqrt{-1}^{\sqrt{-1}} = i^i = \exp\left(-\frac{\pi}{2}\right) = 0.2078\ldots$$

となって、なんと無理数ではあるものの、実数値が得られる。虚数の虚数乗が実数になるというのは驚きであるが、これも対数関数と級数展開の仲立ちで、数学的な導出が可能になったものである。

### 3. 6. 2. 複素平面と極形式

オイラーの公式は複素平面 (complex plane) で図示してみると、その幾何学的意味がよく分かる。そこで、その下準備として複素平面と極形式 (polar form) について復習してみる。

複素平面は、$x$ 軸が実数軸 (real axis)、$y$ 軸が虚数軸 (imaginary axis) の平面である。実数は、数直線 (real number line) と呼ばれる1本の線で、すべての数を表現できるのに対し、複素数を表現するためには、平面が必要である。

この時、複素数を表現する方法として極形式と呼ばれる方式がある。これは、すべての複素数は

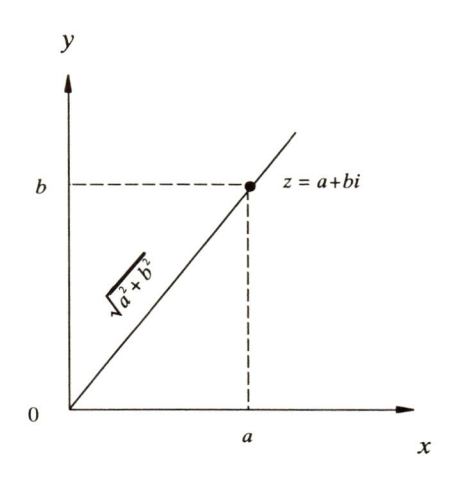

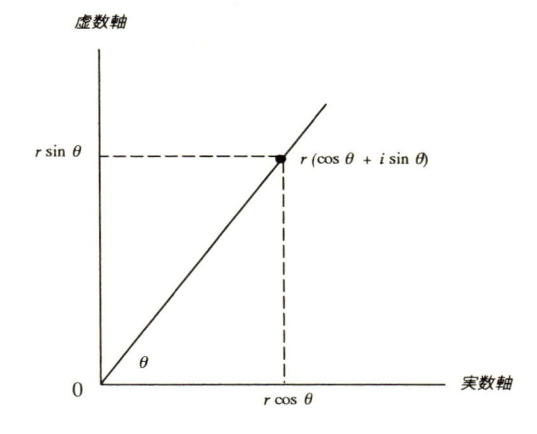

**図 3-4** 複素平面（complex plane）の表示方法。極形式（polar form）と呼ばれる手法では、原点からの距離を $r$、角度を $\theta$ として、すべての複素数は
$$r(\cos\theta + i\sin\theta)$$
と表現できる。

$$z = a + bi = r(\cos\theta + i\sin\theta)$$

で与えられるというものである。図 3-4 を見れば明らかである。ここで $\theta$ は実数軸からの角度 (argument)、$r$ は原点からの距離 (modulus) であり、

$$r = |z| = \sqrt{a^2 + b^2}$$

という関係にある。ここで複素数の絶対値 (absolute value) を求める場合、実数の場合と異なり単純に 2 乗したのでは求められない。$a^2+b^2$ を得るためには $a+bi$ に虚数部の符号が反転した $a-bi$ をかける必要がある。これら複素数を

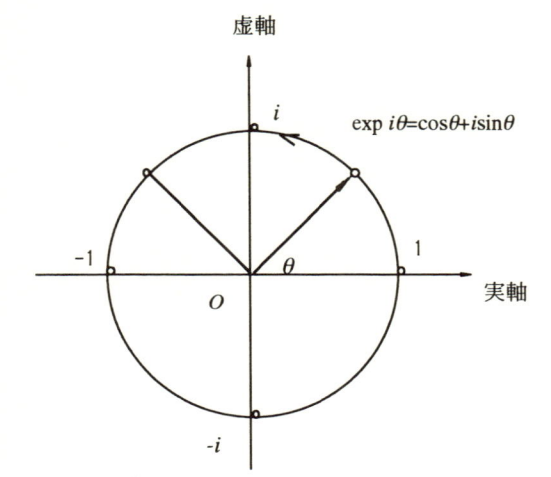

**図 3-5** 複素平面上で半径1の単位円を考えると、この円上の点は
 $\exp i\theta = \cos\theta + i\sin\theta$
で表され、角度の増加が回転に対応する。

共役 (complex conjugate) と呼んでいる。

ここで、極形式のかっこ内を見ると、オイラー公式の右辺であることが分かる。つまり

$$z = r(\cos\theta + i\sin\theta) = re^{i\theta}$$

と書くこともできる。すべての複素数が、この形式で書き表される。

### 3.6.3. 偏角 $\theta$ は回転を与える

さて、ここで、オイラーの公式の右辺 $(\cos\theta + i\sin\theta)$ について見てみよう。これは、$r=1$ の極形式であるが、$\theta$ を変数とすると、図3-5に示したように、複素平面における半径1の円（単位円: unit circle と呼ぶ）を示している。よって、$\exp(i\theta)$ は複素平面において半径1の円に対応する。ここで、$\theta$ はこの円の実軸からの傾角を示している。

この時、$\theta$ を増やすという作業は、単位円に沿って回転するということに対応している。例えば、$\theta=0$ から $\theta=\pi/2$ への変化は、ちょうど1に $i$ をかけたものに相当している。これは

$$e^{i\frac{\pi}{2}} = e^{i(0+\frac{\pi}{2})} = e^0 \cdot e^{i\frac{\pi}{2}}$$

と変形すれば

$$e^0 = 1, \quad e^{i\frac{\pi}{2}} = i$$

ということから、$1\times i$ であることは明らかである。さらに $\pi/2$ だけ増やすと、

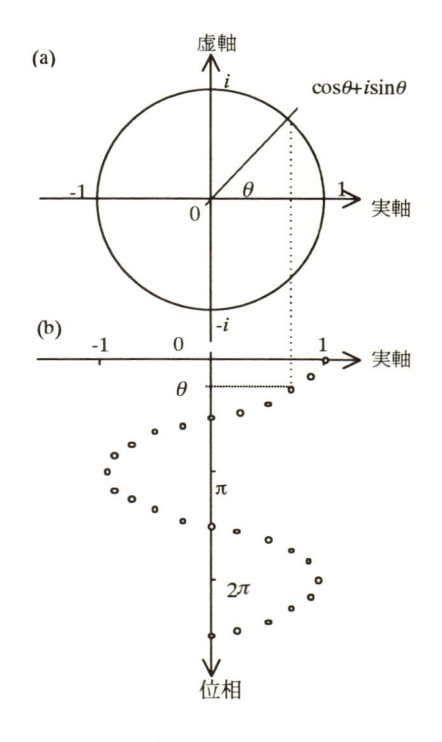

第3章　微分を利用して関数を展開する

**図 3-6**　複素平面を使うと、オイラーの公式
$$\exp i\theta = \cos\theta + i\sin\theta$$
の物理的描像が分かる。$\theta$ が増えるということは、図(b)に示すように、実軸上では $\cos\theta$ の波に対応している。また、同様に、虚軸上では $\sin\theta$ の波に対応する。

$i^2 = -1$ となる。つまり、$\pi/2$ だけ増やす、あるいは回転するという作業は、$i$ のかけ算になる。よって、$i$ は回転演算子とも呼ばれる。このように、単位円においては角度のたし算が指数関数のかけ算と等価であるという事実が重要である。

この回転に対応した重要な点は、$\exp(i\theta)$ は、図3-6に示したように実数部は cos の波に対応しているということである。つまり、$\theta$ が増えるにしたがって、実数部は cos の波として、虚数部は sin の波として、それぞれ独立に進行していく。このように、オイラー公式は波の性質を表現するのに非常に便利な数学的表現である。さらに、その絶対値は常に 1 であるから、波の性質を付与しながら、その量自体には変化を与えないという特長がある。さらに第5章に示すように、微分方程式の解法に大きな威力を発揮する。オイラー公式が数学の至宝と呼ばれる所以である。

### 3.7. 三角関数と双曲線関数
#### 3.7.1. 双曲線関数の定義

三角関数の仲間として、双曲線関数（hyperbolic function）である sinh (hyperbolic sine) と cosh (hyperbolic cosine) がある。その定義は

$$\sinh x = \frac{e^x - e^{-x}}{2} \qquad \cosh x = \frac{e^x + e^{-x}}{2}$$

となる。

また、双曲線関数の名前の由来は次のようなものである。

三角関数は

$$\cos^2 \theta + \sin^2 \theta = 1$$

を満足することから

$$x^2 + y^2 = 1$$

の円周上の点で表現できる。一方、双曲線関数は

$$\cosh^2 \varphi - \sinh^2 \varphi = 1$$

を満足する。実際に計算してみると

$$\sinh^2 x = \left(\frac{e^x - e^{-x}}{2}\right)^2 = \frac{e^{2x} - 2e^x e^{-x} + e^{-2x}}{4} = \frac{e^{2x} + e^{-2x} - 2}{4}$$

$$\cosh^2 x = \left(\frac{e^x + e^{-x}}{2}\right)^2 = \frac{e^{2x} + 2e^x e^{-x} + e^{-2x}}{4} = \frac{e^{2x} + e^{-2x} + 2}{4}$$

となって

$$\cosh^2 x - \sinh^2 x = \frac{e^{2x} + e^{-2x} + 2}{4} - \frac{e^{2x} + e^{-2x} - 2}{4} = \frac{4}{4} = 1$$

確かに上式を満足する。よって、図3-7に示すように、双曲線関数は

$$x^2 - y^2 = 1$$

という双曲線(hyperbola)上の点で表現できることを示している。

しかし、$\cos \theta$ と $\sin \theta$ の場合には、円上の点と対応し、しかも角度 $\theta$ が図上の点が $x$ 軸となす角と対応するのに対し、$\cosh \varphi$, $\sinh \varphi$ の場合には、角度 $\varphi$ は単なるパラメータとなり、図で対応関係を示すことができない。

さらに三角関数は周期性を有するため、振動現象をはじめとして数多くの物理現象に応用が可能であるが、双曲線関数は発散してしまうので、それほど利用価値は高くはない。

第3章 微分を利用して関数を展開する

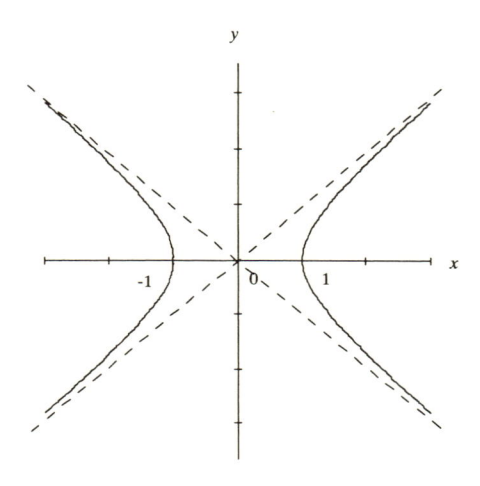

図 3-7 双曲線 $x^2-y^2=1$ のグラフ。

ところで、双曲線関数はオイラー公式とも密接な関係にある。オイラー公式を使うと、三角関数は次のように表される。

$$\cos x = \frac{e^{ix} + e^{-ix}}{2} \quad \sin x = \frac{e^{ix} - e^{-ix}}{2i}$$

双曲線関数は、比較すると明らかなように、この三角関数の表示の実数版とみなすことができる。実際に、双曲線関数の $x$ に $ix$ を代入すると

$$\sinh ix = \frac{e^{ix} - e^{-ix}}{2} = i\sin x \quad \cosh ix = \frac{e^{ix} + e^{-ix}}{2} = \cos x$$

となって、sin と cos に変換できる。

### 3.7.2. 双曲線関数の級数展開

双曲線関数は指数関数で表されているので、$e^x$ の展開式を使えば、簡単に級数展開式を求めることが可能である。いま

$$e^x = 1 + x + \frac{1}{2!}x^2 + \frac{1}{3!}x^3 + \frac{1}{4!}x^4 + \ldots + \frac{1}{n!}x^n + \ldots$$

$$e^{-x} = 1 - x + \frac{1}{2!}x^2 - \frac{1}{3!}x^3 + \frac{1}{4!}x^4 - \ldots + (-1)^n \frac{1}{n!}x^n + \ldots$$

であるから

$$\sinh x = \frac{e^x - e^{-x}}{2} = x + \frac{1}{3!}x^3 + \frac{1}{5!}x^5 + \frac{1}{7!}x^7 + \ldots$$

および

$$\cosh x = \frac{e^x + e^{-x}}{2} = 1 + \frac{1}{2!}x^2 + \frac{1}{4!}x^4 + \frac{1}{6!}x^6 + \ldots$$

と展開できることになる。これは、よくみると

$$e^x = \cosh x + \sinh x$$

という関係になっている。つまり、前述したように、オイラーの公式の実数版とみることも可能である。

次に、級数展開を利用して双曲線関数の導関数を導いてみよう。

$$\sinh x = x + \frac{1}{3!}x^3 + \frac{1}{5!}x^5 + \frac{1}{7!}x^7 + \ldots$$

であるから

$$\frac{d(\sinh x)}{dx} = 1 + \frac{1}{2!}x^2 + \frac{1}{4!}x^4 + \frac{1}{6!}x^6 + \ldots$$

この右辺は、$\cosh x$ の展開式であるから

$$\frac{d(\sinh x)}{dx} = \cosh x$$

という関係が得られる。同様にして

$$\frac{d(\cosh x)}{dx} = \sinh x$$

となる。

**演習 3-10** 級数展開を利用して $\cosh x$ の微分を求めよ。

解） $\cosh x = 1 + \frac{1}{2!}x^2 + \frac{1}{4!}x^4 + \frac{1}{6!}x^6 + \ldots$ であるから

$$\frac{d(\cosh x)}{dx} = x + \frac{1}{3!}x^3 + \frac{1}{5!}x^5 + \ldots = \sinh x \qquad \text{となる。}$$

**演習 3-11** 双曲線関数の定義式を利用して $\sinh x$ および $\cosh x$ の微分を直接求めよ。

解) 定義より $\sinh x = \dfrac{e^x - e^{-x}}{2}$　　$\cosh x = \dfrac{e^x + e^{-x}}{2}$

それぞれの微分は

$$\frac{d(\sinh x)}{dx} = \frac{(e^x)' - (e^{-x})'}{2} = \frac{e^x - (-1)e^{-x}}{2} = \frac{e^x + e^{-x}}{2} = \cosh x$$

$$\frac{d(\cosh x)}{dx} = \frac{(e^x)' + (e^{-x})'}{2} = \frac{e^x + (-1)e^{-x}}{2} = \frac{e^x - e^{-x}}{2} = \sinh x$$

と簡単に得られる。以上の関係を使うと

$$\int \sinh x\, dx = \cosh x + C \qquad \int \cosh x\, dx = \sinh x + C$$

という積分公式が得られる。

### 3.7.3. 双曲線関数の公式

三角関数と同様に、双曲線関数でも加法定理が存在する。

定義より

$$\sinh x = \frac{e^x - e^{-x}}{2} \qquad \cosh x = \frac{e^x + e^{-x}}{2}$$

であるから

$$\sinh(x + y) = \frac{e^{x+y} - e^{-(x+y)}}{2} = \frac{e^x \cdot e^y - e^{-x} \cdot e^{-y}}{2}$$

ここで

$$e^x = \cosh x + \sinh x$$
$$e^y = \cosh y + \sinh y$$
$$e^{-x} = \cosh(-x) + \sinh(-x) = \cosh x - \sinh x$$
$$e^{-y} = \cosh(-y) + \sinh(-y) = \cosh y - \sinh y$$

であるから

$$e^x e^y = (\cosh x + \sinh x)(\cosh y + \sinh y)$$
$$= \cosh x \cosh y + \cosh x \sinh y + \sinh x \cosh y + \sinh x \sinh y$$

$$e^{-x} e^{-y} = (\cosh x - \sinh x)(\cosh y - \sinh y)$$
$$= \cosh x \cosh y - \cosh x \sinh y - \sinh x \cosh y + \sinh x \sinh y$$

と計算できる。これを上式の分子に代入すると

$$\sinh(x+y) = \frac{2\sinh x \cosh y + 2\cosh x \sinh y}{2} = \sinh x \cosh y + \cosh x \sinh y$$

が得られる。同様にして
$$\cosh(x+y) = \cosh x \cosh y + \sinh x \sinh y$$
となる。これら加法定理をもとに倍角の公式なども順次計算が可能である。

さらに三角関数と同様に tanh (hyperbolic tangent)、sech (hyperbolic secant)、csch (hyperbolic cosecant)、coth (hyperbolic cotangent) も定義できる。一応、これら関数の定義を書くと

$$\tanh x = \frac{\sinh x}{\cosh x} = \frac{e^x - e^{-x}}{e^x + e^{-x}} \qquad \coth x = \frac{\cosh x}{\sinh x} = \frac{e^x + e^{-x}}{e^x - e^{-x}}$$

$$\operatorname{sech} x = \frac{1}{\cosh x} = \frac{2}{e^x + e^{-x}} \qquad \operatorname{csch} x = \frac{1}{\sinh x} = \frac{2}{e^x - e^{-x}}$$

しかし、三角関数では周期性があるため、理工系の数学表現において重要な役割を果たしているが、双曲線関数は発散するため、それほど利用価値はない。さらに、指数関数のかたちで計算が可能であるので、あえて双曲線関数を使う必要がないことも指摘しておく。

# 第4章 テーラー展開

あえてひとつの章で扱うのはどうかと思ったが、おそらく多くのひとの記憶に残っている訳の分からない関数の展開式としては、テーラー展開 (Taylor's expansion) が有名であろうから、その説明を試みる。テーラー展開は文系の数学でも習うらしいが、簡単な関数をいったいどうして、あんな面倒なものに置き換えなければならないか、多くのひとが不思議に思うと聞いた。これは、数学の講義で、すっきりした解が得られる計算問題しか学習したことがないことに原因がある。

理工系や経済の実際の現場で扱う方程式というのは、初等関数で表現できる方が珍しいのであって、解けない方程式の方が圧倒的に多いのである。このため、すっきりした解は得られないものの、何とか正しい解に近いものを導こうという涙ぐましい努力をする。このとき、近似 (approximation) という手法を使うことになる。これは、読んで字のごとく、真の解に近くて似た値をみつける方法である。この解法に級数展開が広く利用される。

実は、前章で扱った級数展開はマクローリン展開 (Maclaurin's expansion) と呼ばれ、テーラー展開の特殊な場合と考えられる。初学者に級数展開を教える場合は、テーラー展開から入らずに、マクローリン展開から始めた方がはるかに分かりやすいと思うのであるが、多くの教科書では一般式のかたちがより複雑なテーラー展開の導入からはじめる場合が多い。もちろん、形式的にはマクローリン展開はテーラー展開の部分集合である。よって、一般論ではテーラー展開から始めるのが筋である。しかし、みるからに複雑なテーラー展開の一般式を冒頭に掲げたのでは、気後れしてしまう。よって、本章では、逆のルートからテーラー展開に迫ってみる。

## 4.1. テーラー展開の一般式

第3章で、普通の関数 $f(x)$ は次のような無限級数の多項式への展開が可能ということを紹介した。

$$f(x) = a_0 + a_1 x + a_2 x^2 + a_3 x^3 + a_4 x^4 + a_5 x^5 + \cdots$$

ここで、右辺の $x$ に $x-\alpha$ を代入してみる。すると上式は

$$f(x) = a_0 + a_1(x-\alpha) + a_2(x-\alpha)^2 + a_3(x-\alpha)^3 + a_4(x-\alpha)^4 + \ldots$$

と変形できる。この多項式の係数を第 3 章と同様の方法を使って求めてみよう。

まず、この式に $x = \alpha$ を代入すれば、$x-\alpha$ を含んだ項が消えるので、$f(\alpha) = a_0$ となって、最初の定数項が求められる。次に、$f(x)$ を $x$ で微分すると

$$f'(x) = a_1 + 2a_2(x-\alpha) + 3a_3(x-\alpha)^2 + 4a_4(x-\alpha)^3 + 5a_5(x-\alpha)^4 + \ldots$$

となる。この式に $x = \alpha$ を代入すれば $f'(\alpha) = a_1$ となって、$a_2$ 以降の項はすべて消えて、$a_1$ のみが求められる。

以下、同様にして係数を求めていくと、展開式は

$$f(x) = f(\alpha) + f'(\alpha)(x-\alpha) + \frac{1}{2!}f''(\alpha)(x-\alpha)^2 + \ldots + \frac{1}{n!}f^{(n)}(\alpha)(x-\alpha)^n + \ldots$$

となる。これをまとめて書くと

$$f(x) = \sum_{n=0}^{\infty} \frac{1}{n!} f^{(n)}(\alpha)(x-\alpha)^n$$

で与えられる。これをテーラー展開と呼んでいる。

この式において $\alpha = 0$ とおけば、第 3 章で扱った級数展開となる。つまり、テーラー展開の特殊な場合と考えられ、マクローリン展開 (Maclaurin's expansion) とわざわざ別の呼称を与えている。

また、$x-\alpha$ の多項式で括り出した展開を $x = \alpha$ のまわりの展開と呼ぶ。よって、マクローリン展開は、$x = 0$ のまわりで展開したものと言える。

**演習 4-1** $f(x) = 2x^3 + 4x^2 + 3x + 5$ を $x = 1$ のまわりで展開せよ。

解）$f(1) = 14$ より最初の係数が求められる。次に
$f'(x) = 6x^2 + 8x + 3$
$f''(x) = 12x + 8$ であるから
$f'''(x) = 12$

$$f'(1) = 17 \quad f''(1) = 20 \quad f'''(1) = 12$$

と求められ、テーラー展開の一般式に代入すると

$$f(x) = 14 + 17(x-1) + 10(x-1)^2 + 2(x-1)^3$$

と展開できる。

## 4.2. テーラー展開と微分の関係

ここでテーラー展開式を少し変形して、これが微分の拡張であるということを見てみよう。このため、$x = \alpha + h$ を代入する。するとテーラー展開の式は、

$$f(\alpha + h) = f(\alpha) + f'(\alpha)h + \frac{1}{2!}f''(\alpha)h^2 + \frac{1}{3!}f'''(\alpha)h^3 + \cdots + \frac{1}{n!}f^{(n)}(\alpha)h^n + \cdots$$

となる。このかたちの方がなじみ深いというひとも多いであろう。ここで、この展開式の意味について考えてみる。

$h$ が十分小さいとして、$h^2$ 以降の項を無視すると

$$f(\alpha + h) \cong f(\alpha) + f'(\alpha)h$$

となる。これを変形すれば

$$\frac{f(\alpha + h) - f(\alpha)}{h} \cong f'(\alpha)$$

となって、何のことはない、$\alpha$ から $h$ だけ離れた関数 $f(x)$ の傾きの式である。あるいは、$h \to 0$ の極限をとれば

$$f'(\alpha) = \lim_{h \to 0} \frac{f(\alpha + h) - f(\alpha)}{h}$$

となって、微分の定義そのものとなる。

それでは、それ以降の項は、どのような理由でついているのであろうか。この意味について考える前に、実際の関数を使って、テーラー展開がどのようなものかを紹介する。

## 4.3. テーラー展開の実際

具体例として、次の関数を考えてみる。

$$f(x) = x^3 + x^2 + x + 1$$

ここで $\alpha = 1, h = 1$ とすると、実際の数値はそれぞれ

$$f(\alpha) = f(1) = 4 \qquad f(\alpha + h) = f(1+1) = 15$$

と与えられる。微分は

$$f'(x) = 3x^2 + 2x + 1 \qquad f''(x) = 6x + 2$$
$$f'''(x) = 6 \qquad f^{(4)}(x) = 0$$

で与えられるので、テーラー展開の最初の2項まで計算すると

$$f(1+1) \cong f(1) + f'(1) \cdot 1 = 4 + 6 \cdot 1 = 10$$

となって、実際の値からの誤差が大きい。そこで、次の項まで計算してみる。すると

$$f(1+1) \approx f(1) + f'(1) \cdot 1 + \frac{1}{2!}f''(1) \cdot 1^2 = 4 + 6 \cdot 1 + \frac{1}{2!}8 \cdot 1 = 14$$

となり、かなり良い近似となる。最後にその次の項まで計算すると

$$f(1+1) \approx f(1) + f'(1) \cdot 1 + \frac{1}{2!}f''(1) \cdot 1^2 + \frac{1}{3!}f'''(1) \cdot 1^3 = 15$$

となり、正しい値が得られることになる。これ以降は、すべて $f^{(n)}(0) = 0$ であるから、展開には寄与しない。

いまの例では $h$ として1というかなり大きな値をとったが、試しに $h = 0.1$ としたらどうなるであろうか。まず、実際の値は

$$f(1+0.1) = (1.1)^3 + (1.1)^2 + (1.1) + 1 = 4.641$$

となる。次に、最初の項までの近似値をみると

$$f(1+0.1) \approx f(1) + f'(1) \cdot 0.1 = 4.6$$

となって、すでにかなり近い値が得られる。次の項まで計算すると

$$f(1+0.1) \approx f(1) + f'(1) \cdot 0.1 + \frac{1}{2!}f''(1) \cdot (0.1)^2 = 4.64$$

となり、ほぼ正しい値が得られる。このように、$h$ をどんどん小さくしていけば、最初の数項で収束する。もちろん、$h \to 0$ の極限では、最初の1項だけで収束する。これが微分である。

このように、テーラー展開では、$h$ が無視できないほどの大きさになった時に、$f(x+h)$ のより正確な値を求めるため、$x$ の高次の項を計算して、順次補正をかけていることになる。

つまり、$x^2$ 以降の項は、微分の簡単な近似式では埋めることのできない誤差を補塡する役割を果たしていることになる。微分は、$\Delta x$ をできるだけ小さくした時の極限として得られたが、テーラー展開では、$\Delta x$ が大きくなっても $f(x+\Delta x)$ を精度よく求められるように修正を加えたものと見ることができるのである。

### 4.4. テーラー展開の意味

それでは、テーラー展開 (Taylor's expansion)

$$f(\alpha + h) = f(\alpha) + f'(\alpha)h + \frac{1}{2!}f''(\alpha)h^2 + \frac{1}{3!}f'''(\alpha)h^3 + \dots + \frac{1}{n!}f^{(n)}(\alpha)h^n + \dots$$

が、どうしてこういうかたちになるのかを、もう一度考えてみよう。

第 4 章　テーラー展開

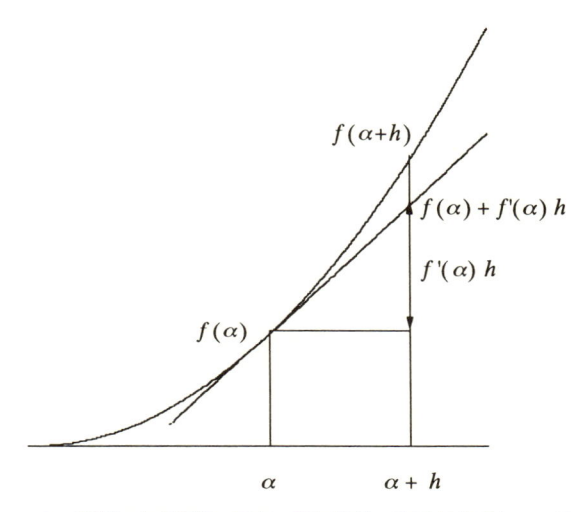

**図 4-1**　テーラー展開による関数の近似。図には第 1 次近似を示している。第 1 次近似では、点 $x = \alpha$ における関数の傾き $f'(\alpha)$ が $\alpha+h$ まで一定であると仮定して $f(\alpha+h)$ の値を求める。しかし、実際には、この間で関数の傾きは一定ではないので、それを修正する必要がある。この修正を、2 次、3 次と順次行って無限大まで行くと、関数の正しい値が得られる。これがテーラーの無限級数展開である。

　この式は、ある関数 $f(x)$ があった時に、$x = \alpha$ から $h$ だけ離れた点での $f(x)$ の値、つまり $f(\alpha+h)$ を無限級数で表したものである。
　この時、$h^2$ 以降の項を無視すると、
$$f(\alpha + h) \simeq f(\alpha) + f'(\alpha)h$$
という近似式が得られる。これは、図 4-1 に示すように、$\alpha$ から $h$ の距離では $f(x)$ の傾きがつねに一定で、$f'(\alpha)$ という値をとると仮定して得られる式である。
　しかし、実際には傾きが一定ということはなく、$\alpha$ から $h$ 進む間に、$f'(\alpha)$ は図 4-2 に示すように変化するはずである。この変化分を考慮に入れなければ、最初の近似式は誤差を生むことになる。そこで、この変化分は
$$f'(\alpha + h) \simeq f'(\alpha) + f''(\alpha)h$$
の式で取り入れられるものと仮定する。これは、先ほどの近似式で $f(x)$ のかわりに、$f'(x)$ と置き換えただけの式である。つまり、$f'(\alpha)$ が一定ではなく、$f''(\alpha)$ の傾きを以て変化していることに対応する。
　仮に、この区間での平均の傾きが

第2次近似

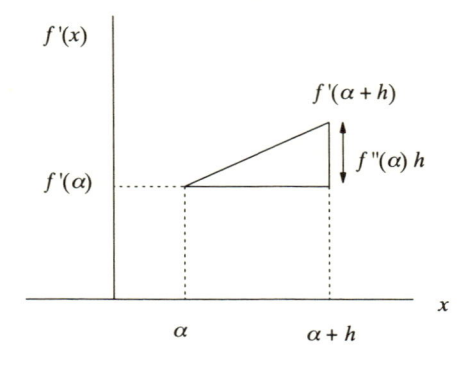

**図 4-2** テーラー展開の第 2 項までの近似（第 1 次近似）では、傾き $f'(\alpha)$ が一定と仮定しているが、定数および 1 次関数以外の関数では変化している。この変化分を、図に示すように $f''(\alpha)$ として計算するのが第 2 次近似である。

$$\overline{f'(\alpha \to \alpha + h)} = \frac{f'(\alpha) + f'(\alpha + h)}{2}$$

という単純な式で表されると仮定すると

$$\frac{f'(\alpha) + f'(\alpha + h)}{2} = \frac{f'(\alpha) + (f'(\alpha) + f''(\alpha)h)}{2} = f'(\alpha) + \frac{1}{2}f''(\alpha)h$$

となる。つまり、最初の式において、$f'(\alpha) \to f'(\alpha) + \frac{1}{2}f''(\alpha)h$ と修正した方がより正確な値が得られることになる。そこで、これを代入すると

$$f(\alpha + h) \approx f(\alpha) + \left\{f'(\alpha) + \frac{1}{2}f''(\alpha)h\right\}h = f(\alpha) + f'(\alpha)h + \frac{1}{2}f''(\alpha)h^2$$

となる。つまり、この式は $f'(\alpha)$ が一定ではないことを考慮に入れて、最初の近似式を修正したものと言える。

しかし、この式も $\alpha$ と $\alpha+h$ の範囲において、$f''(\alpha)$ がつねに一定という条件下で成り立つ式であって、もし $f''(\alpha)$ が図 4-3 のように変化する場合には、誤差が生じる。よって、その変化分を、さらに修正する必要がある。

先程と同様の手法で、この修正を取り入れると

$$f''(\alpha + h) = f''(\alpha) + f'''(\alpha)h$$

となる。ここで、平均の傾きが単純に

$$\frac{f''(\alpha) + f''(\alpha + h)}{2} = f''(\alpha) + \frac{1}{2}f'''(\alpha)h$$

と仮定すると

第4章 テーラー展開

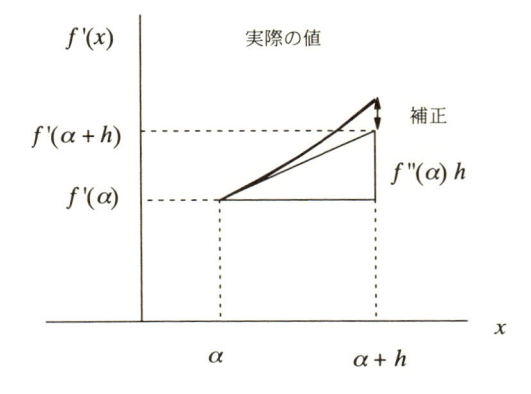

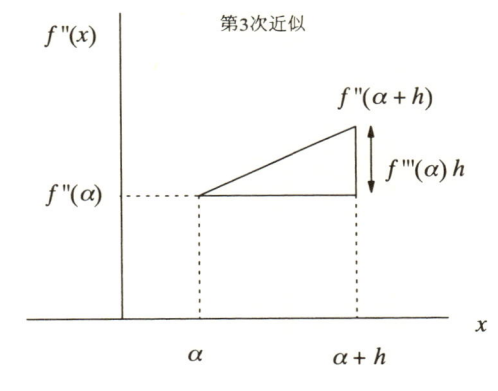

**図 4-3** テーラー展開の第 2 次近似では、$f''(\alpha)$ を一定と考えているが、実際には、これも変化している。図に示すように、この変化分を $f'''(\alpha)$ として計算するのが第 3 次近似である。以下同様の操作を繰り返すのがテーラー展開である。

$$f(\alpha+h) \approx f(\alpha) + f'(\alpha)h + \frac{1}{2}f''(\alpha)h^2 + \frac{1}{4}f'''(\alpha)h^3$$

となる。このまま順次、誤差分を修正していけば、テーラー展開の式が得られそうであるが、残念ながら、よく見ると第4項目の係数が異なっている。この違いは、傾きの変化を $x = \alpha$ の値と $\alpha+h$ の値の単純平均で求めているためである。

それでは、どうすればよいであろうか。このような変化の統合は、積分によって得られることを本書では何度も見てきた。そこで、積分を利用することを考えてみる。つまり

$$f(\alpha+h) = f(\alpha) + \int_{\alpha}^{\alpha+h} f'(x)dx$$

で与えられるとする。ここで

$$\int_{\alpha}^{\alpha+h} f'(x)dx$$

の項は、$x = \alpha$ から $\alpha+h$ までの間に、傾き $f'(x)$ がどのように変化するかを統合したものである。

例えば、$f'(x)$ が一定の値、つまり $f'(\alpha)$ の場合は

$$\int_{\alpha}^{\alpha+h} f'(x)dx = [f'(\alpha)x]_{\alpha}^{\alpha+h} = f'(\alpha)h$$

となるので、結局

$$f(\alpha + h) = f(\alpha) + f'(\alpha)h$$

と計算できる。ところが、一般には $f'(x)$ はつねに一定ではなく変化する（図4-2 参照）。その変化分を考慮して

$$f'(x) = f'(\alpha) + f''(\alpha)(x - \alpha)$$

と変形して、上式に代入すると

$$f(\alpha + h) = f(\alpha) + \int_{\alpha}^{\alpha+h} f'(x)dx = f(\alpha) + \left[xf'(\alpha) + f''(\alpha)\frac{(x-\alpha)^2}{2}\right]_{\alpha}^{\alpha+h}$$

これを計算すると

$$f(\alpha + h) = f(\alpha) + f'(\alpha)h + \frac{1}{2}f''(\alpha)h^2$$

と計算できる。ただし、一般には図 4-3 に示すように、$f''(x)$ も変化するので、同じ要領で、その変化分まで考えると

$$f''(x) = f''(\alpha) + f'''(\alpha)(x - \alpha)$$

であるから、まず $f'(x)$ は

$$f'(x) = f'(\alpha) + \int_{\alpha}^{x} f''(x)dx = f'(\alpha) + \int_{\alpha}^{x} \{f''(\alpha) + f'''(\alpha)(x - \alpha)\}dx$$

で与えられる。よって

$$f'(x) = f'(\alpha) + \left[xf''(\alpha) + \frac{(x-\alpha)^2}{2}f'''(\alpha)\right]_{\alpha}^{x}$$

$$= f'(\alpha) + f''(\alpha)(x - \alpha) + f'''(\alpha)\frac{(x-\alpha)^2}{2}$$

つぎに、あらためて

$$f(\alpha + h) = f(\alpha) + \int_{\alpha}^{\alpha+h} f'(x)dx$$

## 第4章 テーラー展開

の式に $f'(x)$ を代入すると

$$f(\alpha + h) = f(\alpha) + \left[ f'(\alpha)x + f''(\alpha)\frac{(x-\alpha)^2}{2} + f'''(\alpha)\frac{(x-\alpha)^3}{2 \cdot 3} \right]_{\alpha}^{\alpha+h}$$

結局、

$$f(\alpha + h) \simeq f(\alpha) + f'(\alpha)h + \frac{1}{2!}f''(\alpha)h^2 + \frac{1}{3!}f'''(\alpha)h^3$$

で与えられることになる。同じ操作をくり返せば、次に示すようなテーラー展開の式が得られる。

$$f(\alpha + h) = f(\alpha) + f'(\alpha)h + \frac{1}{2!}f''(\alpha)h^2 + \frac{1}{3!}f'''(\alpha)h^3 + \ldots + \frac{1}{n!}f^{(n)}(\alpha)h^n + \ldots$$

いわば、微分は $h \to 0$ の極限を求めたが、テーラー展開とは、この微分による近似式から出発して、$h$ がより大きい値になっても補正を加えて、正確な $f(\alpha + h)$ が計算できるように修正したものと考えることができる。

ただし、テーラー展開を実際に利用する場合には、無限級数をすべて計算できるわけではないので、最初の数項ですます。これが近似計算である。ここで注意しなければならないのは、高次の項を無視したがために過った結論を導くことである。実際の研究の場でもよく起こるので気をつけたい。具体的な数値を入れておれば、そんなに大きな間違いは起きないのであるが、文字式のまま、例えば

$$f(\alpha + h) \simeq f(\alpha) + f'(\alpha)h + \frac{1}{2}f''(\alpha)h^2$$

という式を使って、問題に取り組んでいると、途中から近似式であったものが、あたかも恒等式のようになってしまい、最後に大きな誤差が生じてしまう。私自身も同様の間違いを犯したことがある。もって、肝に銘ずべきか。

# 第5章　微分方程式

　理工系学問や経済学などにおいて、なんらかの現象を解析する第一歩は、いかに対象とする現象の数学的モデル (mathematical model) を構築するかにある。多くの現象は、微分方程式 (differential equation) のかたちで数式化される。その結果がどうなるかは、この微分方程式を解かなければ分からないが、残念ながら、普通の微分方程式はうまく解けない場合が多い。事実、未解決の微分方程式に多くの数学者が挑戦しており、その解法結果が数学の遺産として蓄積されている。現代の先端科学のほとんどは、その恩恵にあずかっているのである。

　しかし、難しいからと言って、微分方程式の解法はすべて他人まかせというわけにはいかない。そのような分業は、往々にして視野を狭くする。このため、「微分方程式論」と呼ばれる、いろいろな種類の微分方程式を解法するテクニックを学ぶ講義が理工系の教養課程で課されることになる。

　ところで、「微分方程式」というとかたいイメージを与えるが、方程式の中になんらかのかたちで微分が入っていれば、そう呼ばれる。本書でも、等加速度運動や単振動などを表現する微分方程式がすでに登場している。

　微分が含まれてさえすればいいのであれば、数多くの種類の微分方程式が存在することは簡単に予想できる（補遺 5-1 参照）。さらに、微分としては、$n$ 階の導関数や偏導関数も含まれるので、原理的には、いくらでも複雑な微分方程式をつくることができる。

　微分方程式の講義では、一般的な見地から、過去に登場したありとあらゆる微分方程式の解法のテクニックを羅列的に習得する。しかし、その演習をやらされる学生には、肝心の、どうして微分方程式を解く必要があるのかが分からない。「微積分」をノルマとして課せられる高校生と同じことがここでも生じる。

　実際に研究する立場になると、なんらかの現象を微分方程式で表現するのが第一関門であり、その結果を知りたいから苦労してまで、その解法をめざすのである。裏返せば、天下り的に与えられた微分方程式では、解こうとする意欲が沸かないということになる。であるから、数多くの微分方程式を羅

# 第5章 微分方程式

列した講義は、意欲を減退させることになる。

ただし、微積分の項でも述べたように、いろいろな種類の微分方程式の解法が多くの先輩によって得られているということは、それを利用する立場からは、その数が多いほど便利ということになる。(それを覚えなければならないという学生にとってははなはだ迷惑ということになるが。)

この章では、すべての微分方程式について紹介することはできないが、どのようにして微分方程式がつくられ、どうしてそれが重要なのかをまず説明した後で、微分方程式の解法について代表的なものを紹介したい。

## 5.1. 微分方程式をつくる

「微積分」の解析手法は、ある現象がどのように変化するかをまず調べることからはじめる。これを数式モデル(微分方程式)で表現し、そのうえで積分を利用して現象の全体像を得るのである。(最後のステップを微分方程式を解くと呼んでいるが、積分を利用しないで解ける場合もある。)

つまり、対象とする現象を表現する微分方程式をいかにつくるかが、まず重要課題である。ここで間違えてしまえば、うまく積分解法できたとしても、結果は過ったものとなる。実際の研究現場では、この最初の部分での誤りに気づかないことが意外と多い。なぜなら、いったん微分方程式ができてしまうと、その解法をどうするかの方に関心が移り、本質を見失ってしまうからである。常に基本を大切にするという姿勢はスポーツや芸術に限らず、最先端研究の場でも重要である。

### 5.1.1. 微分方程式の構成要素

微分方程式に関するほとんどの教科書では、いきなり多種多様な微分方程式があらわれ、その分類と対処療法的な解法が紹介される。しかし、微分方程式の由来そのものについては不明な場合が多い。それが、やる気を失わせる原因となっている。そこで、微分方程式をつくるための下準備として、その構成の基本となる式を紹介する。

まず、物体の運動の解析において重要な速度($v$)や加速度($a$)は、すでに紹介したように、距離を $x$、時間を $t$ とおくと

$$v = \frac{dx}{dt} \qquad a = \frac{dv}{dt} = \frac{d^2x}{dt^2}$$

で与えられる。これが微分方程式をつくる時の基本構成要素となる。ここで、ニュートンの運動方程式から、力を $F$ とすると

$$F = ma = m\frac{d^2x}{dt^2}$$

という関係が成立することが分かっている。

物体に働く力 $F$ が一定であるならば、この式がすでに一定の力のもとで運動する物体の微分方程式ということになる。これは、ご存じ等加速度運動である。

しかし、実際にはつねに力が一定というケースだけではない。例えば、バネにぶら下がった物体では、つりあい点からの距離に比例した力が働くことが知られている。この比例定数を $k$ とおくと

$$F = -kx$$

であるから

$$m\frac{d^2x}{dt^2} = -kx \quad \text{あるいは} \quad m\frac{d^2x}{dt^2} + kx = 0$$

という微分方程式が得られることになる。これは、単振動と呼ばれる有名な運動を記述する微分方程式である。これを解くと、無限に振動を繰り返すという解が得られる。

ところが、実際のバネの運動はしだいに弱まっていき、ついには止まってしまう。これは、運動に対する抵抗が存在することを示している。この減衰は、空気抵抗やまさつなどによって、バネの運動が熱に変わることが原因で生じる。抵抗力は、物体の速度に比例することが知られており、その比例定数を $\nu$ とおくと

$$-\nu v = -\nu \frac{dx}{dt}$$

で与えられる。よって微分方程式は

$$m\frac{d^2x}{dt^2} = -\nu \frac{dx}{dt} - kx \quad \text{あるいは} \quad m\frac{d^2x}{dt^2} + \nu \frac{dx}{dt} + kx = 0$$

と修正されることになる。このかたちの微分方程式は、数多くの現象の解析に頻出する代表的なものである。（専門的には補遺に示したように2階1次の微分方程式と呼ばれる。）

このように、本来、微分方程式というものは、ある現象ごとに、それがどのような構成要素で成り立っているかをまず分析し、それに対応した微分の式を考える。そのうえで、現象全体をひとつの方程式で表現するように工夫することで得られるものである。（もちろん連立方程式になる場合もあるが。）そのうえで、この方程式の解法に向かうというのが、常套手段である。

## 第5章 微分方程式

　微分方程式論を習う場合には、このような導入部分が省略されて、いきなり微分方程式ありきで講義が行われる。このため、多くの初学者はとまどいを覚えるのである。また、専門課程では、複雑な微分方程式にたとえ出会ったとしても、微積分の基本を一度でも学んだことがあれば、その解法に取り組むことはそれほど大変ではない。試験のようにある決められた時間内で、たくさんの問題を解くことが要求されるのではなく、好きなだけ時間をかけて取り組めるうえ、過去の数学的な蓄積を自由に利用することができるからである。
　それでは、代表的な微分方程式について具体例をみてみよう。

### 5.1.2. ウェーバーの法則

　卑近な例で申し訳ないが、10円の買い物をして1円安くしてくれたら、得をした気分になる。ところが、10000円の買い物をして、1円安くしてくれても、得をした気分にはならない。やはり100円ぐらいは安くしてほしい。
　このように、人間の感覚や知覚は、刺激の絶対量に比例するのではなく、対象の大きさに対してどれくらいの割合にあるか、つまり相対的な値に比例する（ことが経験的に知られている）。
　よって、その数式モデルは、感覚の増加量を $ds$ とし、刺激の量とその増加量をそれぞれ $W$、$dW$ とすると

$$ds = k\frac{dW}{W}$$

という微分方程式で表されることになる。ここで、$k$ は比例定数である。これが有名なウェーバー (Weber) の法則である。この法則は、重量や音量など多くの感覚にあてはまる。（ただし、この式はあくまでも経験式であり、その根底に厳然とした意味があるかどうかは分からない。人間の能力や脳の働きなどが生物学的かつ物理的に解明されれば、その意味がもう少し明らかになるかもしれない。多くの数式モデルは、このように経験あるいは実験事実に基づくものが圧倒的に多いのである。）
　この微分方程式を解くには、単に両辺を積分すれば良い。すると

$$\int ds = k\int \frac{dW}{W}$$

を計算して

$$s = k\ln W + C$$

という関係が得られる。ここで知覚できる最低の刺激の量、つまり限界値を

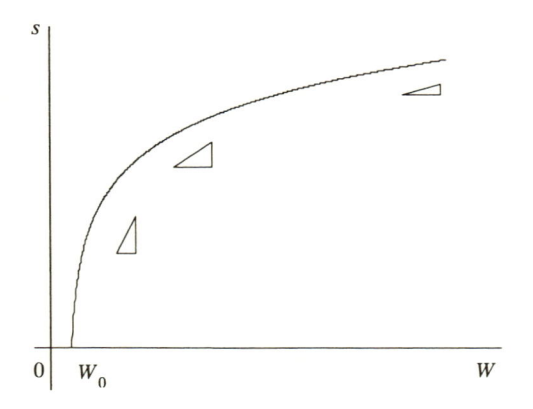

**図 5-1** 微分方程式 $ds = dW/W$ を解いて得られる刺激 ($s$) と知覚 ($W$) の関係。刺激が大きくなると知覚が鈍ってくることを示している。

$W_0$ とすると、ここが $s = 0$ の限界であるから
$$s = k \ln W_0 + C = 0 \quad より \quad C = -k \ln W_0$$
と定数項が求められ、結局
$$s = k \ln W + C = k \ln W - k \ln W_0 = k \ln \frac{W}{W_0}$$
が、人間の感覚と物理的刺激量の関係を表す式となる。つまり、対数関数になっており、図 5-1 に示したグラフをみれば明らかなように、刺激の量が多い領域では、刺激を少々増やしても、それを感知できないのである。

このように、微分方程式から出発して全体を支配する数式モデルを導いたのち、その式が現象をちゃんと表現しているかどうかを検証する作業を通常は行う。それに合格して、はじめて数式モデルが正しかったことが証明される。

### 5.1.3. 放射性元素の半減期

放射性元素(radioactive elements)の崩壊速度は、その量($n$)に比例することが知られている。ここで、崩壊速度は、元素の量が単位時間に減る量であるので、時間を $t$ とすると $-dn/dt$ で与えられるから、比例定数を $k$ とすると
$$-\frac{dn}{dt} = kn$$
となる。これが放射性元素の崩壊現象を表現する微分方程式である。それでは、この解法はどうすればよいであろうか。ここで、$n$ と $dt$ を移項すると
$$\frac{dn}{n} = -kdt$$

第5章 微分方程式

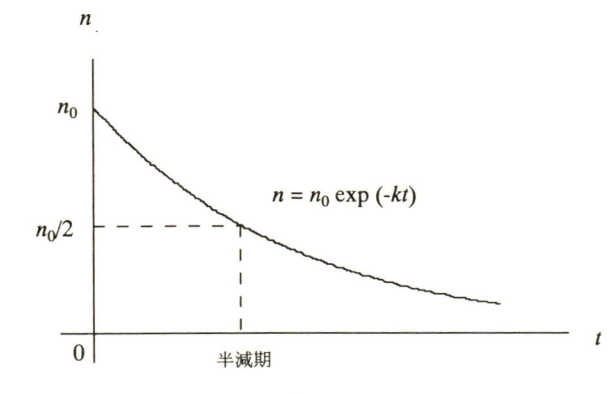

**図 5-2** 放射性元素崩壊の時間依存性。

と与えられる。この書き換えは、左辺は $n$ だけの変数の微分方程式、右辺は $t$ だけの微分方程式になっており、変数分離 (separation of variables) と呼ばれる。いったん、微分方程式が、このような変数分離形になると解法は簡単で、両辺をそれぞれの関数に関して積分すればよい。すると

$$\int \frac{dn}{n} = -k \int dt \quad \text{より} \quad \ln n = -kt + C$$

となって、解が得られる。これは、指数関数を使うと

$$n = \exp(-kt + C) \quad \text{あるいは} \quad n = C' \exp(-kt)$$

と変形できる。ここで、時間 $t = 0$ における濃度、つまり初期濃度を $n_0$ とすると、放射性元素の崩壊を示す式は

$$n = n_0 \exp(-kt)$$

となる。この変化を図示すれば、図 5-2 のようになる。ここで、放射性元素では、よく半減期 (a half-life period) という用語が登場する。これは、元素が最初の量の半分に減る時間である。放射性元素が、どれくらいの速さで崩壊するかのめやすを与える指標となっている。半減期 ($t_{1/2}$) は

$$n = \frac{n_0}{2} = n_0 \exp(-kt_{1/2})$$

を解いて

$$T = (T_0 - T_e)\exp(-kt) + T_e$$

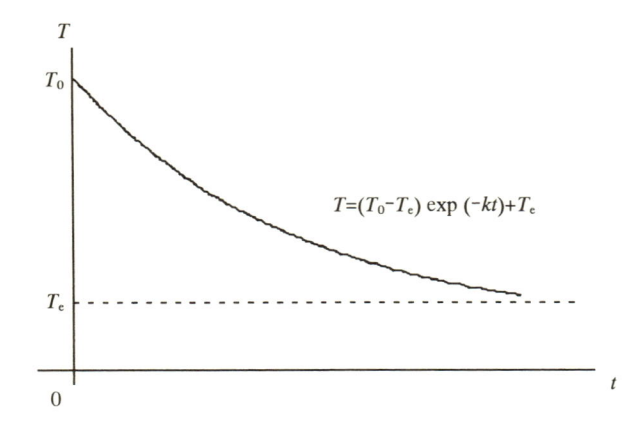

**図 5-3** 環境よりも温度の高い物質の冷却過程。

$$t_{1/2} = \frac{\ln 2}{k}$$

と計算できる。つまり、反応の比例係数の逆数に比例することが分かる。これは、よく考えれば当たり前で、反応速度が速い程、半減期は短くなることに対応している。別な視点でみれば、得られた数式モデルが正しいことの傍証となっている。

### 5.1.4. ニュートンの冷却の法則 (Newton's law of cooling)

暖めたものを空気中に置いておくと、温度 ($T$) はどんどん下がっていく。この速度は、外部との温度差に比例することが知られている。よって、外部の温度を $T_e$ とおくと、微分方程式は

$$-\frac{dT}{dt} = k(T - T_e)$$

で与えられる。ここで、$k$ は比例定数である。変数分離して積分を行うと

$$\frac{dT}{T - T_e} = -k dt \qquad \int \frac{dT}{T - T_e} = -kt + C$$

よって

$$\ln(T - T_e) = -kt + C \qquad T - T_e = \exp(-kt + C)$$

ここで、物体の初期温度を $T_0$ とすれば、$t = 0$ で $T = T_0$ であるから

$$T_0 - T_e = \exp C$$

よって

$$T = (T_0 - T_e)\exp(-kt) + T_e$$

## 第5章 微分方程式

となり、時間経過とともに、しだいに $T_e$ に近づいていくことが分かる。

### 5.1.5. 化学反応の式

いま物質 $A$ と物質 $B$ が反応して化合物 $AB$ ができる化学反応について考えてみる。
$$A + B \rightarrow AB$$
このとき、反応前の $A$ と $B$ の濃度をそれぞれ $a, b$ とし、反応生成物 $AB$ の濃度を $x$ と置くと、反応の速度は
$$\frac{dx}{dt} = k(a-x)(b-x)$$
で与えられる。ここで、$k$ は比例定数で反応速度係数と呼ばれる。これを解法するために、まず変数分離 (separation of variables) を行うと
$$\frac{dx}{(a-x)(b-x)} = kdt$$
となる。ここで
$$\frac{1}{(a-x)(b-x)} = \frac{1}{(x-a)(a-b)} - \frac{1}{(x-b)(a-b)}$$
と変形できるので
$$\int \frac{dx}{(a-x)(b-x)} = \frac{1}{(a-b)}\ln|x-a| - \frac{1}{(a-b)}\ln|x-b| = \frac{1}{(a-b)}\ln\left|\frac{x-a}{x-b}\right|$$
と左辺は積分できる。よって
$$\frac{1}{a-b}\ln\left|\frac{x-a}{x-b}\right| = kt + C$$
これを変形すると
$$\ln\left|\frac{x-a}{x-b}\right| = (a-b)kt + C(a-b) = (a-b)kt + C$$
ここで、反応生成物の濃度 $x$ はつねに $a, b$ よりも小さいので、絶対値記号の中はつねに正であるから
$$\frac{x-a}{x-b} = C''\exp\{(a-b)kt\}$$
となる。
つぎに $t = 0$ で $x = 0$ という初期条件から
$$\frac{0-a}{0-b} = C''\exp 0 = C''$$

となり、定数 $C''$ は

$$C'' = \frac{a}{b}$$

で与えられる。この値を上式に代入すると

$$\frac{x-a}{x-b} = \frac{a}{b}\exp\{(a-b)kt\}$$

$$x - a = \frac{a}{b}\exp\{(a-b)kt\}(x-b)$$

これを $x$ について解くと、ちょっと煩雑になるが

$$x\left\{1 - \frac{a}{b}\exp(a-b)kt\right\} = a\{1 - \exp(a-b)kt\}$$

$$x = \frac{1 - \exp(a-b)kt}{\frac{1}{a} - \frac{1}{b}\exp(a-b)kt}$$

となる。ここで、仮に $a < b$ とすると $t \to \infty$ で exp の項はすべてゼロに近づいていくので

$$x \to \frac{1-0}{\frac{1}{a} - 0} = \frac{1}{1/a} = a$$

となって、濃度の低い方の反応物と同じ濃度に近づいていくことが分かる。

このように、微分方程式は現象が少し複雑になっただけで、その解法はかなり大変になる。また、うまく解法できない場合も出てくるのである。その場合は、級数展開などを利用して近似的な解を求めることになるが、その例は第6章で紹介する。

また、指数関数は微分方程式において、その解法に大きな威力を発揮する。実は、この章でも紹介した2階1次の微分方程式は指数関数($e$)を利用することで簡単に解くことができる。それを次に示そう。

**演習 5-1** 　化学反応 $A + B \to AB$ において、物質 $A$ と $B$ の初期濃度がともに $a$ として反応を解析せよ。

解）　生成物の濃度を $x$ とすると、微分方程式は

$$\frac{dx}{dt} = k(a-x)^2$$

で与えられる。変数を分離して

$$\frac{dx}{(a-x)^2} = kdt$$

両辺の積分をとると

$$\int \frac{dx}{(a-x)^2} = \int kdt$$

ここで左辺の積分は

$$\int \frac{dx}{(a-x)^2} = \int (a-x)^{-2} dx = \frac{1}{-2+1}(a-x)^{-1}\frac{1}{(a-x)'} = \frac{1}{a-x}$$

であるから、結局

$$\frac{1}{a-x} = kt + C$$

となる。ここで $t = 0$ のとき $x = 0$ であるから $C = 1/a$

$$\frac{1}{a-x} = kt + \frac{1}{a} \qquad \frac{1}{a-x} = \frac{akt+1}{a}$$

これを $x$ について解くと

$$x = \frac{a^2 kt}{1+akt}$$

が得られる。

## 5.2. 指数関数を利用した微分方程式の解法

指数関数を利用した微分方程式の解法に出会うと、そのあざやかさに感心させられるよりも、何かうまくごまかされた気がしてしまう。なぜなら、積分を行わずに微分方程式の解法ができるうえ、あらかじめ解が用意されているからである。このため、正面から方程式に挑むのと違って、何か後ろめたさを感じてしまう。

例として、次の微分方程式を考える。

$$a\frac{d^2x}{dt^2} + b\frac{dx}{dt} + cx = 0$$

指数関数を利用する解法は、あらかじめ、この方程式の解として $x = k\exp(\lambda t)$ のかたちのものが存在すると仮定するのである。(はじめて、この手法に接すると、あらかじめ解を仮定することに違和感を覚えるが。)

次に、この微分方程式の $x$ に、$x = k\exp(\lambda t)$ を代入する。すると

$$ak\lambda^2 \exp(\lambda t) + bk\lambda \exp(\lambda t) + ck\exp(\lambda t) = (a\lambda^2 + b\lambda + c)k\exp(\lambda t) = 0$$

と変形できる。この式を満足するのは $a\lambda^2 + b\lambda + c = 0$ である。これは、$\lambda$ に関する一般的な2次方程式であるので、その解はよく知られているように、

$$\lambda = \frac{-b \pm \sqrt{b^2 - 4ac}}{2a}$$

で与えられる。これを使うと、微分方程式の一般解として

$$x = A\exp(\frac{-b + \sqrt{b^2 - 4ac}}{2a}t) + B\exp(\frac{-b - \sqrt{b^2 - 4ac}}{2a}t)$$

が得られる。ここで $A, B$ は任意の定数であり、それぞれの値は境界条件 (boundary conditions) や初期条件 (initial conditions) などで決まる。

このように、指数関数を使うと、いとも簡単に微分方程式の解法が可能となる。これが指数関数が理工系の数学で重宝される大きな理由のひとつである。このトリックは、指数関数の微分がそれ自身になるという利用価値の高い性質に拠っている。つまり

$$\frac{de^x}{dx} = e^x \quad \frac{d^2 e^x}{dx^2} = e^x \qquad \frac{d(e^{ax})}{dx} = ae^{ax} \quad \frac{d^2(e^{ax})}{dx^2} = a^2 e^{ax}$$

の関係が成立するからである。結果として、微分方程式を普通の $n$ 次方程式に変換することが可能となる。

また、あらかじめ答えが用意されているのは卑怯ではないかという意見もあろうが、数学では過去に多くの先輩が蓄積した知識を利用するということも常套手段となっている。

指数関数で表現すれば解が得られるということが分かっているのであれば、それを利用するのもひとつの知恵であろう。実は、いろいろな微分方程式を解法する過程で、特殊関数 (special functions) と呼ばれる関数群が得られているが、実際の研究の場では、これら特殊関数を利用するということを頻繁に行う。前にも話したが、一般の現象を表現する微分方程式は往々にして複雑であり、その解を初等関数だけで表すことができない場合が多い。その場合に特殊関数が役に立つ。ただし、もちろん指数関数を含めて、特殊関数がどういう過程で微分方程式の解となったかということはしっかり押さえておく必要がある。

ところで、上に示した一般解で、$\sqrt{\phantom{x}}$ の中の値（判別式: $b^2 - 4ac$）が負になる場合がある。この場合には、解に虚数 ($i$) が含まれることになるので、違和感を感じるひとも多い。しかし、虚数が含まれているからといって、実際の解が複素数ということではなく、実数部と虚数部に独立した解が得られていると考えればよいのである。

## 第5章 微分方程式

　むしろ、$e$ の肩に虚数が載っていなければ、その解は指数がマイナスの場合は単調に減少し、プラスの場合は単調に増加するだけであるので、物理現象としてみると面白くないのである。虚数の場合だけ振動が繰り返される現象となる。だんだん慣れてくると、解として $\exp i \bigcirc$ のかたちを見ただけで、しめたと思うようになる。

　しかし、虚数が入っていると取り扱いが面倒であるのも確かである。このため、オイラーの公式 $e^{\pm ix} = \cos x \pm i \sin x$ を使って、実数部と虚数部に分離する操作を行う。すると、取り扱いが便利になる。具体例で見てみよう。

### 5.2.1. 単振動の微分方程式

単振動 (simple harmonic motion) に関する微分方程式をふたたび書くと

$$m\frac{d^2 x}{dt^2} + kx = 0$$

これは、2階の微分方程式であり、前節の公式を使うと、$a = m, b = 0, c = k$ であるから、判定式 $b^2 - 4ac < 0$ となり、その解は虚数を含んだものとなる。

　この一般解は

$$x = A\exp(i\sqrt{\frac{k}{m}}t) + B\exp(-i\sqrt{\frac{k}{m}}t)$$

で与えられる。ここで、$\omega^2 = k/m$ と置くと $x = A\exp(i\omega t) + B\exp(-i\omega t)$ という虚数 $i$ の入った解が得られる。オイラーの公式を使って、この式を実数部と虚数部に分けると

$$x = A(\cos\omega t + i\sin\omega t) + B(\cos\omega t - i\sin\omega t) = (A+B)\cos\omega t + i(A-B)\sin\omega t$$

となり、実数成分と虚数成分を取り出すと

$$\text{Re}(x) = (A+B)\cos\omega t \qquad \text{Im}(x) = (A-B)\sin\omega t$$

が得られる。これらをもとの微分方程式に代入すれば、両方とも解 (solution) であることが分かる。これに $t = 0$ の時 $x = 2A$ という初期条件を入れれば、

$$x = 2A\cos\omega t$$

が解として得られる。これは、図5-4に示すように振幅が $2A$ で角速度 (angular frequency of oscillation) が $\omega$ の単振動に相当する。

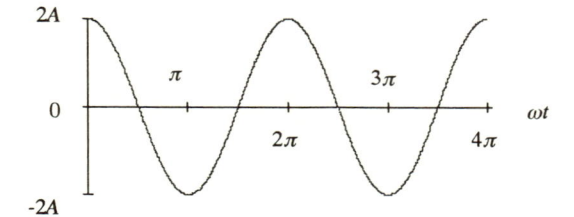

**図 5-4** 単振動に対応した微分方程式の解である $2A\cos\omega t$。図のように振幅 $2A$ で振動を繰り返す。

この初期条件を変えて、$t=0$ の時 $x=0$ を与えると、解としては
$$x = 2A\sin\omega t$$
となり、虚数成分が解となる。このように、解として複素数が得られたとしても、それぞれの実数部分が双方とも微分方程式の解となる。その後、初期条件などによって、実際の解が求まることになる。

これを簡単に説明すれば、例えば
$$x + yi = u + vi$$
という複素数の等式があった場合、これを満足するには
$$x = u \quad かつ \quad y = v$$
でなければならず、実数部はあくまで実数部だけで、虚数部は虚数部どうしで等しくなければならないからである。この時、実数部がどうであろうと虚数部には影響がないし、虚数部がどうであろうと、実数部には関係がない。

### 5.2.2. まさつのある振動

冒頭で紹介したように、実際の振動にはまさつ (damping) が働く場合が多い。このときの微分方程式は
$$m\frac{d^2x}{dt^2} + \nu\frac{dx}{dt} + kx = 0$$
であった。

よって $x = k\exp(\lambda t)$ という解を仮定すると
$$\lambda = \frac{-\nu \pm \sqrt{\nu^2 - 4mk}}{2m}$$
が得られ、一般解は
$$x = A\exp(\frac{-\nu + \sqrt{\nu^2 - 4mk}}{2m}t) + B\exp(\frac{-\nu - \sqrt{\nu^2 - 4mk}}{2m}t)$$

## 第5章 微分方程式

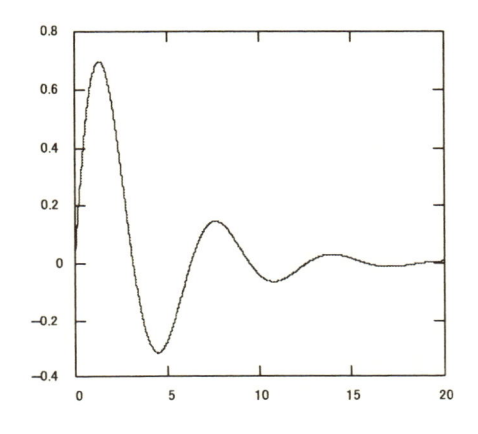

**図 5-5** まさつのある振動に対応した微分方程式の解。単振動に対応した $\sin t$ の前に減衰に対応した $\exp(-kt)$ がつく。この項によって振幅はしだいに小さくなっていく。

となる。ここで $A, B$ は任意の定数である。

**演習 5-2** 次の微分方程式を解法せよ。

$$\frac{d^2x}{dt^2} + 4\frac{dx}{dt} + 8x = 0$$

解)この一般解は $x = A\exp(-2+2i)t + B\exp(-2-2i)t$ で与えられる。これを実数部と虚数部に分けると

$$x = A\exp(-2t)\cdot\exp i2t + B\exp(-2t)\cdot\exp(-i2t)$$
$$= A\exp(-2t)(\cos 2t + i\sin 2t) + B\exp(-2t)(\cos 2t - i\sin 2t)$$
$$= (A+B)\exp(-2t)\cos 2t + i(A-B)\exp(-2t)\sin 2t$$

となる。実数部と虚数部はそれぞれ

$$\text{Re}(x) = (A+B)\exp(-2t)\cos 2t \qquad \text{Im}(x) = (A-B)\exp(-2t)\sin 2t$$

で表される。ここで、これらの値を最初の微分方程式に代入すると、実数成分も虚数成分も、その解であることが確かめられる。また、虚数がついてはいるものの、その実数成分 $(A-B)\exp(-2t)\sin 2t$ が解であり、実際の解としては実数成分を考えればよいことが分かる。もちろん、初期条件として $t = 0$ の時に $x = 2A$ を与えれば、解としては $2A\exp(-2t)\cos 2t$ が得られる。どちらの場合にも、単振動に $\exp(-2t)$ の項が付加されている。これは、時間とともに減衰することに対応した項である（図5-5を参照）。

### 5.2.3. 強制振動の方程式

実際の運動では、まさつがあるので前項で示したように運動はすぐに減衰し止まってしまう。振動を継続させるためには、外部から強制的に振動させる必要がある。このような運動を強制振動 (forced oscillation) と呼んでいる。

この場合、外部からの力を

$$F = F_0 \exp(i\omega t)$$

とする。虚数が入っているのは強制力がつねに振動していることを反映している。ここで、$\sin\omega t$ や $\cos\omega t$ を入れてもよいが、せっかく $\exp i\omega t$ が振動を表現する道具と分かっているうえ、微分方程式の解は指数関数のかたちをとるから、こう表現した。すると、強制振動の微分方程式は

$$m\frac{d^2x}{dt^2} + \nu\frac{dx}{dt} + kx = F_0 \exp i\omega t$$

と与えられる。ここで、解としては、強制振動の振動に対応したものが得られると予想されるので項 $\exp i\omega t$ を含むはずである。よって

$$x = A \exp i\omega t$$

と仮定して、上式に代入して探りを入れてみる。すると

$$\left(-mA\omega^2 + iA\nu\omega + Ak\right)\exp i\omega t = F_0 \exp i\omega t$$

となり、$A$ が満たすべき条件は

$$A = \frac{F_0}{-m\omega^2 + i\nu\omega + k} = \frac{F_0}{(k - m\omega^2) + i\nu\omega}$$

となる。よって解は

$$x = \frac{F_0 \exp i\omega t}{(k - m\omega^2) + i\nu\omega}$$

で与えられる。ただし、ここで気をつけるのは、この解はあくまでも特別解、つまり解のひとつに過ぎない点である。なぜなら

$$m\frac{d^2x}{dt^2} + \nu\frac{dx}{dt} + kx = 0$$

を満足する解はすべて、この特別解に足しても上記の微分方程式を満足するからである。実際の解は、初期条件などを与えることによって決定される。

このまま終わってもよいのだが、せっかくの機会なので、得られた係数 $A$ についてさらにくわしく解析をしてみよう。さて、係数 $A$ には虚数が含まれており、複素数である。そこで、分母を実数化すると

第 5 章　微分方程式

$$A = \frac{F_0\{(k-m\omega^2)-i\nu\omega\}}{\{(k-m\omega^2)+i\nu\omega\}\{(k-m\omega^2)-i\nu\omega\}}$$

これを整理すると

$$A = \frac{F_0}{\{(k-m\omega^2)^2+(\nu\omega)^2\}}\{(k-m\omega^2)-i\nu\omega\}$$

このままでは式が煩雑であるから、これを簡単化する。
　複素数の極形式を使って

$$A = Be^{-i\varphi} = B\exp(-i\varphi)$$

と置くことができる。ここで、少し煩雑ではあるが、$B$ および $\varphi$ は

$$B = \frac{F_0}{\sqrt{(k-m\omega^2)^2+(\nu\omega)^2}}$$

$$\cos\varphi = \frac{k-m\omega^2}{\sqrt{(k-m\omega^2)^2+(\nu\omega)^2}} \qquad \sin\varphi = \frac{\nu\omega}{\sqrt{(k-m\omega^2)^2+(\nu\omega)^2}}$$

で与えられる。よって、解は

$$x = A\exp i\omega t = B\exp(-i\varphi)\exp i\omega t = B\exp i(\omega t - \varphi)$$

のかたちを持つことになる。これは、現象論的に考えれば、外部から強制的に与えている振動に対して、系は $\varphi$ だけ遅れて応答していることになり、$\varphi$ のことを遅れ角 (angle of lag) と呼んでいる。

## 5.3.　電気回路の解析

　何らかの現象を数学的に解析するとき、まず、その現象の構成要素の微分による表式を考える。つぎに、それぞれの構成要素がどのような関係で結びついているかをまとめることで、その現象に対応した微分方程式をたてる。最後に、その解法を行うことにより現象の全体像を掴む。これが解析手段の典型であることを説明してきた。ここでは、代表例として交流回路について解析してみよう。

### 5.3.1.　交流回路の微分方程式の構成要素

　交流回路の解析を行うための下準備として、交流電流が電気抵抗、コンデンサー、コイルに流れた時の構成要素の基礎方程式をまず求める。これらは

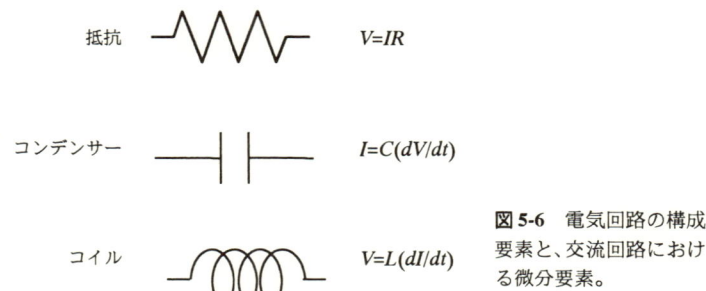

|  |  |  |
|---|---|---|
| 抵抗 | ─/\/\/\─ | $V = IR$ |
| コンデンサー | ─┤├─ | $I = C(dV/dt)$ |
| コイル | ─◠◠◠◠─ | $V = L(dI/dt)$ |

**図 5-6** 電気回路の構成要素と、交流回路における微分要素。

図 5-6 に示すように、それぞれ

$$V = IR \quad I = C\frac{dV}{dt} \quad V = L\frac{dI}{dt}$$

で与えられることが分かっている。

ここで $I$ は電流 (electric current)、$R$ は電気抵抗 (electric resistance)、$V$ は電圧 (voltage)、$C$ はコンデンサー (condenser) のキャパシタンス (capacitance)、$L$ はコイル (coil) のインダクタンス (inductance) である。

まず、最初の式は、有名なオームの法則であり、直流回路でも成立する。次はコンデンサーの式であるが、もちろん直流ではコンデンサーには電流が流れずに、電気は両電極板に正負のかたちで蓄積されている。しかし、外部電圧が振動すると、その影響で静止していた電極板の電子が運動するので電流が発生する。それが 2 番目の式である。最後の式は、電流が時間変化すると、コイルのインダクタンスで電圧が発生することを示す式である。

ここで、いま $I = I_0 \cos\omega t$ の交流電流が流れているとする。すると、抵抗に発生する電圧は

$$V = IR = RI_0 \cos\omega t$$

となる。コイルに発生する電圧は

$$V = L\frac{dI}{dt} = LI_0 \frac{d(\cos\omega t)}{dt} = -I_0 \omega L \sin\omega t = I_0 \omega L \cos(\omega t + \frac{\pi}{2})$$

コンデンサーの場合には

$$V = \frac{1}{C}\int I\,dt = \frac{1}{C}\int I_0 \cos\omega t\,dt = \frac{I_0}{\omega C}\sin\omega t = \frac{I_0}{\omega C}\cos(\omega t - \frac{\pi}{2})$$

となる。

次に、複素数表示を使って、交流の抵抗成分を求めてみよう。ここで、交

第 5 章　微分方程式

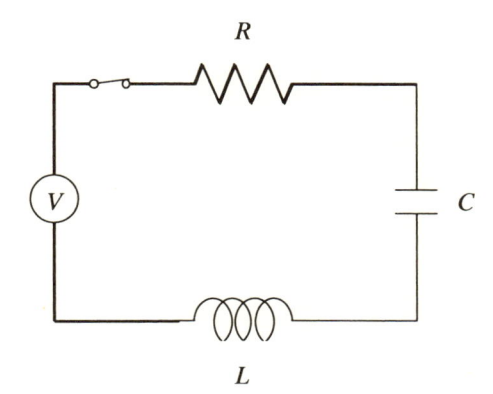

**図 5-7**　抵抗、コンデンサー、コイルを直列につないだ回路。

流電流として $I = I_0 \exp i\omega t$ を考える。このように交流電流を複素数で表示すると、電流成分としては $\cos\omega t$ と、ちょうど $\pi/2$ だけ位相のずれた $\sin\omega t$ （虚数成分で $i\sin\omega t$）を同時に含んでいることになる。

これを先ほどの式に代入すれば、それぞれ

$$V = IR = RI_0 \exp i\omega t$$

$$V = L\frac{dI}{dt} = I_0 L \frac{d(\exp i\omega t)}{dt} = i\omega L I_0 \exp i\omega t$$

$$V = \frac{1}{C}\int I_0 \exp(i\omega t)dt = \frac{1}{i\omega C}I_0 \exp i\omega t = -i\frac{1}{\omega C}I_0 \exp i\omega t$$

となって、$R$ に等価なものとして、コイルとコンデンサーでは、それぞれ $i\omega L$ と $-i\dfrac{1}{\omega C}$ が得られることが分かる。

### 5.3.2.　交流回路の解析

ここで、簡単な例として、図 5-7 に示すように、抵抗、コンデンサー、コイルを直列につないだ場合を考えてみよう。

この時

$$V = IR + L\frac{dI}{dt} + \frac{1}{C}\int I\,dt$$

という微分方程式が得られる。これを $t$ でさらに微分すると

$$L\frac{d^2I}{dt^2} + R\frac{dI}{dt} + \frac{1}{C}I = 0$$

と変形できる。これは、典型的な2階の微分方程式である。よって、一般解は簡単に求まり

$$I = A\exp\left(\frac{-R + \sqrt{R^2 - 4\frac{L}{C}}}{2L}\right)t + B\exp\left(\frac{-R - \sqrt{R^2 - 4\frac{L}{C}}}{2L}\right)t$$

で与えられる。ここで、

$$2\alpha = \frac{R}{L} \qquad \omega_0^2 = \frac{1}{LC}$$

とし、さらに

$$\omega^2 = \omega_0^2 - \alpha^2$$

と置き換えると、一般解は

$$I = A\exp(-\alpha + i\omega)t + B\exp(-\alpha - i\omega)t$$

で与えられる。
　これ以降は境界条件や初期条件を規定することで、より具体的な解を得ることができる。

### 5.3.3. 電圧が変動する場合の微分方程式
　いま、コンデンサーとコイルと電気抵抗が直列につながれた回路に交流電圧を加えた場合の解析を考えてみよう。
　ここで交流電源として電圧が $V = E_0\exp(i\omega t)$ とすると、

$$L\frac{dI}{dt} + RI + \frac{1}{C}\int I dt = V = E_0 e^{i\omega t}$$

となる。これを $t$ でさらに微分すると、

$$L\frac{d^2I}{dt^2} + R\frac{dI}{dt} + \frac{I}{C} = i\omega E_0 e^{i\omega t}$$

となる。これは5.2.3項で扱った強制振動と同様のかたちをしている。この解を $I = Ae^{i\omega t}$ と置いて、上式に代入し $A$ を求めると、解は

## 第5章 微分方程式

$$I = \frac{i\omega E_0 e^{i\omega t}}{-\omega^2 L + i\omega R + \dfrac{1}{C}}$$

となる。右辺の分母と分子を $i\omega$ で割ると

$$I = \frac{E_0 e^{i\omega t}}{R + i\left(L\omega - \dfrac{1}{C\omega}\right)}$$

この式を見れば分かるように、最初の式において

$$I\text{の微分} \to i\omega I \qquad I\text{の積分} \to -(i/\omega)I$$

と置き換えて、次に示すように、$I$ についての単純な四則計算 (arithmetic calculation) を行ったものである。

$$L\frac{dI}{dt} + RI + \frac{1}{C}\int I\,dt = E_0 e^{i\omega t}$$
$$\downarrow$$
$$i\omega L I + RI - i\frac{1}{C\omega}I = E_0 e^{i\omega t}$$
$$\downarrow$$
$$I\left(R + i(L\omega - \frac{1}{C\omega})\right) = E_0 e^{i\omega t}$$
$$\downarrow$$
$$I = \frac{E_0 e^{i\omega t}}{R + i\left(L\omega - \dfrac{1}{C\omega}\right)}$$

この式は分母の実数化を行って変形すると、5.2.3項で示したように最終的には

$$I = B \exp i\,(\omega t - \varphi)$$

というかたちに整理できる。ここで $\varphi$ は遅れ角と呼ばれる。ここで、強制振動の時を思い出すと

$$\cos\varphi = \frac{R}{\sqrt{R^2 + \left(L\omega - \dfrac{1}{C\omega}\right)^2}} \qquad \sin\varphi = \frac{\left(L\omega - \dfrac{1}{C\omega}\right)}{\sqrt{R^2 + \left(L\omega - \dfrac{1}{C\omega}\right)^2}}$$

で与えられる。ここで$\omega$を適当に選べば、遅れ角$\varphi$を0にすることができる。$\varphi = 0$のとき$\sin\varphi = 0$であるから

$$L\omega - \frac{1}{C\omega} = 0 \quad L\omega = \frac{1}{C\omega} \quad \therefore \omega^2 = \frac{1}{LC}$$

となる。つまり$\omega$が$\sqrt{\dfrac{1}{LC}}$の場合に遅れ角がゼロになる。このとき、確かに$\cos\varphi = 1$となっている。

周波数 ($f$) は$\omega = 2\pi f (f = \omega/2\pi)$で与えられるので、次の周波数で交流回路の出力が非常に大きくなる。

$$f = \frac{\omega}{2\pi} = \frac{1}{2\pi\sqrt{LC}}$$

これが有名な交流回路の共振現象であり、この周波数を共振周波数 (resonance frequency) と呼んでいる。

**演習 5-3** インダクタンス$L$のコイルと電気抵抗$R$が直列につながった回路に交流電圧$E\exp(i\omega t)$を加えた場合の電流の変化を求めよ。

解） この回路の微分方程式は

$$L\frac{dI}{dt} + RI = Ee^{i\omega t}$$

で与えられる。この解を$I = A\exp(i\omega t)$とすると

$$LAi\omega e^{i\omega t} + RAe^{i\omega t} = Ee^{i\omega t}$$

Aが満足すべき方程式は

$$LAi\omega + RA = E$$

であるから

第 5 章　微分方程式

$$A = \frac{E}{R + iL\omega}$$

よって、解は

$$I = Ae^{i\omega t} = \frac{E}{R + iL\omega}e^{i\omega t}$$

と与えられる。

このままでもよいが、分母分子に $R - iL\omega$ をかけて

$$I = \frac{E(R - iL\omega)}{(R + iL\omega)(R - iL\omega)}e^{i\omega t} = \frac{E(R - iL\omega)}{R^2 + L^2\omega^2}(\cos\omega t + i\sin\omega t)$$

この実数部は

$$I = \frac{ER}{R^2 + L^2\omega^2}\cos\omega t + \frac{EL\omega}{R^2 + L^2\omega^2}\sin\omega t$$

また虚数部は

$$I = \frac{ER}{R^2 + L^2\omega^2}\sin\omega t - \frac{EL\omega}{R^2 + L^2\omega^2}\cos\omega t$$

となり、いずれも解となる。

このように、解が指数関数のかたちをとると仮定すると、多くの微分方程式を単純な計算で解くことができる。

## 5.4.　特殊関数

微分方程式を解法することは、それほど簡単ではないことを何度か紹介した。そこで、べき級数展開 (power series expansion) を利用して微分方程式を解く試みがよく行われる。復習すると、ある微分方程式が与えられた時に、その解として

$$y = f(x) = a_0 + a_1 x + a_2 x^2 + a_3 x^3 + \ldots + a_n x^n + \ldots$$

を仮定する。すると、この展開式の微分や積分は項別に簡単に計算できるので、係数間にどのような特徴があるかを調べることで、解がどのようなものかを探ることができる。もちろん、この手法は万能ではないが、いくつかの微分方程式で級数解が得られている。

この過程で特殊関数 (special functions) と呼ばれる多くの関数が生まれている。初学者は、いったいどのような経緯で特殊関数が生まれ、それが、どうして理工系の数学で頻繁に利用されるかが分かりにくい。というのも、突然、「この現象はベッセル関数 (Bessel function) で表現することができる」という

ように、何のことわりもなく特殊関数が出てきて、その由来については全く分からないからである。さらに、教科書によって特殊関数の表記法が異なっていることも混乱を与える。これは、微分方程式の解として、何種類かの級数解があるうえ、その表現に自由度があるためである。そこで、特殊関数についても簡単に触れておく。

### 5.5. ベッセル微分方程式

次の微分方程式をベッセルの微分方程式 (Bessel's differential equation) と呼んでいる。当初、ケプラー (Kepler) の惑星の運動に関する方程式 (Kepler's problem) を解く過程で得られた微分方程式であるが、その後、多くの分野で同じかたちをした微分方程式が得られることが分かってから、理工系分野ではよく登場する。

$$x^2 \frac{d^2 y}{dx^2} + x \frac{dy}{dx} + (x^2 - m^2)y = 0$$

$$(x^2 y'' + xy' + (x^2 - m^2)y = 0)$$

これは、2 階 3 次の微分方程式である。ここで、$m$ は任意の実数であるが、簡単のために、まず $m = 0$ の場合を考えてみよう。

#### 5.5.1. ゼロ次のベッセル関数

$m = 0$ の場合のベッセルの微分方程式は

$$x^2 y'' + xy' + x^2 y = 0$$

となる。この方程式の解を

$$y = a_0 + a_1 x + a_2 x^2 + a_3 x^3 + \ldots + a_n x^n + \ldots$$

と仮定する。べき級数展開式の導関数は簡単に求められ

$$y' = a_1 + 2a_2 x + 3a_3 x^2 + \ldots + n a_n x^{n-1} + (n+1) a_{n+1} x^n + \ldots$$

$$y'' = 2a_2 + 3 \cdot 2 a_3 x + \ldots + n(n-1) a_n x^{n-2} + (n+1) n a_{n+1} x^{n-1} + \ldots$$

と与えられる。これを、ベッセルの微分方程式に代入する。

$$x^2 y'' = 2a_2 x^2 + 3 \cdot 2 a_3 x^3 + \ldots + n(n-1) a_n x^n + (n+1) n a_{n+1} x^{n+1} + \ldots$$

$$xy' = a_1 x + 2a_2 x^2 + 3a_3 x^3 \ldots + n a_n x^n + (n+1) a_{n+1} x^{n+1} + \ldots$$

第5章 微分方程式

$$x^2 y = a_0 x^2 + a_1 x^3 + a_2 x^4 + a_3 x^5 + \ldots + a_n x^{n+2} + \ldots$$

ここで、微分方程式を満足するためには、これらを足しあわせてできるべき級数のすべての項の係数がゼロでなければならない。よって

$a_1 = 0$
$4a_2 + a_0 = 2^2 a_2 + a_0 = 0$
$(3 \cdot 2 + 3)a_3 + a_1 = 3^2 a_3 + a_1 = 0$
$(4 \cdot 3 + 4)a_4 + a_2 = 4^2 a_4 + a_2 = 0$
$(5 \cdot 4 + 5)a_5 + a_3 = 5^2 a_5 + a_3 = 0$
　　……
$\{(n-1) \cdot (n-2) + (n-1)\}a_{n-1} + a_{n-3} = (n-1)^2 a_{n-1} + a_{n-3} = 0$
$\{n \cdot (n-1) + n\}a_n + a_{n-2} = n^2 a_n + a_{n-2} = 0$
$\{(n+1) \cdot n + (n+1)\}a_{n+1} + a_{n-1} = (n+1)^2 a_{n+1} + a_{n-1} = 0$
　　……

ここで $a_1 = 0$ であるから、$a_3 = 0$ となり、同様にして

$$a_{2n+1} = 0 \qquad (n = 1, 2, 3, \ldots)$$

となることが分かる。つぎに2番め以降の式から

$$a_2 = -\frac{a_0}{2^2}$$

$$a_4 = -\frac{a_2}{4^2} = \frac{a_0}{2^2 4^2}$$

$$a_6 = -\frac{a_4}{6^2} = -\frac{a_0}{2^2 4^2 6^2}$$

となり、結局求める解は

$$y = a_0 - \frac{a_0}{2^2} x^2 + \frac{a_0}{2^2 4^2} x^4 - \frac{a_0}{2^2 4^2 6^2} x^6 + \ldots$$

という級数が得られる。これは $m = 0$ の場合のベッセル関数である。

**5.5.2.** $m \neq 0$ のベッセル微分方程式の解

それでは、同様の手法を用いて、より一般的な微分方程式に挑戦してみよう。つまり

$$x^2 y'' + xy' + (x^2 - m^2) y = 0$$

の場合を取り扱う。ただし、$m$ は正の整数とする。

$$x^2 y'' = \qquad 2a_2 x^2 + 3 \cdot 2 a_3 x^3 + \ldots + n(n-1)a_n x^n + (n+1)n a_{n+1} x^{n+1} + \ldots$$

$$xy' = \qquad a_1 x + 2a_2 x^2 + \ 3a_3 x^3 + \ldots + n a_n x^n + (n+1) a_{n+1} x^{n+1} + \ldots$$

$$x^2 y = \qquad a_0 x^2 + \ a_1 x^3 + a_2 x^4 + a_3 x^5 + \ldots + a_n x^{n+2} + \ldots$$

に $-m^2 y$ を加えればよいことになる。ここで

$$-m^2 y = \ -m^2 a_0 - m^2 a_1 x - m^2 a_2 x^2 - m^2 a_3 x^3 - \ldots - m^2 a_n x^n - \ldots$$

そのうえで、すべての $x^n$ のべきの項の係数がゼロとなることから、まず $-m^2 a_0 = 0$ より $a_0 = 0$ となる。つぎに $x$ の項では

$$a_1 - m^2 a_1 = a_1 (1 - m^2) = 0$$

となる。ここで、2通りのケースがある。つまり $a_1 = 0$ と $1 - m^2 = 0$ である。$a_1$ が 0 ではないとすると、$m = 1$ となる。すると、その後の関係は

$$2a_2 + 2a_2 - a_2 + a_0 = 0$$
$$3 \cdot 2 a_3 + 3a_3 - a_3 + a_1 = 0$$
$$4 \cdot 3 a_4 + 4a_4 - a_4 + a_2 = 0$$
$$5 \cdot 4 a_5 + 5a_5 - a_5 + a_3 = 0$$
$$\ldots\ldots$$

となって、$a_{2n}$ の項は、すべて 0 となる。ここで、一般式の係数を書くと

$$n(n-1)a_n + n a_n - a_n + a_{n-2} = 0$$

よって

$$(n+1)(n-1)a_n + a_{n-2} = 0 \qquad \therefore a_n = -\frac{1}{(n+1)(n-1)} a_{n-2} (n \geq 3)$$

となる。$n$ が奇数であることを考慮すると

$$a_3 = -\frac{1}{4 \cdot 2} a_1$$
$$a_5 = -\frac{1}{6 \cdot 4} a_3 = \frac{1}{(6 \cdot 4)(4 \cdot 2)} a_1$$
$$a_7 = -\frac{1}{8 \cdot 6} a_5 = -\frac{1}{(8 \cdot 6)(6 \cdot 4)(4 \cdot 2)} a_1$$

とつづいて一般式の係数は $k$ を整数 (1, 2, 3....) として

$$a_{2k+1} = (-1)^k \frac{1}{2^{2k}(k+1)!k!} a_1$$

で与えられる。よって、求める解の級数は

$$y = a_1 x - \frac{a_1}{4 \cdot 2} x^3 + \frac{a_1}{(6 \cdot 4)(4 \cdot 2)} x^5 + ... + (-1)^k \frac{a_1}{2^{2k}(k+1)!k!} x^{2k+1} + ...$$

と与えられる。これを1次のベッセル関数と呼んでいる。

次に、最初の条件で $m=1$ ではなく、$a_1 = 0$ とすると、次の選択肢として、$a_2 = 0$ あるいは $4-m^2 = 0$ のいずれかとなり、後者を選択すると、それは $m=2$ となって、その級数解を求めると、2次のベッセル関数となる。

このまま続けてもよいのであるが、ある程度規則性が分かっているので、より一般的な解を求めることを考えてみよう。

### 5.5.3. 一般のベッセル関数

以上の操作をみると、最初の条件であらかじめ $a_{n-1}$ までの項をゼロとして $a_n$ の項がゼロではないとすると、$n^2 - m^2 = 0$ でなければならないので、$m=n$ となる。これについては、後で確認する。

すると、級数展開は

$$y = a_n x^n + a_{n+1} x^{n+1} + a_{n+2} x^{n+2} + ... + a_{n+k} x^{n+k} + ... \qquad (a_n \neq 0)$$

となる。これを微分方程式に代入すると

$$y' = a_n n x^{n-1} + a_{n+1}(n+1) x^n + a_{n+2}(n+2) x^{n+1} + ... + a_{n+k}(n+k) x^{n+k-1} + ...$$

$$y'' = a_n n(n-1) x^{n-2} + a_{n+1}(n+1)n x^{n-1} + ... + a_{n+k}(n+k)(n+k-1) x^{n+k-2} + ...$$

となる。煩雑になるので、これ以降は一般式を使って計算をする。すると

$$x^2 y'' = \sum_{k=0}^{\infty} a_{n+k}(n+k)(n+k-1) x^{n+k}$$

$$xy' = \sum_{k=0}^{\infty} a_{n+k}(n+k) x^{n+k}$$

$$(x^2 - m^2) y = \sum_{k=0}^{\infty} a_{n+k} x^{n+k+2} - m^2 \sum_{k=0}^{\infty} a_{n+k} x^{n+k}$$

ここで、$x^n$ の項の係数をみると

$$\{n(n-1) + n - m^2\} a_n = (n^2 - m^2) a_n = 0$$

であり、$a_n$ はゼロではないから、冒頭でも示したように $m = n$ となる。これは、0次1次の場合と同様である。次に、$x^{n+1}$ の項の係数は

$$\{(n+1)n + (n+1) - m^2\}a_{n+1} = 0$$

となるが、$m = n$ を代入すると

$$\{(n+1)n + (n+1) - n^2\}a_{n+1} = (2n+1)a_{n+1} = 0$$

であり、$2n+1$ は 0 とはならないので $a_{n+1} = 0$ でなければならない。これ以降の項の係数を一般式で示すと

$$\{(n+k+2)(n+k+1) + (n+k+2) - n^2\}a_{n+k+2} + a_{n+k} = 0 \quad (k = 0, 1, 2, 3, \ldots)$$

となる。これを整理すると

$$\{(n+k+2)^2 - n^2\}a_{n+k+2} + a_{n+k} = 0$$
$$(2n+k+2)(k+2)a_{n+k+2} + a_{n+k} = 0$$
$$a_{n+k+2} = -\frac{1}{(2n+k+2)(k+2)}a_{n+k}$$

という漸化式ができる。ここで $a_{n+1}$ は 0 であるから、$k$ が奇数の項はすべて 0 となることがまず分かる。この関係を踏まえたうえで、$a_n$ を使って、係数を求めると

$$a_{n+2} = -\frac{1}{(2n+2)2}a_n = -\frac{1}{2^2(n+1)}a_n$$

$$a_{n+4} = -\frac{1}{(2n+4)4}a_{n+2} = -\frac{1}{2^2(n+2)}a_{n+2} = \frac{1}{2^4 2(n+1)(n+2)}a_n$$

$$a_{n+6} = -\frac{1}{(2n+6)6}a_{n+4} = -\frac{1}{2^2(n+3)3}a_{n+4} = -\frac{1}{2^6 2 \cdot 3(n+1)(n+2)(n+3)}a_n$$

と順次計算できて、一般式にすると

$$a_{n+2k} = \frac{(-1)^k}{2^{2k} \cdot k! \frac{(n+k)!}{n!}}a_n = \frac{(-1)^k n!}{2^{2k} \cdot k!(n+k)!}a_n$$

となる。よってベッセル関数は

$$y = \sum_{k=0}^{\infty} \frac{(-1)^k n!}{2^{2k} \cdot k!(n+k)!}a_n x^{n+2k}$$

となる。これが一般式である。ただし、実際には任意係数($a_n$)を適当に指定して、別なかたちの式で表すことも多い。例えば

第 5 章　微分方程式

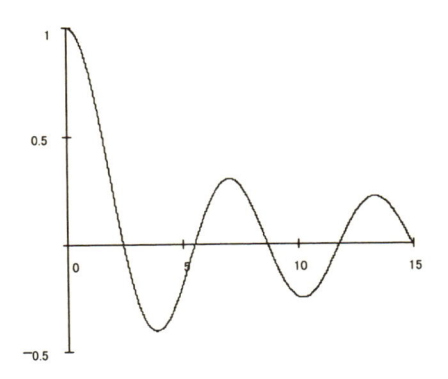

**図 5-8**　ゼロ次のベッセル関数（$J_0(x)$）のグラフ。三角関数とほぼ同じ周期（$2\pi$）で振動しながら減衰していくことが分かる。この性質のため理工系の数学ではよく登場する関数である。

$$a_n = \frac{1}{2^n n!}$$

とおいて、上式に代入すると

$$y = \sum_{k=0}^{\infty} \frac{(-1)^k}{k!(n+k)!}\left(\frac{x}{2}\right)^{n+2k}$$

とすっきりする。これを

$$J_n(x) = \frac{1}{n!}\left(\frac{x}{2}\right)^n - \frac{1}{(n+1)!}\left(\frac{x}{2}\right)^{n+2} + \frac{1}{2!(n+2)!}\left(\frac{x}{2}\right)^{n+4} + \ldots + \frac{(-1)^k}{k!(n+k)!}\left(\frac{x}{2}\right)^{n+2k} + \ldots$$

と書いて、$n$ 次の第 1 種ベッセル関数 (Bessel function of the first kind of order $n$) と呼ぶ。第 1 種と呼ぶのは、（ここでは紹介しないが）別解として、この級数を変形した第 2 種が存在するからである。

$n$ に具体的な数値を与えると、例えば $n = 0$ では

$$J_0(x) = 1 - \left(\frac{x}{2}\right)^2 + \frac{1}{(2!)^2}\left(\frac{x}{2}\right)^4 + \ldots + \frac{(-1)^k}{(k!)^2}\left(\frac{x}{2}\right)^{2k} + \ldots$$

となる。これをグラフに示すと、図 5-8 に示すように、$x = 0$ では大きさが 1 であり、それが振動しながら次第に振幅が小さくなっていく様子が分かる。また、波の周期は、ほぼ $2\pi$ (6.28) であることも分かる。つまり、三角関数に似た周期を有し、その振動が減衰していく。多くの物理現象で同様の変化が見られることから、応用上重要な関数となっている。

次に、$n = 1$ を代入すると

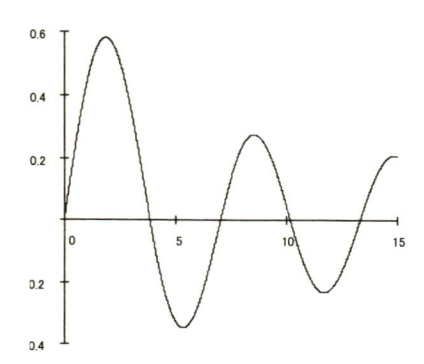

**図 5-9** 1次のベッセル関数 ($J_1(x)$) のグラフ。

$$J_1(x) = \frac{x}{2} - \frac{1}{2!}\left(\frac{x}{2}\right)^3 + \frac{1}{2!3!}\left(\frac{x}{2}\right)^5 + \ldots + \frac{(-1)^k}{k!(1+k)!}\left(\frac{x}{2}\right)^{2k+1} + \ldots$$

となる。これを1次の第一種ベッセル関数と呼んでいる。このグラフは、図 5-9 に示すように、原点では振幅が 0 で、それが振動を繰り返しながら、次第に減衰していく。よって 0 次のベッセル関数を補完することができる。

このように級数展開式を解として仮定したうえで、係数間の関係を調べることにより、種々の微分方程式の解となる級数を求めることができる。級数解は、任意の係数がついているので、多くの解が存在するうえ、その代数和もまた解であるから、多くの級数解が得られることになる。

特に、ここで紹介したベッセル関数は拡張性が高く、$n$ を負の整数に拡張したり、整数のかわりに実数に拡張したりすることもできる。また、変数を複素数とすると、変形ベッセル関数が得られる。ただし、基本的な考え方は変わらない。どのような場面で使うかによって、便利なようにかたちを変えるだけである。ベッセル関数と同様に、級数展開式を利用した微分方程式を解く過程で誕生した特殊関数が数多く存在する。そこで、特殊関数をもうひとつ紹介する。

## 5.6. ルジャンドル微分方程式

ベッセル微分方程式と並んで有名なものに、次のルジャンドルの微分方程式 (Legendre's differential equation) がある。

$$(1-x^2)\frac{d^2y}{dx^2} - 2x\frac{dy}{dx} + m(m+1)y = 0$$
$$((1-x^2)y'' - 2xy' + m(m+1)y = 0)$$

## 第5章 微分方程式

ここで、$m$ はゼロまたは正の整数である。この場合も級数解を仮定して、係数間の関係を求めることで特殊関数が得られる。

### 5.6.1. ルジャンドル方程式の解

ルジャンドル方程式の解を

$$y = a_0 + a_1 x + a_2 x^2 + a_3 x^3 + \ldots + a_n x^n + \ldots$$

と仮定する。べき級数展開式の導関数は簡単に求められ

$$y' = a_1 + 2a_2 x + 3a_3 x^2 + \ldots + na_n x^{n-1} + (n+1)a_{n+1} x^n + \ldots$$

$$y'' = 2a_2 + 3 \cdot 2a_3 x + \ldots + n(n-1)a_n x^{n-2} + (n+1)na_{n+1} x^{n-1} + \ldots$$

と与えられる。これを、ルジャンドルの微分方程式に代入する。

$$y'' = 2a_2 + 3 \cdot 2a_3 x + \ldots + n(n-1)a_n x^{n-2} + (n+1)na_{n+1} x^{n-1} + \ldots$$
$$-x^2 y'' = -2a_2 x^2 - 3 \cdot 2a_3 x^3 - \ldots - n(n-1)a_n x^n - (n+1)na_{n+1} x^{n+1} - \ldots$$
$$-2xy' = -2a_1 x - 4a_2 x^2 - 6a_3 x^3 - \ldots - 2na_n x^n - 2(n+1)a_{n+1} x^{n+1} - \ldots$$
$$m(m+1)y = m(m+1)a_0 + m(m+1)a_1 x + m(m+1)a_2 x^2 + \ldots + m(m+1)a_n x^n + \ldots$$

これを、すべて加えてできる多項式のすべての係数がゼロとなるので

$$m(m+1)a_0 + 2a_2 = 0$$
$$\{m(m+1) - 2\}a_1 + 3 \cdot 2a_3 = 0$$
$$\{m(m+1) - 4 - 2\}a_2 + 4 \cdot 3a_4 = 0$$
$$\{m(m+1) - 6 - 3 \cdot 2\}a_3 + 5 \cdot 4a_5 = 0$$
$$\ldots$$
$$\{m(m+1) - 2n - n \cdot (n-1)\}a_n + (n+2) \cdot (n+1)a_{n+2} = 0$$

という関係が得られる。一般式を書き換えると

$$(n+2)(n+1)a_{n+2} + \{m(m+1) - n(n+1)\}a_n = 0$$

よって

$$a_{n+2} = -\frac{\{m(m+1) - n(n+1)\}}{(n+2)(n+1)}a_n = -\frac{(m-n)(m+n+1)}{(n+2)(n+1)}a_n$$

ここで $a_0$ と $a_1$ は任意である。これが漸化式 (recursion formula) となる。

### 5.6.2. ルジャンドル多項式

ルジャンドルの微分方程式の級数解の漸化式をもう一度示すと

$$a_{n+2} = -\frac{(m-n)(m+n+1)}{(n+2)(n+1)} a_n$$

ここで、$n = 1, 2, 3, 4, \ldots$ とべき係数を増やしていって、$n = m$ に到達すると、この漸化式の分子にある $(m-n)$ の項が $m - n = 0$ となるため、$a_{m+2}$ の項は

$$a_{m+2} = -\frac{(m-m)(m+m+1)}{(m+2)(m+1)} a_m = 0$$

となって 0 となる。この漸化式に従うと

$$a_{m+2} = a_{m+4} = a_{m+6} = \ldots\ldots = 0$$

であるから、これ以降のすべての項が 0 になる。つまり、級数は $a_m$ までの項しか存在しない。よって、ルジャンドル方程式の解は無限級数ではなく、項数が $m$ の多項式となる。これがルジャンドル多項式と呼ばれる由縁である。

もっとも高次の項が $m$ であるから、漸化式を逆にたどってみる。すると

$$a_m = -\frac{(m-(m-2))(m+(m-2)+1)}{((m-2)+2)((m-2)+1)} a_{m-2} = -\frac{2(2m-1)}{m(m-1)} a_{m-2}$$

であるから

$$a_{m-2} = -\frac{m(m-1)}{2(2m-1)} a_m$$

という漸化式が得られる。その次の項は、最初の漸化式を使って

$$a_{m-2} = -\frac{(m-(m-4))(m+(m-4)+1)}{((m-4)+2)((m-4)+1)} a_{m-4} = -\frac{4(2m-3)}{(m-2)(m-3)} a_{m-4}$$

となるので

$$a_{m-4} = -\frac{(m-2)(m-3)}{4(2m-3)} a_{m-2}$$

これを $a_m$ で示すと

$$a_{m-4} = -\frac{(m-2)(m-3)}{4(2m-3)} a_{m-2} = \frac{m(m-1)(m-2)(m-3)}{2 \cdot 4(2m-1)(2m-3)} a_m$$

となる。同じ操作をくり返すと次の項は

$$a_{m-6} = -\frac{(m-4)(m-5)}{6(2m-5)} a_{m-4} = -\frac{m(m-1)(m-2)(m-3)(m-4)(m-5)}{2 \cdot 4 \cdot 6(2m-1)(2m-3)(2m-5)} a_m$$

となり、以下同様となる。この時 $m$ が偶数であれば、偶数項だけで $a_0$ の項までいき、$m$ が奇数であれば、奇数項だけで $a_1$ の項までいきつくことになる。

このとき、最後までたどりつくと、分子は結局 $m!$ になる。そこで $a_m$ としてつぎのかたちを考える。

$$a_m = \frac{(2m-1)(2m-3)(2m-5)\cdots 3\cdot 1}{m!}$$

と分子と分母がキャンセルされて、一般式として

$$P_m(x) = \frac{(2m-1)(2m-3)(2m-5)\cdots 3\cdot 1}{m!}\left[x^m - \frac{m(m-1)}{2(2m-1)}x^{m-2} + \right.$$
$$\left. + \frac{m(m-1)(m-2)(m-3)}{2\cdot 4(2m-1)(2m-3)}x^{m-4} + \frac{m(m-1)\cdots(m-5)}{2\cdot 4\cdot 6(2m-1)(2m-3)(2m-5)}x^{m-6} + \cdots \right]$$

となる。これをルジャンドルの多項式 (Legendre polynomial) と呼んでいる。このようなかたちにするのは、よく見ると、この多項式は

$$P_m(x) = \frac{1}{2^m m!}\cdot \frac{d^m}{dx^m}\left(x^m-1\right)^m$$

というような微分形で書けるためである。ためしに少し計算すると

$$\frac{d}{dx}\left(x^m-1\right)^m = m\left(x^m-1\right)^{m-1}\left(x^m-1\right)' = m\left(x^m-1\right)^{m-1}\cdot mx^{m-1} = m^2\left(x^{m+1}-x\right)^{m-1}$$

$$\frac{d^2}{dx^2}\left(x^m-1\right)^m = \frac{d}{dx}m^2\left(x^{m+1}-x\right)^{m-1} = m^2(m-1)\left(x^{m+1}-x\right)^{m-2}\left(x^{m+1}-x\right)'$$
$$= m^2(m-1)\left(x^{m+1}-x\right)^{m-2}\left((m+1)x^m-1\right)$$

例えば、$m = 2$ は、この式を使って計算すると

$$P_2(x) = \frac{1}{2^2 2!}\cdot \frac{d^2}{dx^2}\left(x^2-1\right)^2 = \frac{1}{2}(3x^2-1)$$

と与えられる。参考までに、ルジャンドルの多項式を $m = 5$ まで書き出すと

$P_0(x) = 1$ $\qquad\qquad\qquad\qquad P_1(x) = x$

$P_2(x) = \frac{1}{2}\left(3x^2-1\right)$ $\qquad\qquad P_3(x) = \frac{1}{2}\left(5x^3-3x\right)$

$P_4(x) = \frac{1}{8}\left(35x^4-30x^2+3\right)$ $\qquad P_5(x) = \frac{1}{8}\left(63x^5-70x^3+15x\right)$

これらルジャンドル多項式のグラフを図 5-10 に示す。

## 5.7. 偏微分方程式

　微分方程式には、当然偏微分方程式も含まれる。この場合、常微分方程式の延長で単純に考えると誤解する場合があるので、いくつか注意事項をまとめておく。まず、$z$ が $x$ と $y$ の関数 ($z = f(x, y)$) として

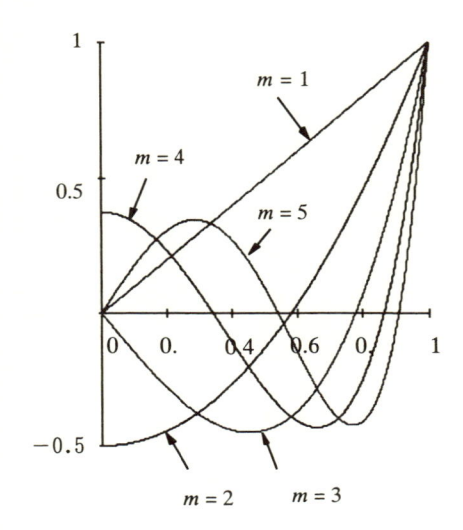

**図 5-10** ルジャンドル多項式のグラフ。

$$\frac{\partial f(x,y)}{\partial x} = a$$

という1階の偏微分方程式を考えてみよう。ここで $a$ を定数とすると、この方程式の解は

$$f(x,y) = ax + \phi(y)$$

となって、解に任意定数ではなく、任意の関数 $\phi(y)$ を含む点に注意を要する。この延長で次の2階の偏微分方程式を考えてみる。

$$\frac{\partial^2 f(x,y)}{\partial x \partial y} = a$$

この微分方程式は

$$\frac{\partial^2 f(x,y)}{\partial x \partial y} = \frac{\partial}{\partial x}\left(\frac{\partial f(x,y)}{\partial y}\right) = a$$

と変形できるから、上の結果を利用すると

$$\frac{\partial f(x,y)}{\partial y} = ax + \phi(y)$$

と与えられる。よって

$$f(x,y) = axy + \int \phi(y)dy + \varphi(x)$$

と与えられる。あとの2項は任意の $x$ のみの関数と、$y$ のみの関数である。第2項目は積分のかたちで表しているが、任意の関数で置き換えられる。

このように偏微分方程式では一般解に任意の関数がついてくることに注意を要する。よって、偏微分方程式では、一般解を求めるよりも、かなり条件をしぼり、ある範囲を規定し、しかも境界条件まで与えてその解を求める場合が多い。これを境界値問題と呼んでいる。また適当な初期条件のもとで解法することを初期値問題と呼んでいる。

これについては次のフーリエ級数展開のところで紹介する。フーリエ級数も特殊関数のひとつではあるが、その応用範囲が広いので、ひとつの章で紹介することにした。

## 補遺 5-1　微分方程式の分類

### A.　微分方程式の名称

微分方程式を呼ぶときに何階の何次の微分方程式と呼ばれるが、その分類方法について紹介する。

まず階というのは英語では order のことで、導関数の階数である。つまり

$$\frac{dy}{dx}$$

を1階の導関数 (first order derivative) と呼ぶ。(ただし慣例で、1次導関数と呼ぶこともある。微分方程式の呼称では、「次」は次数 (degree) の方で使うので、order には階を使う。) 同様にして

$$\frac{d^2y}{dx^2}$$

は2階導関数 (second order derivative)

$$\frac{d^3y}{dx^3}$$

は3階導関数 (third order derivative) ………．

$$\frac{d^n y}{dx^n}$$

は $n$ 階導関数 ($n$th order derivative) と呼ばれる。微分方程式では、含まれる

導関数の階数が最も大きいものを以て命名する。例えば

$$\frac{d^3y}{dx^3} + \frac{dy}{dx} + x = 0$$

は3階の微分方程式である。
　次に次数は英語では degree で、導関数のべき指数のことである。
　つまり

$$\frac{dy}{dx}, \quad \left(\frac{dy}{dx}\right)^2, \quad \left(\frac{dy}{dx}\right)^3, \quad \left(\frac{dy}{dx}\right)^n$$

は、それぞれ1次導関数 (first degree derivative)、2次導関数 (second degree derivative)、3次導関数 (third degree derivative)、$n$次の導関数 ($n$th degree derivative)である。
　また、$x^2$　$x^3$　$x^n$ のように変数の次数も2次、3次、$n$次であり、導関数だけではなく変数の次数も微分方程式の呼称では考慮する。ここで $xy$ は2次である。
　以上をまとめると

$$\frac{dy}{dx} \text{ は1階1次の導関数}$$

$$\left(\frac{d^2y}{dx^2}\right)^3 \text{ は2階3次の導関数}$$

$$\cdots\cdots\cdots\cdots\cdots$$

$$\left(\frac{d^ny}{dx^n}\right)^m \text{ は } n \text{ 階 } m \text{ 次の導関数}$$

と呼ばれる。次に微分方程式の呼称については、方程式に含まれる導関数で最も階数が高いもの、およびその次数を使う。例えば

$$\frac{d^3y}{dx^3} + \frac{dy}{dx} + x + y = 0$$

では、最も階数の高いのは3であり、次数は1であるので3階1次の微分方程式と呼ぶ。また

$$\left(\frac{d^3y}{dx^3}\right)^2 + x^2 y + y = 0$$

では、階数のもっとも高いのは3階であり、その次数は2であるので3階2次の微分方程式と呼ばれる。それでは、次に微分方程式を解法するための分

類について紹介する。

ただし、ある現象を解析するために微分方程式をつくり、その解法によって現象全体を捉えるという一連の流れを考えると、微分方程式の解法を定式化することに大きな意味はないと思われるが、多くの教科書で採用している整理法であるので、簡単に紹介しておく。

## B.　微分方程式の分類
### B.1.　変数分離形
与えられた微分方程式が
$$\frac{dy}{dx} = f(x) \cdot g(y)$$
のかたちになる場合
$$\frac{dy}{g(y)} = f(x)dx$$
というように、右辺は $x$ だけ、左辺は $y$ だけの関数にする。これを変数分離 (separation of variables)と呼んでいる。この場合は両辺を積分して
$$\int \frac{dy}{g(y)} = \int f(x)dx + C$$
とすることで解が得られる。

### B.2.　同次形
$$\frac{dy}{dx} = f\left(\frac{y}{x}\right)$$
のかたちになる微分方程式を同次形(homogeneous differential equation)と呼んでいる。この場合は $y/x = t$ と置くことで変数分離形になる。同次形と呼ばれる由縁は
$$f(x,y)dx + g(x,y)dy = 0$$
と書いたとき、$f(x,y)$ と $g(x,y)$ が $x$ と $y$ に関して次数が同じならば、このかたちに変形できるからである。例えば
$$(y^2 + xy)dx - x^2 dy = 0$$
は変形すると
$$(y^2 + xy)dx = x^2 dy$$
$$\frac{dy}{dx} = \frac{y^2 + xy}{x^2} = \left(\frac{y}{x}\right)^2 + \frac{y}{x}$$

となって、確かに $y/x$ の関数となっている。ここで $y/x = t$ とおけば
$$y = xt \quad dy = tdx + xdt$$
よって
$$\frac{dy}{dx} = t + x\frac{dt}{dx}$$
結局、微分方程式は
$$t + x\frac{dt}{dx} = t^2 + t \qquad x\frac{dt}{dx} = t^2$$
これを変形して
$$\frac{dt}{t^2} = \frac{dx}{x}$$
となって、確かに変数分離形となる。これを積分すると
$$\int \frac{dt}{t^2} = \int \frac{dx}{x} + C$$
よって
$$\ln|x| = -\frac{1}{t} + C = -\frac{x}{y} + C$$
あるいは
$$x = \exp\left(-\frac{x}{y} + C\right) = A\exp\left(-\frac{x}{y}\right)$$
と解が得られる。

## B.3. 線形微分方程式

$$\frac{dy}{dx} + f(x)y = g(x)$$

のかたちの微分方程式を線形微分方程式(linear differential equaiton)と呼んでいる。この微分方程式の一般解を示す前に、まず $g(x) = 0$ の場合を考えてみよう。

### B.3.1. $g(x) = 0$ の場合の解

$$\frac{dy}{dx} + f(x)y = 0$$

である。この微分方程式は、変数分離することができて

$$\frac{dy}{dx} = -f(x)y \qquad \frac{dy}{y} = -f(x)dx \qquad \int \frac{dy}{y} = -\int f(x)dx + C$$

より

$$\ln|y| = -\int f(x)dx + C$$

$$\therefore y = A\exp\left(-\int f(x)dx\right)$$

と解が得られる。

**B.3.2.** $g(x) \neq 0$ の場合の解

$$\frac{dy}{dx} + f(x)y = g(x)$$

ここで、前項で取り扱ったかたちに変形するために、両辺に $dx/y$ をかけてみる。すると

$$\frac{dy}{y} = -f(x)dx + \frac{g(x)}{y}dx$$

となり、右辺の第2項が、このままでは積分できない。これは、$y$ が $x$ の関数ではあるものの、このままでは $x$ のどのような関数かが分からないためである。ところで、前項の微分方程式では、$y$ は

$$\ln|y| = -\int f(x)dx + C$$

というかたちをしていた。いま、方程式に $g(x)$ がついたことで、$y$ にもよけいな関数 $p(x)$ がつくものと仮定する。つまり

$$\ln|y| = -\int f(x)dx + p(x)$$

のように、定数のかわりに、任意の関数をつけ加える。すると

$$y = \exp\left(-\int f(x)dx + p(x)\right)$$

となる。ここで $\exp p(x) = q(x)$ と置き換えて

$$y = q(x)\exp\left(-\int f(x)dx\right)$$

というかたちの解を仮定して、$q(x)$ を求める。ここで

$$\frac{dy}{dx} = \frac{dq(x)}{dx}\exp\left(-\int f(x)dx\right) + q(x)\exp\left(-\int f(x)dx\right)\left\{-\frac{d}{dx}\int f(x)dx\right\}$$

$$= \frac{dq(x)}{dx}\exp\left(-\int f(x)dx\right) - f(x)q(x)\exp\left(-\int f(x)dx\right)$$

となるので、最初の微分方程式に代入すると

$$\frac{dq(x)}{dx}\exp\left(-\int f(x)dx\right) - f(x)q(x)\exp\left(-\int f(x)dx\right) + f(x)q(x)\exp\left(-\int f(x)dx\right) = g(x)$$

すると

$$\frac{dq(x)}{dx}\exp\left(-\int f(x)dx\right) = g(x)$$

のかたちの微分方程式になる。よって

$$\frac{dq(x)}{dx} = g(x)\exp\left(\int f(x)dx\right)$$

となるので、$q(x)$ は

$$q(x) = \int g(x)\exp\left(\int f(x)dx\right)dx$$

で与えられることになる。結局、少々複雑ではあるが

$$y = q(x)\exp\left(-\int f(x)dx\right) = \exp\left(-\int f(x)dx\right)\int g(x)\exp\left(\int f(x)dx\right)dx$$

と一般解が得られる。

　この他にも、数多くの形式の微分方程式が分類され、その一般解が得られているが、(解が比較的簡単に得られるということは、むしろ)例外的な微分方程式であり、汎用性という観点からは級数展開を利用する方法の方が適応能力が高い。(もちろん、すでに知られている方法で、微分方程式が解けるならば、それにこしたことはないが。)

　このため、実際の理工系数学の微分方程式の解法においては、級数展開を利用した解法が主流であり、その結果、得られる特殊関数が大活躍するのである。

# 第6章　フーリエ級数展開

　第3章で紹介したが、いったん、ある関数がべき級数のかたちに変換できれば、微分や積分を簡単に行うことができる。実際に、それを利用して単振動に関する微分方程式の解法例も示した。また、第5章では、その級数展開を発展させることで、微分方程式の解として、特殊関数と呼ばれる関数が得られることも紹介した。このように、関数を級数に展開することで、微分方程式の解を得るという手法が一般に利用されている。

　ここで、もしある関数が sine や cosine の関数として級数展開できたとしたらどうであろうか。三角関数の微積分も簡単であるので、その関数の積分が可能になる。

　フーリエ級数展開 (Fourier series expansion) は、微分方程式の解法のために、任意の関数を $\sin kx$ と $\cos kx$ ($k$ は整数) で級数展開する手法である。しかし数学の常で、その後フーリエ解析の手法は発展し、現在では微分方程式の解法だけではなく、周期的な振動が存在する現象や複雑な波の解析などに広く利用されるようになっている。ただし、本章では本来の微分方程式の解法に焦点を絞って紹介する。

## 6.1.　フーリエ級数

フーリエ級数展開は、少々複雑ではあるが
$$F(x) = a_0 \cos 0 \cdot x + a_1 \cos 1x + a_2 \cos 2x + a_3 \cos 3x + .... + a_n \cos nx + ...$$
$$+ b_0 \sin 0 \cdot x + b_1 \sin 1x + b_2 \sin 2x + b_3 \sin 3x + .... + b_n \sin nx + ...$$
のように、ある関数を $\sin kx$ と $\cos kx$ の無限級数 ($k$ は整数) として表現する。$\sin 0 = 0$ であるから
$$F(x) = a_0 + a_1 \cos x + a_2 \cos 2x + a_3 \cos 3x + .... + a_n \cos nx + ...$$
$$+ b_1 \sin x + b_2 \sin 2x + b_3 \sin 3x + .... + b_n \sin nx + ...$$
となって $b_0$ の項が消える。

　第3章の級数展開でも紹介したように、問題は、この級数展開の係数 (coefficient) をどうやって決めるかである。べき級数展開のときは、微分を繰り返すことで係数を求めたが、フーリエ級数展開では、三角関数の積分をう

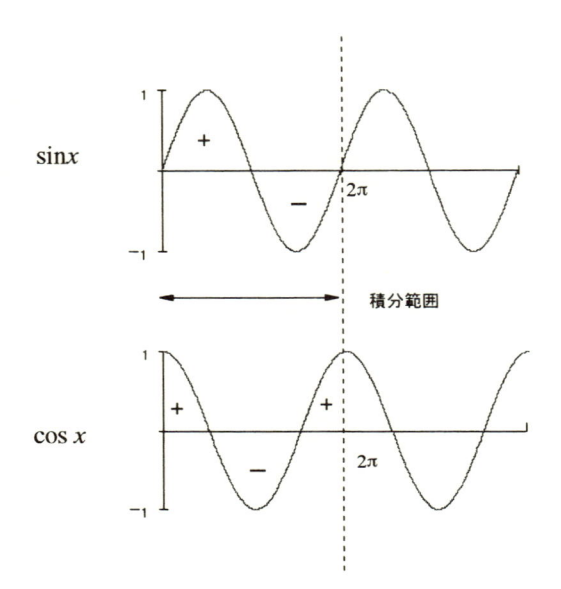

**図 6-1** $\sin\theta$ と $\cos\theta$ を 0 から $2\pi$ まで積分すると、その値はゼロとなる。

まく利用する。

　実は、三角関数 (trigonometric function) には以下の特徴がある。$n$ をゼロ以外の任意の整数とすると

$$\int_0^{2\pi} \sin nx\, dx = 0 \quad \int_0^{2\pi} \cos nx\, dx = 0$$

つまり、$\sin nx$ も $\cos nx$ も 0 から $2\pi$（あるいは $-\pi$ から $\pi$）まで $x$ に関して積分すると、その値はゼロとなる。これは、例えば、図 6-1 の $\sin x$ と $\cos x$ のグラフを見れば明らかである。これら関数では、正の部分の面積と、負の部分の面積の値が等しいので、その和、すなわち積分値はゼロになる。$n$ が増えるということは、このサイクルが増えるだけで、正負の面積が等しいので、積分値はゼロになる。

　ここで、$F(x)$ をそのまま 0 から $2\pi$ まで積分する。

$$\int_0^{2\pi} F(x) dx = a_0 \int_0^{2\pi} dx + a_1 \int_0^{2\pi} \cos x\, dx + a_2 \int_0^{2\pi} \cos 2x\, dx + ...$$
$$+ b_1 \int_0^{2\pi} \sin x\, dx + b_2 \int_0^{2\pi} \sin 2x\, dx + b_3 \int_0^{2\pi} \sin 3x\, dx...$$

この積分の中で、唯一残るのは $a_0$ の項だけで、残りの項の積分はすべてゼロとなる。よって

第6章　フーリエ級数展開

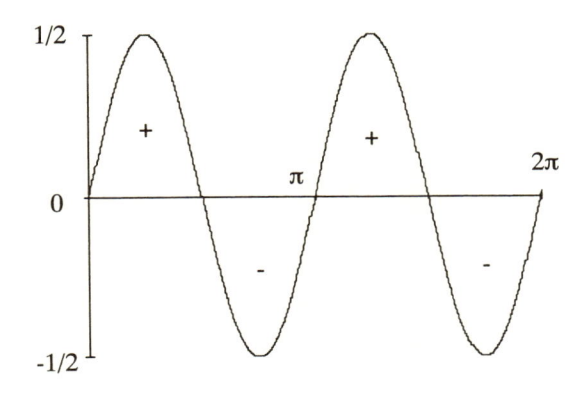

**図 6-2**　$y=\sin x \cos x$ のグラフ。正負の領域の面積が等しいので、0 から $2\pi$ まで積分すると、その値はゼロとなる。

$$\int_0^{2\pi} F(x)dx = a_0 \int_0^{2\pi} dx = a_0 [x]_0^{2\pi} = 2\pi a_0$$

となる。つまり、最初の係数は

$$a_0 = \frac{1}{2\pi}\int_0^{2\pi} F(x)dx$$

で与えられることになる。それでは、それ以降の係数はどうやって求めるのであろうか。ここでも三角関数の特性を利用する。

その特性とは以下のものである。

まず、$\sin mx$ に $\cos nx$ （$m, n$ は任意の整数）をかけた積分はすべてゼロになるという性質である。

$$\int_0^{2\pi} \sin mx \cos nx\, dx = 0 \qquad \int_0^{2\pi} \cos mx \sin nx\, dx = 0$$

このことを証明するには、いくつかの方法があるが、まず図を使って考えてみる。図 6-2 は、$\sin x$ に $\cos x$ をかけたグラフである。すると、0 から $2\pi$ までの範囲で積分すると、正の部分と負の部分の面積が等しくなり、その和がゼロになることが分かる。実際に、$\sin mx$ と $\cos nx$ をかけたものは、すべて正の部分の面積と、負の部分の面積が等しくなるため、積分値がゼロとなってしまう。

次にオイラーの公式を使って証明をしてみよう。オイラーの公式によれば、$\sin mx, \cos nx$ は

$$\sin mx = \frac{e^{imx} - e^{-imx}}{2i} \qquad \cos nx = \frac{e^{inx} + e^{-inx}}{2}$$

と与えられる。すると

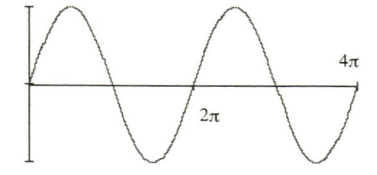

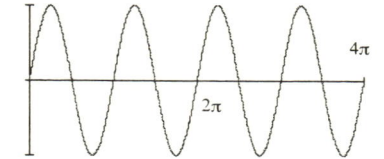

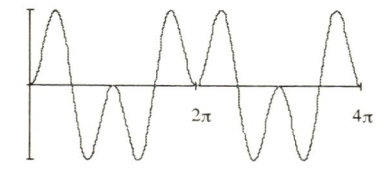

**図 6-3** $y=\sin x$、$y=\sin 2x$、$y=\sin x \sin 2x$ のグラフ。すべてにおいて、正負の領域の面積が等しいので、0 から $2\pi$ まで積分すると、その値はゼロとなる。

$$\sin mx \cos nx = \frac{(e^{imx} - e^{-imx})(e^{inx} + e^{-inx})}{4i} = \frac{e^{i(m+n)x} + e^{i(m-n)x} - e^{i(n-m)x} - e^{-i(m+n)x}}{4i}$$

ここで、

$$\int_0^{2\pi} e^{ikx} dx$$

という積分は $k=0$ 以外の整数に対しては、すべてゼロとなる。これは、$e^{ikx}$ は複素平面で半径が 1 の円（単位円：unit circle）に対応し、$x$ を 0 から $2\pi$ まで積分することは、単位円を $k$ 周することに対応するが、1 周すればゼロなので、何周しても積分値はゼロとなるからである。

よって、$m=n$ 以外の時は、あらゆる項が $e^{ikx}$ を含むので、0 から $2\pi$ までの積分はすべてゼロとなる。

それでは、$m=n$ の時はどうか。

$$\sin mx \cos mx = \frac{e^{i2mx} + e^0 - e^0 - e^{-i2mx}}{4i} = \frac{e^{i2mx} - e^{-i2mx}}{4i}$$

となって、この場合でもせっかく $e^{i2m}$ 以外の定数になってくれるはずの項が

## 第6章 フーリエ級数展開

$e^0 - e^0$ で消えてしまうので、あらゆる項が $e^{ikx}$ のかたちになる。この結果、積分値はゼロとなる。つまり、sin と cos をかけて、0 から $2\pi$ まで積分したら、すべてゼロとなる。

　その次の特徴は、sin と sin をかけた場合、あるいは cos と cos をかけた場合、$m = n$ でない限り、その積分値がすべてゼロになるという性質である。

$$\int_0^{2\pi} \sin mx \sin nx\, dx = 0 \qquad \int_0^{2\pi} \cos mx \cos nx\, dx = 0$$

これは、図 6-3 を見ると分かるように、$\sin x$ と $\sin 2x$ をかけた場合には、正負の部分の面積が等しくなり、積分値はゼロとなる。$m = n$ ではない限り、すべての積分がゼロとなる。

　ところが、$\sin x$ と $\sin x$ をかけた場合は、図 6-4 に示すように正の部分だけとなり、めでたく積分値がゼロとはならない。つまり、$\sin mx \sin mx$ および $\cos nx \cos nx$ だけは 0 から $2\pi$ までの積分値がゼロとならないのである。

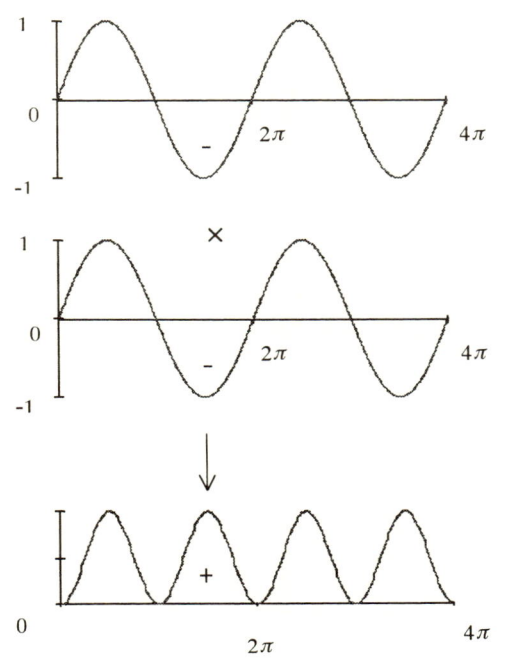

**図 6-4**　$y = \sin x$ と　$y = \sin x \sin x$ のグラフ。上の 2 つの $y = \sin x$ をかけると、図にみられるように、同じ範囲で負の領域どうしがかけあわされるため、正の値となる。この結果、$y = \sin x \sin x$ を 0 から $2\pi$ まで積分しても、その値はゼロとはならない。

これをオイラーの公式を使って証明してみよう。

$$\sin mx \sin nx = \frac{e^{imx}-e^{-imx}}{2i} \cdot \frac{e^{inx}-e^{-inx}}{2i} = \frac{e^{i(m+n)x}-e^{i(m-n)x}-e^{i(n-m)x}+e^{-i(m+n)x}}{-4}$$

となる。この時、$m \neq n$ であれば、あらゆる項が $e^{inx}$ を含むため、0 から $2\pi$ までの積分値はゼロとなる。ところが、$m = n$ の場合

$$\sin mx \sin mx = \frac{e^{i2mx}-e^{0}-e^{0}+e^{-i2mx}}{-4} = \frac{-2+e^{i2mx}+e^{-i2mx}}{-4} = \frac{1}{2}-\frac{e^{i2mx}+e^{-i2mx}}{4}$$

となって、めでたく $e^{ikx}$ 以外の項 1/2 が残る。よって積分値はゼロとならない。
同様にして

$$\cos nx \cos nx = \frac{e^{i2nx}+e^{0}+e^{0}+e^{-i2nx}}{4} = \frac{1}{2}+\frac{e^{i2nx}+e^{-i2nx}}{4}$$

となり、cos の場合も積分値はゼロとならないことが証明できる。
これでようやくフーリエ級数展開の係数を求める準備ができた。ここで、係数 $a_n$ を求めたい時には $F(x)$ に $\cos nx$ をかけて 0 から $2\pi$ まで積分すればよいのである。すると

$$\int_0^{2\pi} F(x) \cos nx\, dx = \int_0^{2\pi} \frac{a_n}{2} dx = a_n \pi$$

となって

$$a_n = \frac{1}{\pi}\int_0^{2\pi} F(x) \cos nx\, dx$$

のように係数が求められる。同様にして $b_n$ を求めたい時には、$F(x)$ に $\sin nx$ をかけて 0 から $2\pi$ まで積分すればよい。よって

$$\int_0^{2\pi} F(x) \sin nx\, dx = \int_0^{2\pi} \frac{b_n}{2} dx = b_n \pi$$

つまり

$$b_n = \frac{1}{\pi}\int_0^{2\pi} F(x) \sin nx\, dx$$

と与えられる。これで、フーリエ級数展開のすべての係数が求められたことになる。

第6章 フーリエ級数展開

**演習 6-1** 三角関数の公式を利用して
$$\int_0^{2\pi} \sin mx \cos nx \, dx = 0$$
となることを示せ。

解) $m \neq n$ の時 $\sin A \cos B = \dfrac{1}{2}\{\sin(A+B) + \sin(A-B)\}$ を利用して

$$2\int_0^{2\pi} \sin mx \cos nx \, dx = \int_0^{2\pi} \sin(m+n)x \, dx + \int_0^{2\pi} \sin(m-n)x \, dx$$

と変形できる。ここで、$m \neq n$ の時は右辺の両方の積分値はゼロである。つぎに、$m = n$ の時は

$$\int_0^{2\pi} \sin mx \cos nx \, dx = \int_0^{2\pi} \sin mx \cos mx \, dx = \frac{1}{2}\int_0^{2\pi} \sin 2mx \, dx = 0$$

といずれの場合も、積分値はゼロとなる。

**演習 6-2** 次の式が成立することを示せ。
$$\int_0^{2\pi} \sin mx \sin nx \, dx = \begin{cases} 0 & (m \neq n) \\ \pi & (m = n) \end{cases}$$
$$\int_0^{2\pi} \cos mx \cos nx \, dx = \begin{cases} 0 & (m \neq n) \\ \pi & (m = n) \end{cases}$$

解) 三角関数の積を和差に変える公式

$$\sin A \sin B = \frac{1}{2}\{\cos(A-B) - \cos(A+B)\}$$
$$\cos A \cos B = \frac{1}{2}\{\cos(A-B) + \cos(A+B)\}$$

を利用すると

$$\int_0^{2\pi} \sin mx \sin nx \, dx = \frac{1}{2}\int_0^{2\pi} \cos(m-n)x \, dx - \frac{1}{2}\int_0^{2\pi} \cos(m+n)x \, dx$$
$$\int_0^{2\pi} \cos mx \cos nx \, dx = \frac{1}{2}\int_0^{2\pi} \cos(m-n)x \, dx + \frac{1}{2}\int_0^{2\pi} \cos(m+n)x \, dx$$

と変形できる。

$m \neq n$ の時、いずれの積分もゼロであるから、

$$\int_0^{2\pi} \sin mx \sin nx\, dx = 0 \qquad \int_0^{2\pi} \cos mx \cos nx\, dx = 0$$

$m = n$ の時は

$$\int_0^{2\pi} \sin mx \sin nx\, dx = \frac{1}{2}\int_0^{2\pi} dx - \frac{1}{2}\int_0^{2\pi} \cos 2mx\, dx = \pi$$

$$\int_0^{2\pi} \cos mx \cos nx\, dx = \frac{1}{2}\int_0^{2\pi} dx + \frac{1}{2}\int_0^{2\pi} \cos 2mx\, dx = \pi$$

となり、この時だけゼロとはならない。

### 6.2. フーリエ級数展開の一般式

フーリエ級数を、もう一度書き出すと

$$F(x) = a_0 + a_1 \cos x + a_2 \cos 2x + a_3 \cos 3x + \ldots + a_n \cos nx + \ldots$$
$$+ b_1 \sin x + b_2 \sin 2x + b_3 \sin 3x + \ldots + b_n \sin nx + \ldots$$

であり、それぞれの係数は

$$a_0 = \frac{1}{2\pi}\int_0^{2\pi} F(x)\, dx \qquad a_n = \frac{1}{\pi}\int_0^{2\pi} F(x) \cos nx\, dx \qquad b_n = \frac{1}{\pi}\int_0^{2\pi} F(x) \sin nx\, dx$$

となる。ここで、$a_0$ は $\cos 0x$ の項に対応するが、$a_n$ の一般式に $n = 0$ を代入すると

$$a_0 = \frac{1}{\pi}\int_0^{2\pi} F(x)\, dx$$

となる。よって $a_n$ の一般式を使うと、最初の項は $a_0/2$ と書かなければならない。フーリエ級数展開を見たときに、最初の項 $a_0$ にだけ 1/2 がついているのは違和感があるが、$a_n$ の一般式を適用したことが、その原因である。

結局、一般式をまとめて書くと

$$F(x) = \frac{a_0}{2} + \sum_{n=1}^{\infty}(a_n \cos nx + b_n \sin nx)$$

となる。

**演習 6-3**　$f(x) = x^2$ $(0 \leq x \leq 2\pi)$ をフーリエ級数展開せよ。

**解）**　まず、最初の項 $a_0$ は

$$a_0 = \frac{1}{\pi}\int_0^{2\pi} f(x)\, dx = \frac{1}{\pi}\int_0^{2\pi} x^2\, dx = \frac{1}{\pi}\left[\frac{x^3}{3}\right]_0^{2\pi} = \frac{8\pi^2}{3}$$

## 第 6 章　フーリエ級数展開

次に、一般項 $a_n$ は

$$a_n = \frac{1}{\pi}\int_0^{2\pi} f(x)\cos nx\,dx = \frac{1}{\pi}\int_0^{2\pi} x^2\cos nx\,dx$$

ここで、部分積分を利用する。

（部分積分とは第 2 章で紹介したように $(uv)' = u'v + uv'$ の関係から

$$\int uv' = uv - \int u'v$$

を利用して、被積分関数(integrand)を変形する手法である。）

すると、上式の右辺は

$$\int_0^{2\pi} x^2\cos nx\,dx = \left[x^2\frac{\sin nx}{n}\right]_0^{2\pi} - \int_0^{2\pi} 2x\cdot\frac{\sin nx}{n}dx = -\frac{2}{n}\int_0^{2\pi} x\sin nx\,dx$$

と変形できる。さらに、もう一度、部分積分を適用すると

$$\int_0^{2\pi} x\sin nx\,dx = \left[x\cdot\frac{(-\cos nx)}{n}\right]_0^{2\pi} + \int_0^{2\pi} \frac{\cos nx}{n}dx = -\frac{2\pi}{n} + \left[\sin nx\right]_0^{2\pi} = -\frac{2\pi}{n}$$

となり、

$$a_n = \frac{4}{n^2}$$

が係数として得られる。

次に、一般項 $b_n$ は

$$b_n = \frac{1}{\pi}\int_0^{2\pi} f(x)\sin nx\,dx = \frac{1}{\pi}\int_0^{2\pi} x^2\sin nx\,dx$$

ここでも、部分積分を利用する。

$$\int_0^{2\pi} x^2\sin nx\,dx = \left[x^2\frac{(-\cos nx)}{n}\right]_0^{2\pi} - \int_0^{2\pi} 2x\cdot\frac{-\cos nx}{n}dx = -\frac{4\pi^2}{n} + \frac{2}{n}\int_0^{2\pi} x\cos nx\,dx$$

さらに、もう一度部分積分を利用すると

$$\int_0^{2\pi} x\cos nx\,dx = \left[x\frac{\sin nx}{n}\right]_0^{2\pi} - \int_0^{2\pi} \frac{\sin nx}{n}dx = \frac{\left[\cos nx\right]_0^{2\pi}}{n^2} = 0$$

よって

$$b_n = -\frac{4\pi}{n}$$

となる。結局、フーリエ級数展開は

$$f(x) = \frac{a_0}{2} + \sum_{n=1}^{\infty}(a_n \cos nx + b_n \sin nx) = \frac{4\pi^2}{3} + \sum_{n=1}^{\infty}(\frac{4}{n^2}\cos nx - \frac{4\pi}{n}\sin nx)$$

で与えられる。

### 6.3. 任意の周期のフーリエ級数展開

以上の取り扱いは、sin および cos ともに周期が $2\pi$ の波を考えている。しかし、多くの波は周期がいつでも $2\pi$ とは限らない。そこで、一般の波に対応させるためには、式を修正することが必要となる。

いま、ある波を解析していたら、その周期が $2L$ であったとする。すると

$$2\pi \to 2L \qquad nx \to \frac{n\pi x}{L}$$

の変換が必要になる。また、$0 < x < 2\pi$ ($-\pi < x < \pi$)の積分範囲は $0 < x < 2L$ ($-L < x < L$) となる。よって周期 $2L$ に対応したフーリエ級数の一般式は

$$F(x) = \frac{a_0}{2} + \sum_{n=1}^{\infty}(a_n \cos \frac{n\pi x}{L} + b_n \sin \frac{n\pi x}{L})$$

$$\begin{cases} a_n = \frac{1}{L}\int_0^{2L} F(x)\cos\frac{n\pi x}{L}dx \\ b_n = \frac{1}{L}\int_0^{2L} F(x)\sin\frac{n\pi x}{L}dx \end{cases} \qquad (n = 1, 2, 3, 4....)$$

で与えられる。

これで、三角関数による級数展開の一般式が得られたことになる。ところで、この級数展開式は、かなり複雑である。もちろんこのままでも地道に計算すれば、すべての関数に対応できる。ただし、もう少し簡単にできれば、それに越したことはない。実際、関数によっては sin だけ、あるいは cos だけで級数展開できる場合があり、それを積極的に活用している。

例えば、級数展開している範囲 $0 < x < 2L$ ($-L < x < L$) において $F(-x) = -F(x)$ が成立する関数を奇関数 (odd function)、$F(-x) = F(x)$ が成立する関数を偶関数 (even function) と呼ぶ。

ここで $F(x)$ が奇関数ならば、$F(x)\cos(n\pi x/L)$ は奇関数、$F(x)\sin(n\pi x/L)$ は偶関数となり、一周期、つまり $0 < x < 2L$ で積分すると cos の項は

$$a_n = \frac{1}{L}\int_0^{2L} F(x)\cos\frac{n\pi x}{L}dx = 0$$

となり、関数は sin だけで級数展開できる。このとき、フーリエ級数展開式は

$$F(x) = \sum_{n=1}^{\infty} b_n \sin\frac{n\pi x}{L}$$

とかなり簡単になる。またフーリエ係数は、被積分関数が偶関数であることを考慮して

$$b_n = \frac{1}{L}\int_0^{2L} F(x)\sin\frac{n\pi x}{L}dx = \frac{2}{L}\int_0^{L} F(x)\sin\frac{n\pi x}{L}dx$$

と与えられる。この形式をフーリエサイン級数と呼んでいる。

ちょっと煩雑になるが、この係数まで含めてまとめて書くと

$$F(x) = \frac{2}{L}\sum_{n=1}^{\infty}\sin\frac{n\pi x}{L}\int_0^{L} F(x)\sin\frac{n\pi x}{L}dx$$

となる。

一方、級数展開している範囲 $0 < x < 2L$ ($-L < x < L$) において $F(x)$ が偶関数のとき $F(x)\cos(n\pi x/L)$ は偶関数、$F(x)\sin(n\pi x/L)$ は奇関数となり、一周期にわたって積分すると sin 項は

$$b_n = \frac{1}{L}\int_0^{2L} F(x)\sin\frac{n\pi x}{L}dx = 0$$

となり、フーリエ級数展開は

$$F(x) = \frac{a_0}{2} + \sum_{n=1}^{\infty} a_n \cos\frac{n\pi x}{L}$$

のように、cos だけで表すことができる。また、係数は

$$a_n = \frac{1}{L}\int_0^{2L} F(x)\cos\frac{n\pi x}{L}dx = \frac{2}{L}\int_0^{L} F(x)\cos\frac{n\pi x}{L}dx$$

で与えられる。この形式をフーリエコサイン級数と呼んでいる。これも、まとめてひとつの式にすると

$$F(x) = \frac{a_0}{2} + \frac{2}{L}\sum_{n=1}^{\infty}\cos\frac{n\pi x}{L}\int_0^{L} F(x)\cos\frac{n\pi x}{L}dx$$

となる。

ところで、フーリエ級数展開の講義では、ここまでたどりつくのに相当のエネルギーを消耗してしまい、いったい何のために関数を sin と cos で展開

する必要があったのかを忘れてしまうことがよくある。そこで、再確認すると、三角関数の級数展開を利用して微分方程式を解くことが、そもそもの目標であった。

歴史的には、フーリエがこの手法を使って最初に挑戦した微分方程式は、次のかたちをした偏微分方程式である。

$$\frac{\partial T}{\partial t} = \kappa \frac{\partial^2 T}{\partial x^2}$$

これは、熱伝導方程式と呼ばれる有名な偏微分方程式である。そこで、さっそくフーリエ級数展開を武器に、この微分方程式を解いてみよう。

### 6.4. 熱伝導方程式の導出

フーリエ級数を利用して、偏微分方程式を解く前に、熱伝導方程式の意味について少し考えてみよう。均質な棒の温度を考える。ここで温度 $T$ は場所 $x$ と時間 $t$ の関数となる。この時、熱の流れの量 ($q$)（あるいは熱流束 : heat flux と呼ぶ）は、（経験的に）ある場所の温度勾配に比例する。つまり $k$ を比例定数として

$$q = k\frac{dT}{dx}$$

と書くことができる。ここで $k$ は熱伝導度 (thermal conductivity) と呼ばれる物質の種類によって異なる定数である。

次に、ある点における温度の時間変化は、その点でどの程度の熱が出入りするかに比例すると考えると、比例定数を $p$ とすれば

$$\frac{\partial T(x,t)}{\partial t} = p\frac{dq(x)}{dx}$$

となる。ここで、比例定数 $p$ は、物質の比熱（specific heat: 物質の温度を1K上昇させるのに必要な熱量）に関係した値であり、正確には比熱を $\sigma$、物質の密度を $\mu$ とすると

$$p = \frac{1}{\sigma\mu}$$

で与えられる。

よって、熱伝導に関する微分方程式は

$$\frac{\partial T(x,t)}{\partial t} = p\frac{dq(x)}{dx} = \frac{k}{\sigma\mu}\frac{\partial^2 T(x,t)}{\partial x^2} = \kappa\frac{\partial^2 T(x,t)}{\partial x^2}$$

$$\frac{\partial T(x,t)}{\partial t} = \kappa \frac{\partial^2 T(x,t)}{\partial x^2}$$

で与えられる。ここで$\kappa$は熱拡散率 (thermal diffusivity) と呼ばれる。これが物体の熱伝導を支配する微分方程式である。

### 6.5. フーリエ級数による偏微分方程式の解法

それでは、フーリエ級数の手法を使って、実際に熱伝導方程式を解いてみよう。前章でも紹介したように、偏微分方程式の一般解には任意の関数が含まれるため、これを解くためには、境界条件などを明確にしておく必要がある。

ここで長さ$L$の均質な棒があり、時刻$t=0$における温度分布が

$$T(x,0) = f(x)$$

で与えられているものとする。また、棒の両端の温度は常に0とすると、微分方程式と初期および境界条件は

$$\frac{\partial T(x,t)}{\partial t} = \kappa \frac{\partial^2 T(x,t)}{\partial x^2} \quad (0 < x < L,\ t > 0)$$

$$T(x,0) = f(x) \quad (0 \leq x \leq L), \quad T(0,t) = 0 \quad T(L,t) = 0 \quad (t \geq 0)$$

ここで、この解としてフーリエ級数のかたちをした関数を仮定するのであるが、実は熱というのはミクロにみると原子の振動であり、空間的には波として伝わっていくことが知られている。そこで、解がいろいろな波、つまり sin 波や cos 波の合成であると考えられる。

ここで境界条件として、両端で温度がゼロという条件があるので、これはフーリエサイン級数で表すことができる。そこで

$$T(x,t) = \sum_{n=1}^{\infty} b_n(t) \sin \frac{n\pi x}{L}$$

のかたちの解を仮定してみる。$b_n(t)$項は温度の時間変化を表し、$\sin(n\pi x/L)$項は空間分布を示す。すると

$$\frac{\partial T(x,t)}{\partial t} = \sum_{n=1}^{\infty} \frac{db_n(t)}{dt} \sin \frac{n\pi x}{L}$$

$$\kappa \frac{\partial^2 T(x,t)}{\partial x^2} = \kappa \sum_{n=1}^{\infty} b_n(t) \left\{ -\left(\frac{n\pi}{L}\right)^2 \sin \frac{n\pi x}{L} \right\}$$

この両式の右辺が等しいから

$$\sum_{n=1}^{\infty} \frac{db_n(t)}{dt} \sin\frac{n\pi x}{L} = \sum_{n=1}^{\infty} -\kappa \left(\frac{n\pi}{L}\right)^2 b_n(t) \sin\frac{n\pi x}{L}$$

となり、両辺を比較すると

$$\frac{db_n(t)}{dt} = -\kappa \left(\frac{n\pi}{L}\right)^2 b_n(t)$$

が成立しなければならない。この微分方程式の解として

$$b_n(t) = a_n \exp\omega t$$

を仮定すると

$$a_n \omega \exp\omega t = -\kappa \left(\frac{n\pi}{L}\right)^2 a_n \exp\omega t \quad \therefore \omega = -\kappa \left(\frac{n\pi}{L}\right)^2$$

よって

$$b_n(t) = a_n \exp\omega t = a_n \exp\left(-\frac{\kappa n^2 \pi^2}{L^2}\right)t$$

となる。これは、温度の時間変化の項だけみれば、第5章で紹介したニュートンの冷却の法則に従うことを示している。よって温度分布は

$$T(x,t) = \sum_{n=1}^{\infty} b_n(t) \sin\frac{n\pi x}{L} = \sum_{n=1}^{\infty} a_n \exp\left(-\frac{\kappa n^2 \pi^2}{L^2}t\right) \sin\frac{n\pi x}{L}$$

ただし、この式で $a_n$ の係数は任意である。そこで、初期条件を使って $a_n$ を決定する。初期条件は

$$T(x,0) = f(x)$$

であるから

$$T(x,0) = f(x) = \sum_{n=1}^{\infty} a_n \sin\frac{n\pi x}{L}$$

これは、$f(x)$ のフーリエサイン級数展開であり、係数 $a_n$ は

$$a_n = \frac{2}{L} \int_0^L f(x) \sin\frac{n\pi x}{L} dx$$

で与えられる。結局、温度分布 $T(x,t)$ は

$$T(x,t) = \frac{2}{L} \sum_{n=1}^{\infty} \exp\left(-\frac{\kappa n^2 \pi^2}{L^2}t\right) \sin\frac{n\pi x}{L} \int_0^L f(x) \sin\frac{n\pi x}{L} dx$$

# 第6章 フーリエ級数展開

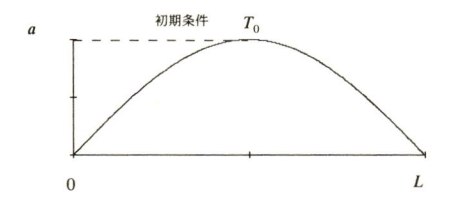

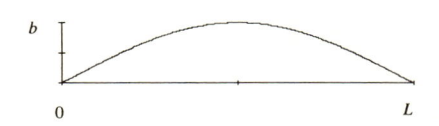

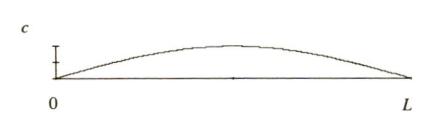

**図 6-5** フーリエ級数展開を利用して解法した熱伝導問題（偏微分方程式）の解。均一な棒の温度の時間変化を示している。

となる。

**演習 6-4**　長さ $L$ の棒の初期の温度分布が以下の式で与えられている場合の温度分布の時間変化を求めよ（図6-5参照）。

$$T(x,0) = T_0 \sin\frac{\pi x}{L} \quad (0 \leq x \leq L) \qquad T(0,t) = 0 \quad T(L,t) = 0 \quad (t \geq 0)$$

解）　これは、初期の温度分布が中心で最も高く $T_0$ であり、その分布がサインカーブに従い、両端でゼロになることを意味している。

この一般解は

$$T(x,t) = \frac{2}{L}\sum_{n=1}^{\infty} \exp\left(-\frac{\kappa n^2 \pi^2}{L^2}t\right) \sin\frac{n\pi x}{L} \int_0^L f(x) \sin\frac{n\pi x}{L} dx$$

である。ここで $f(x) = T_0 \sin\frac{\pi x}{L}$ を代入する。すると

$$\int_0^L f(x)\sin\frac{n\pi x}{L}dx = T_0 \int_0^L \sin\frac{\pi x}{L}\sin\frac{n\pi x}{L}dx$$

この積分がゼロとならないのは、$n = 1$ の場合だけである。この時

$$\int_0^L \sin\frac{\pi x}{L}\sin\frac{\pi x}{L}dx = \int_0^L \sin^2\left(\frac{\pi x}{L}\right)dx$$
$$= \int_0^L \frac{1-\cos(2\pi x/L)}{2}dx = \left[\frac{x}{2} - \frac{L}{4\pi}\sin\frac{2\pi x}{L}\right]_0^L = \frac{L}{2}$$

よって、温度分布は

$$T(x,t) = T_0 \exp\left(-\frac{\kappa\pi^2}{L^2}t\right)\sin\frac{\pi x}{L}$$

で与えられる。これは、図 6-5(b)(c) にみられるように、$\sin(\pi x/L)$ の温度分布のかたちを保ったまま、最高温度 $T_0$ がニュートンの冷却の法則に従って、下がっていくということを示している。

### 6.6. 波動方程式

波の運動を表現する微分方程式として、つぎの偏微分方程式が有名である。

$$\frac{\partial^2 u}{\partial t^2} = c^2 \frac{\partial^2 u}{\partial x^2}$$

ここで、$u = u(x, t)$ であり、時間 $t$、場所 $x$ における変位である。実は、熱伝導方程式よりも波動方程式の方が、理工系特に物理数学においては重宝されている。というのも、現代物理の基本となっている量子力学が粒子の波動性をあらわに取り入れた学問であるからである。しかも、多くの粒子が集まった系は粒子の波が重なりあったものと考えるが、これは、まさにフーリエ級数の考え方そのものである。よって、波動方程式の解法にもフーリエ級数展開が利用される。

ただし、現代の量子力学においては、$\sin kx$ や $\cos kx$ の波の重なりとして表現するよりも、オイラーの公式に基づいた $\exp(ikx)$ で表現するのが一般的ではある。ここでは、より基本的な三角関数のフーリエ級数展開を利用した解法を行う。

すでに何度か紹介しているが、現象の解析においては、微分方程式の解法のまえに、いかに微分方程式をつくるかが本来はより重要である。なぜなら表記の微分方程式が間違っていたら、その後の展開はすべて無意味となるからである。そこで、いかにして波動方程式が導出されたかをまず紹介する。

第6章 フーリエ級数展開

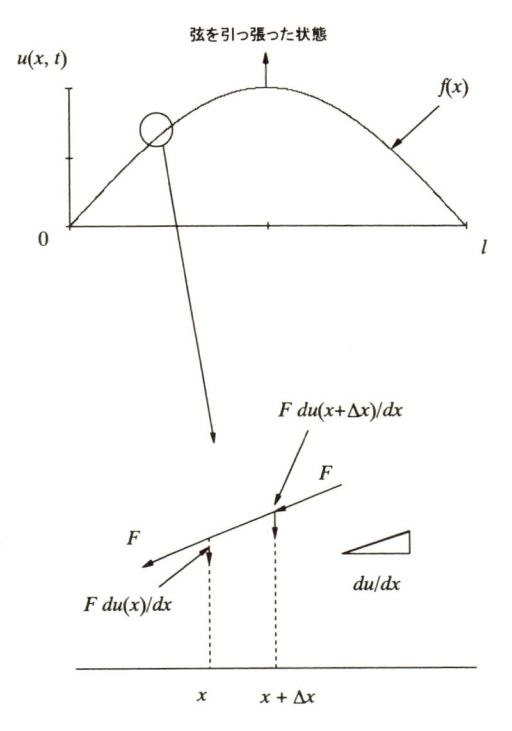

**図 6-6** 弦を引っ張った初期状態と、微小部分 $\Delta x$ の運動方程式導出のための力のつりあいの模式図。

### 6.6.1. 波動方程式の導出

まず、弦の波動方程式について考えてみよう。弦の張力を $F$ とすると、点 $x$ における $u$ 方向の力の成分は

$$F\frac{du}{dx}$$

で与えられる。ここで、図 6-6 に示すように、ある点 $x$ と、それからわずかに $\Delta x$ だけ離れた点 $x+\Delta x$ の間の領域を考えてみる。この領域に働く力は

$$F\frac{du(x+\Delta x)}{dx} - F\frac{du(x)}{dx}$$

となるが、$u$ は $t$ の関数でもあるから、正式には偏微分で表現する必要がある。つまり

$$F\frac{\partial^2 u(x,t)}{\partial x^2}$$

が、この微小領域に働く $u$ 方向の力である。
　ここで、この領域の運動方程式を考えると、質量を $m$ として

$$F \frac{\partial^2 u(x,t)}{\partial x^2} = m \frac{d^2 u}{dt^2}$$

ただし、右辺も $u$ が $x$ と $t$ の関数であることを考えると、偏微分とする必要がある。よって

$$\frac{\partial^2 u(x,t)}{\partial x^2} = \frac{m}{F} \frac{\partial^2 u(x,t)}{\partial t^2} \quad \text{あるいは} \quad \frac{\partial^2 u(x,t)}{\partial t^2} = \frac{F}{m} \frac{\partial^2 u(x,t)}{\partial x^2}$$

が、弦が振動する場合の運動方程式となる。一般には、定数を $F/m = c^2$ と置き換えて

$$\frac{\partial^2 u(x,t)}{\partial t^2} = c^2 \frac{\partial^2 u(x,t)}{\partial x^2}$$

と表現する。これが波動方程式となる。

### 6.6.2. 波動方程式の解法

　それでは、フーリエ級数を利用して弦の波動方程式を実際に解いてみよう。いま、弦の長さを $l$ とすると、弦の両端は固定されているから、境界条件としては

$$u(0,t) = 0 \qquad u(l,t) = 0$$

となる。また、$0 \leq x \leq l$ が定義域となる。
　ここで、弦を引っ張って手を離した後での弦の振動について考える。弦を引っ張った状態が $u(x,0) = f(x)$ という関数で与えられるものとする（図6-6）。ここで、弦の初速は 0 であるから

$$\frac{\partial u(x,0)}{\partial t} = 0$$

という初期条件が加わる。これら条件のもとで、以下の偏微分方程式を解法する。

$$\frac{\partial^2 u(x,t)}{\partial t^2} = c^2 \frac{\partial^2 u(x,t)}{\partial x^2}$$

ここで、両端で変位がゼロという条件があるので、$x$ 方向の解はフーリエサイン級数で表すことができる。そこで

$$u(x,t) = \sum_{n=1}^{\infty} b_n(t) \sin \frac{n\pi x}{l}$$

のかたちの解を仮定してみる。ここで $b_n(t)$ 項は時間変化を表し、$\sin(n\pi x/l)$

第6章　フーリエ級数展開

の項は空間分布を示す。すると

$$\frac{\partial^2 u(x,t)}{\partial t^2} = \sum_{n=1}^{\infty} \frac{d^2 b_n(t)}{dt^2} \sin\frac{n\pi x}{l}$$

$$c^2 \frac{\partial^2 u(x,t)}{\partial x^2} = c^2 \sum_{n=1}^{\infty} b_n(t) \left\{ -\left(\frac{n\pi}{l}\right)^2 \sin\frac{n\pi x}{l} \right\}$$

この両式が等しいことから

$$\sum_{n=1}^{\infty} \frac{d^2 b_n(t)}{dt^2} \sin\frac{n\pi x}{l} = \sum_{n=1}^{\infty} \left\{ -c^2 \left(\frac{n\pi}{l}\right)^2 b_n(t) \sin\frac{n\pi x}{l} \right\}$$

となり、両辺を比較すると、まず $b_n(t)$ に関して

$$\frac{d^2 b_n(t)}{dt^2} = -c^2 \left(\frac{n\pi}{l}\right)^2 b_n(t)$$

の2階の微分方程式が得られる。第5章でみたように、この微分方程式の解は $b_n(t) = \exp(\lambda t)$ と仮定して求めることができる。微分方程式に代入すると

$$\lambda^2 \exp(\lambda t) = -c^2 \left(\frac{n\pi}{l}\right)^2 \exp(\lambda t)$$

となり

$$\lambda^2 = -c^2 \left(\frac{n\pi}{l}\right)^2 \qquad \therefore \lambda = \pm ic\left(\frac{n\pi}{l}\right)$$

よって、一般解としては

$$b_n(t) = A_n \exp\left(i\frac{cn\pi}{l}t\right) + B_n \exp\left(-i\frac{cn\pi}{l}t\right)$$

が得られる。ここで、$A_n$, $B_n$ は任意の定数である。ここで、弦の初速が0という条件

$$\frac{\partial u(x,0)}{\partial t} = 0$$

を考える。これは

$$\frac{db_n(t)}{dt} = A_n i \frac{cn\pi}{l} \exp\left(i\frac{cn\pi}{l}t\right) - B_n i \frac{cn\pi}{l} \exp\left(-i\frac{cn\pi}{l}t\right)$$

として

$$\frac{db_n(0)}{dt} = A_n i \frac{cn\pi}{l} - B_n i \frac{cn\pi}{l} = 0$$

より、$A_n = B_n$ となる。よって

$$b_n(t) = A_n \exp\left(i\frac{cn\pi}{l}t\right) + A_n \exp\left(-i\frac{cn\pi}{l}t\right)$$

ここでオイラーの公式

$$\cos x = \frac{\exp(ix) + \exp(-ix)}{2}$$

を思い起こすと

$$b_n(t) = A_n \exp\left(i\frac{cn\pi}{l}t\right) + A_n \exp\left(-i\frac{cn\pi}{l}t\right) = 2A_n \cos\left(\frac{cn\pi}{l}t\right)$$

となる。これを $u(x,t) = \sum_{n=1}^{\infty} b_n(t) \sin \frac{n\pi x}{l}$ に代入すると

$$u(x,t) = \sum_{n=1}^{\infty} 2A_n \cos\left(\frac{cn\pi}{l}t\right) \sin \frac{n\pi x}{l}$$

となる。このままでは、$2A_n$ は任意定数であるが、$u(x,0) = f(x)$ という初期条件から

$$u(x,0) = f(x) = \sum_{n=1}^{\infty} 2A_n \sin \frac{n\pi x}{l}$$

という式を満足する必要がある。これは、$f(x)$ のフーリエサイン級数に他ならないので、フーリエ級数展開において、各係数を求める方法を思い出すと

$$2A_n = \frac{2}{l} \int_0^l f(x) \sin \frac{n\pi x}{l} dx$$

で与えられる。結局、解は

$$u(x,t) = \frac{2}{l} \sum_{n=1}^{\infty} \cos\left(\frac{cn\pi}{l}t\right) \sin \frac{n\pi x}{l} \int_0^l f(x) \sin \frac{n\pi x}{l} dx$$

と与えられる。ここで、$f(x)$ として適当な関数を代入すれば、より具体的な解が得られる。

**演習 6-5** 長さ $l$ の弦において、最初に引っ張った状態がつぎの関数で与えられる場合の波動方程式を求めよ。

$$u(x,0) = u_0 \sin \frac{\pi x}{l} \qquad (0 \leq x \leq l)$$

# 第6章 フーリエ級数展開

解) この一般解は

$$u(x,t) = \frac{2}{l}\sum_{n=1}^{\infty}\cos\left(\frac{cn\pi}{l}t\right)\sin\frac{n\pi x}{l}\int_0^l f(x)\sin\frac{n\pi x}{l}dx$$

である。ここで $f(x) = u_0 \sin\dfrac{\pi x}{l}$ を代入する。すると

$$\int_0^l f(x)\sin\frac{n\pi x}{l}dx = u_0\int_0^l \sin\frac{\pi x}{l}\sin\frac{n\pi x}{l}dx$$

この積分がゼロとならないのは、$n=1$ の場合だけである。この時

$$\int_0^l \sin\frac{\pi x}{l}\sin\frac{\pi x}{l}dx = \int_0^l \sin^2\left(\frac{\pi x}{l}\right)dx$$

$$= \int_0^l \frac{1-\cos(2\pi x/l)}{2}dx = \left[\frac{x}{2} - \frac{l}{4\pi}\sin\frac{2\pi x}{l}\right]_0^l = \frac{l}{2}$$

よって、弦の波動方程式は

$$u(x,t) = u_0 \sum_{n=1}^{\infty}\cos\left(\frac{c\pi}{l}t\right)\sin\frac{\pi x}{l}$$

で与えられる。

# 第7章　ラプラス変換

　微分方程式の解法として、はじめて出会ったときに、まるで魔法のように感じる手法に演算子法 (operational calculus) がある。これは、微分や積分を演算子(operator)として計算する方法である。例えば

$$a\frac{d^2x}{dt^2} + b\frac{dx}{dt} + cx = 0$$

のかたちの微分方程式で、微分演算子を $D$ とすると、2 階微分は $D$ を2回作用させる操作($D \times D = D^2$)であるから

$$aD^2x + bDx + cx = 0$$

と書ける。これは、第 5 章を思い起こすと、何のことはない、解として $x = k\exp(\lambda t)$ を仮定した操作と同等であることが分かる。なぜなら、微分方程式に、$x$ を代入すると

$$ak\lambda^2\exp(\lambda t) + bk\lambda\exp(\lambda t) + ck\exp(\lambda t) = (a\lambda^2 + b\lambda + c)k\exp(\lambda t) = 0$$

と変形できて

$$a\lambda^2 + b\lambda + c = 0$$

を満足する $\lambda$ に関する 2 次方程式を解けばよいことになる。これは、微分演算子を $D$ とした時の変換式と全く同じである。結局

$$\lambda = \frac{-b \pm \sqrt{b^2 - 4ac}}{2a}$$

となって、微分方程式の一般解として

$$x = A\exp(\frac{-b + \sqrt{b^2 - 4ac}}{2a}t) + B\exp(\frac{-b - \sqrt{b^2 - 4ac}}{2a}t)$$

が簡単に得られる。ここで $A, B$ は任意の定数である。このように、$x$ が指数関数のかたちをしていると仮定することで、2 階の微分方程式の解法が簡単な2次方程式の解法へと還元されるのである。

　ただし、本来の演算子法は、つぎに紹介するラプラス変換 (Laplace transform) である。この手法を使うと、変換後の世界では、微分方程式が四則計算 (arithmetic calculation) の舞台にかわり、単純な計算の後に再び逆変換すると、理由はよく分からないが、もとの微分方程式の解が得られるという寸

第 7 章　ラプラス変換

法である。
　この手法の便利な点は、すでにラプラス変換と逆変換の式が一覧表となっていて、利用する人間はこの表を見て単純計算をするだけで済む点にある。残念ながら、そのトリックはいったい何かと問われても簡単に説明することはできないが、実際に関数や微分積分の変換を行うと、その効用が分かってくる。

## 7.1.　ラプラス変換の定義
ラプラス変換の定義式は

$$F(s) = \int_0^\infty e^{-sx} f(x) dx$$

である。このようにしてつくられる関数 $F(s)$ を $f(x)$ のラプラス変換と呼んでいる。あるいは $f(x)$ を原関数、$F(s)$ を像関数とも呼ぶ。あるいは、もっと変換を明確にするために、$L(f(x)) = F(s)$ と表記する。
　原関数と像関数は、いわば別の世界に属しているが、それぞれ 1 対 1 に対応しており鏡像関係にある。よって、$F(s)$ を $f(x)$ にもどすこともできる。この操作をラプラス逆変換と呼んでいる。こちらは、$L^{-1}(F(s)) = f(x)$ と表記する。ラプラス逆変換の定義式も当然あるが、それほど計算は簡単ではない（補遺 7-1 参照）。
　そこで $f(x)$ のラプラス変換が $F(s)$ というような対応表が用意されており、その情報をもとに $F(s)$ を $f(x)$ に逆変換する。さらに、この定義式から分かるように

$$L(f(x)) = \int_0^\infty e^{-sx} f(x) dx$$

$$L(af(x)) = \int_0^\infty e^{-sx} af(x) dx = a\int_0^\infty e^{-sx} f(x) dx = aL(f(x))$$

$$L(f(x) + g(x)) = \int_0^\infty e^{-sx}(f(x) + g(x))dx = \int_0^\infty e^{-sx} f(x) dx + \int_0^\infty e^{-sx} g(x) dx$$
$$= L(f(x)) + L(g(x))$$

となって、線形性が確認できる。

### 7.1.1.　定数のラプラス変換
ラプラス変換は $f(x)$ に $\exp(-sx)$ をかけて、$x$ に関して 0 から∞まで積分す

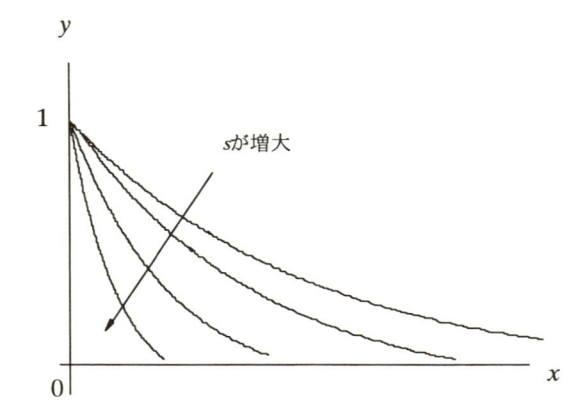

**図 7-1** $y=e^{-sx}$ のグラフ。$s$ の値が大きくなると、グラフは $x$ の増加とともに急激に減衰する。ラプラス変換は $f(x)$ に $e^{-sx}$ をかけた関数を 0 から∞まで積分して得られる $s$ の関数であるが、この積分値が $f(x)$ によって $s$ に対する依存性がどのように変化するかをみたものと言える。

る操作となっている。試しに $f(x) = a$ という定数関数を入れて計算してみる。すると

$$L(a) = \int_0^\infty e^{-sx} f(x)dx = a\int_0^\infty e^{-sx}dx = a\left[-\frac{1}{s}e^{-sx}\right]_0^\infty = \frac{a}{s}$$

となって、定数のラプラス変換は $a/s$ で与えられる。このように、exp(-sx) というかたちの指数関数をかけることで、積分計算が簡単になるところが、ラプラス変換のキーポイントである。

exp(-sx) のグラフは図 7-1 に示すように、$x$ の増加とともに急激に減少するため、$f(x)$ をかけて、0 から∞まで積分しても、ある値に収束する。(もちろん収束しない場合もあるが。) どのように収束するかは、$s$ が大きいほどはやく、結局 $f(x)$ がどのようなかたちに落ちつくかを、$s$ の関数として表すことができる。例えば、定数関数は、$s$ の逆数に比例して収束がはやくなる。これは、exp(-sx) の性質そのものを反映したもので、図 7-1 から明らかであろう。

### 7.1.2. 導関数のラプラス変換

つぎに導関数 $f'(x)$ はどうなるであろうか。これも変換式に代入すると

$$L(f'(x)) = \int_0^\infty e^{-sx} f'(x)dx$$

ここで部分積分の手法を使うと

$$\int_0^\infty e^{-sx} f'(x)dx = \left[e^{-sx} f(x)\right]_0^\infty - \int_0^\infty (-s)e^{-sx} f(x)dx = -f(0) + s\int_0^\infty e^{-sx} f(x)dx$$

第7章 ラプラス変換

最後の積分は、関数 $f(x)$ のラプラス変換であるから
$$L(f'(x)) = sF(s) - f(0)$$
となる。つまり、ラプラス変換では微分計算は、もとの関数に $s$ をかけるという操作ですむのである。

それでは、2階の導関数はどうなるであろうか。せっかく、1階導関数の場合の関係を求めたので、これを利用してみよう。
$$L(f''(x)) = sL(f'(x)) - f'(0)$$
であり、$L(f'(x)) = sF(s) - f(0)$ であるから、これを代入すると
$$L(f''(x)) = s\{sF(s) - f(0)\} - f'(0) = s^2F(s) - sf(0) - f'(0)$$
となる。つまり、2階の微分は $s^2$ をかけることで得られる。以下同様の操作で、高い階数の導関数を求めることができる。これが、ラプラス変換のひとつの効用である。

このようにラプラス変換では関数 $f(x)$ に $\exp(-sx)$ をかけることで、指数関数が持っている何回微分してもそれ自身にもどるという特徴と、$x = 0$ では $\exp(-sx) = 1$、$x \to \infty$ では、$\exp(-sx) \to 0$ に近づくという性質をうまく利用している。さらに、被積分関数が指数関数と $f(x)$ のかけ算になっているので、適宜、部分積分を利用できるという特徴もある。

### 7.1.3. 積分のラプラス変換

それでは、$f(x)$ の積分はどう変換されるであろうか。ここで積分した結果が $x$ の関数となるように、ラプラス変換する対象として
$$\int_0^x f(t)dt$$
を考える。いま
$$L(f(x)) = F(s) = \int_0^\infty e^{-sx} f(x)dx$$
であるとして
$$L\left(\int_0^x f(t)dt\right) = \int_0^\infty e^{-sx} \left(\int_0^x f(t)dt\right)dx$$
を求める。ここで、部分積分を使うと
$$L\left(\int_0^x f(t)dt\right) = \left[-\frac{1}{s}e^{-sx}\int_0^x f(t)dt\right]_0^\infty + \frac{1}{s}\int_0^\infty e^{-sx} f(x)dx$$
ここで $x \to \infty$ のとき $e^{-sx} \to 0$ であり、$x = 0$ のとき

$$\int_0^x f(t)\,dt = \int_0^0 f(t)\,dt = 0$$

であるから、右辺の第1項は0となる。また、第2項の積分は、まさに$f(x)$のラプラス変換であるから

$$L\left(\int_0^x f(t)\,dt\right) = \frac{1}{s}F(s)$$

となる。つまり、ラプラス変換後は、微分は$s$のかけ算になり、積分は$s$のわり算になる。

さらにいくつかの関数のラプラス変換を計算してみよう。

### 7.1.4. べき級数のラプラス変換

べき級数のラプラス変換はどうなるであろうか。まず、$x^n$について計算してみる。

$$L(x^n) = \int_0^\infty e^{-sx} x^n\,dx = \left[-\frac{1}{s}e^{-sx}x^n\right]_0^\infty - \int_0^\infty \left(-\frac{1}{s}e^{-sx}\right)nx^{n-1}\,dx = \frac{n}{s}\int_0^\infty e^{-sx}x^{n-1}\,dx$$

よって

$$L(x^n) = \frac{n}{s}L(x^{n-1})$$

の関係にある。すると順次

$$L(x^{n-1}) = \frac{n-1}{s}L(x^{n-2})$$

$$L(x^{n-2}) = \frac{n-2}{s}L(x^{n-3})$$

と計算できるので、結局

$$L(x^n) = \frac{n!}{s^{n+1}}$$

となる。ここで、つぎのべき級数を考える。

$$f(x) = a_0 + a_1 x + a_2 x^2 + a_3 x^3 + \ldots + a_n x^n + \ldots$$

ラプラス変換の定義式をみれば分かるように、項別に変換できるので

$$L(f(x)) = \frac{a_0}{s} + a_1 \frac{1}{s^2} + a_2 \frac{2!}{s^3} + a_3 \frac{3!}{s^4} + \ldots + a_n \frac{n!}{s^{n+1}} + \ldots$$

となる。

### 7.1.5. 指数関数のラプラス変換

それでは、指数関数のラプラス変換はどうなるであろうか。さっそく定義式に代入して計算してみよう。

$$L(e^{ax}) = \int_0^\infty e^{-sx} e^{ax} dx = \int_0^\infty e^{(a-s)x} dx = \left[\frac{1}{a-s} e^{(a-s)x}\right]_0^\infty$$

ここで $a > s$ の場合は発散してしまうが、$s > a$ の場合には

$$L(e^{ax}) = \left[\frac{1}{a-s} e^{(a-s)x}\right]_0^\infty = -\frac{1}{a-s} = \frac{1}{s-a}$$

となる。

### 7.1.6. 三角関数のラプラス変換

つぎに三角関数のラプラス変換を求めてみよう。これも定義式を使うと

$$L(\cos ax) = \int_0^\infty e^{-sx} \cos ax \, dx$$

となる。ここで、部分積分を利用すると

$$\int_0^\infty e^{-sx} \cos ax \, dx = \left[e^{-sx} \frac{1}{a} \sin ax\right]_0^\infty - \frac{1}{a}\int_0^\infty (-s) e^{-sx} \sin ax \, dx = \frac{s}{a}\int_0^\infty e^{-sx} \sin ax \, dx$$

もう一度部分積分を利用する。

$$\int_0^\infty e^{-sx} \sin ax \, dx = \left[-e^{-sx} \frac{1}{a} \cos ax\right]_0^\infty + \frac{1}{a}\int_0^\infty (-s) e^{-sx} \cos ax \, dx = \frac{1}{a} - \frac{s}{a} L(\cos ax)$$

これを最初の式に代入すると

$$L(\cos ax) = \frac{s}{a}\left\{\frac{1}{a} - \frac{s}{a} L(\cos ax)\right\}$$

整理すると

$$a^2 L(\cos ax) = s - s^2 L(\cos ax)$$

よって

$$L(\cos ax) = \frac{s}{s^2 + a^2}$$

となる。同様にして

$$L(\sin ax) = \frac{a}{s^2 + a^2}$$

となる。

**演習 7-1** $\sin ax$ のラプラス変換を求めよ。

**解）** 定義式より $L(\sin ax) = \int_0^\infty e^{-sx} \sin ax\, dx$ である。部分積分を利用すると

$$\int_0^\infty e^{-sx} \sin ax\, dx$$
$$= \left[ -e^{-sx} \frac{1}{a} \cos ax \right]_0^\infty + \frac{1}{a} \int_0^\infty (-s) e^{-sx} \cos ax\, dx = \frac{1}{a} - \frac{s}{a} \int_0^\infty e^{-sx} \cos ax\, dx$$

さらに、もう一度部分積分を利用すると

$$\int_0^\infty e^{-sx} \cos ax\, dx = \left[ e^{-sx} \frac{1}{a} \sin ax \right]_0^\infty - \frac{1}{a} \int_0^\infty (-s) e^{-sx} \sin ax\, dx = \frac{s}{a} L(\sin ax)$$

となる。よって

$$L(\sin ax) = \frac{1}{a} - \left( \frac{s}{a} \right)^2 L(\sin ax)$$

これを整理すると

$$L(\sin ax) = \frac{a}{s^2 + a^2}$$

と与えられる。

### 7.1.7. $xf(x)$ のラプラス変換

定義から、ある関数 $f(x)$ のラプラス変換は

$$L(f(x)) = F(s) = \int_0^\infty e^{-sx} f(x) dx$$

ここで、この式の $s$ に関する微分を求めると

$$\frac{dF(s)}{ds} = \frac{d}{ds} \int_0^\infty e^{-sx} f(x) dx = \int_0^\infty \frac{de^{-sx}}{ds} f(x) dx$$
$$= \int_0^\infty (-x) e^{-sx} f(x) dx = -\int_0^\infty e^{-sx} x f(x) dx$$

これは、$xf(x)$ のラプラス変換である。よって

第7章　ラプラス変換

$$L(xf(x)) = -\frac{dF(s)}{ds}$$

という関係が得られる。

**演習 7-2**　　上記関係を利用して $xe^{ax}$ のラプラス変換を求めよ。

解）　$L(e^{ax}) = F(s) = \dfrac{1}{s-a}$ であるから

$$L(xe^{ax}) = -\frac{dF(s)}{ds} = -\left(\frac{1}{s-a}\right)' = \frac{1}{(s-a)^2}$$

となる。この関係を利用すると

$$L(x^2 e^{ax}) = L(x \cdot xe^{ax}) = -\left(\frac{1}{(s-a)^2}\right)' = \frac{2(s-a)}{(s-a)^4} = \frac{2}{(s-a)^3}$$

同様にして

$$L(x^3 e^{ax}) = L(x \cdot x^2 e^{ax}) = -\left(\frac{2}{(s-a)^3}\right)' = \frac{2 \cdot 3(s-a)^2}{(s-a)^6} = \frac{2 \cdot 3}{(s-a)^4}$$

よって、一般式

$$L(x^n e^{ax}) = \frac{n!}{(s-a)^{n+1}}$$

が得られる。

**演習 7-3**　　$f(x)$ のラプラス変換が $F(s)$ と分かっているとき、$e^{ax}f(x)$ のラプラス変換をもとめよ。

解）　定義から　$L(f(x)) = F(s) = \int_0^\infty e^{-sx} f(x) dx$　である。よって

$$L(e^{ax} f(x)) = \int_0^\infty e^{-sx} e^{ax} f(x) dx = \int_0^\infty e^{-(s-a)x} f(x) dx$$

これは、$F(s)$ を使って書くと $F(s-a)$ に他ならない。よって、$s$ を $s-a$ で置換すればよい。例えば、$\sin bx$ と $\cos bx$ のラプラス変換は

$$L(\sin bx) = \frac{b}{s^2 + b^2} \qquad L(\cos bx) = \frac{s}{s^2 + b^2}$$

であるから

$$L(e^{ax} \sin bx) = \frac{b}{(s-a)^2 + b^2} \qquad L(e^{ax} \cos bx) = \frac{s-a}{(s-a)^2 + b^2}$$

となる。

### 7.1.8. ラプラス変換のまとめ

ここでラプラス変換をまとめると

| $f(x)$ | $F(s)$ |
|---|---|
| $a$ | $\dfrac{a}{s}$ |
| $x$ | $\dfrac{1}{s^2}$ |
| $x^n$ | $\dfrac{n!}{s^{n+1}}$ |
| $e^{ax}$ | $\dfrac{1}{s-a}$ |
| $xe^{ax}$ | $\dfrac{1}{(s-a)^2}$ |
| $\sin ax$ | $\dfrac{a}{s^2 + a^2}$ |
| $\cos ax$ | $\dfrac{s}{s^2 + a^2}$ |

つぎにラプラス変換の微分と積分は

| | |
|---|---|
| $f'(x)$ | $sF(s) - f(0)$ |
| $f''(x)$ | $s^2 F(s) - sf(0) - f'(0)$ |
| $\int_0^x f(t)dt$ | $\dfrac{1}{s} F(s)$ |

## 7.2. ラプラス変換による微分方程式の解法

ラプラス変換による微分方程式の解法の手順を図 7-2 に示す。まず、関数

第7章　ラプラス変換

**図 7-2** ラプラス変換を利用した微分方程式の解法。原関数 $f(x)$ とラプラス変換後の像関数 $F(s)$ の世界は1対1に対応する。ラプラス変換の利点は、微分方程式が $F(s)$ の世界では、簡単に計算できる代数方程式に変わることである。この計算により $s$ の関数を得たのちラプラス逆変換すれば、$f(x)$ の世界の微分方程式の解が得られる。

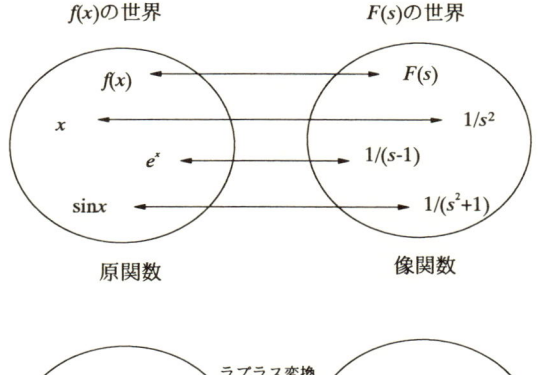

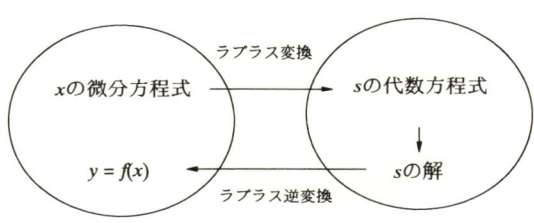

$f(x)$ を項別にラプラス変換して $F(s)$ を得る。その後は単純な代数計算をする。その結果をラプラス逆変換ができるように変形して、最後は変換表に従って $x$ の関数にもどす。すると、微分方程式の解が得られる。

それでは、実際にラプラス変換を利用して微分方程式を解いてみよう。まず第5章でも取り扱った代表的な微分方程式を解いてみる。

### 7.2.1. 2階微分方程式

$$\frac{d^2y}{dx^2} + 5\frac{dy}{dx} + 6y = 0$$

を $y(0) = 1$，$y'(0) = -1$ の初期条件のもとで解法する。

ラプラス変換をとると
$$s^2F(s) - sy(0) - y'(0) + 5\{sF(s) - y(0)\} + 6F(s) = 0$$
初期条件を入れて整理すると
$$(s^2 + 5s + 6)F(s) = s + 4$$
よって
$$F(s) = \frac{s+4}{s^2 + 5s + 6} = \frac{s+4}{(s+2)(s+3)} = \frac{2}{s+2} - \frac{1}{s+3}$$

ここで、7.1.8項のラプラス変換の対応表を使って$x$の関数にもどすと
$$y = 2e^{-2x} - e^{-3x}$$
という解が得られる。

**7.2.2. 指数関数を含む微分方程式**
$$\frac{dy}{dx} - 2y = 2e^{3x}$$
を $y(0) = 1$ の初期条件のもとで解法する。

両辺のラプラス変換をとると
$$sL(y) - y(0) - 2L(y) = 2L(e^{3x})$$
ここで、$L(y) = F(s)$ と置くと
$$(s-2)F(s) = y(0) + \frac{2}{s-3} = 1 + \frac{2}{s-3} = \frac{s-1}{s-3}$$
$$F(s) = \frac{s-1}{(s-2)(s-3)} = -\frac{1}{s-2} + \frac{2}{s-3}$$
これを、7.1.8項のラプラス変換の対応表を使って、もとの$x$の関数に戻すと
$$y = -e^{2x} + 2e^{3x}$$
と解が与えられる。

**演習 7-4** ラプラス変換を用いて、つぎの初期値問題を解け。
$$\frac{d^2y}{dx^2} + 2\frac{dy}{dx} + y = \sin x \qquad y(0) = 0, \qquad y'(0) = 1$$

**解）** 両辺のラプラス変換をとると
$$s^2 F(s) - sy(0) - y'(0) + 2\{sF(s) - y(0)\} + F(s) = \frac{1}{s^2+1}$$
初期条件を入れると
$$s^2 F(s) - 1 + 2sF(s) + F(s) = \frac{1}{s^2+1}$$
整理すると
$$(s^2 + 2s + 1)F(s) = 1 + \frac{1}{s^2+1} = \frac{s^2+2}{s^2+1}$$
よって

第7章　ラプラス変換

$$F(s) = \frac{s^2 + 2}{(s+1)^2(s^2+1)}$$

ここで右辺を部分分数に分解すると

$$F(s) = \frac{1}{2}\left(\frac{1}{s+1} + \frac{3}{(s+1)^2} - \frac{s}{s^2+1}\right)$$

ラプラス変換の対応表をつかって、$x$ の関数にもどすと

$$y = \frac{1}{2}e^{-x} + \frac{3}{2}xe^{-x} - \frac{1}{2}\cos x$$

となる。

### 7.3.　ラプラス変換の利用分野

　実は、解法の難しい微分方程式を解くことにはラプラス変換はあまり使われない。それよりも、級数展開やフーリエ級数展開の方が利用価値が高いからである。ラプラス変換は、あらかじめ解がある程度分かっている微分方程式において、すばやい計算をする工学的な応用の方が主である。

　たとえば、振動の微分方程式は知られているが、その振動を制御するのに、いちいち微分方程式を計算したのでは時間がかかる。そこで、あらかじめ、微分方程式をラプラス変換して、普通の代数計算に簡単化したうえで制御に使うという手法が用いられる。例として強制振動を考えてみよう。この微分方程式は

$$a\frac{d^2x}{dt^2} + b\frac{dx}{dt} + cx = F$$

と書くことができる。ここで $F$ は外力である。通常の装置では、初期条件は $x(0) = 0$, $x'(0) = 0$ であるから、このラプラス変換は

$$(as^2 + bs + c)X(s) = F(s)$$

$$X(s) = \frac{1}{as^2 + bs + c}F(s)$$

と簡単になる。実際には $a$ と $b$ と $c$ が数値で与えられるので、外力（$F(s)$）の変化に対する系の応答（$X(s)$）が簡単な代数の計算式で表現できるのである。制御工学では、$as^2 + bs + c$ のことを伝達関数 (transfer function) と呼ぶ。

　また交流の電気回路も微分方程式で表現できるが、これもラプラス変換を利用すると便利である。例えば、コイルと抵抗の直列回路に交流電圧 $E\sin\omega t$

を印加した時の微分方程式は

$$L\frac{dI}{dt} + RI = E\sin\omega t$$

と与えられる。初期条件を $I(0) = 0$ とすると、ラプラス変換は

$$LsI(s) + RI(s) = \frac{E\omega}{s^2 + \omega^2}$$

$$(Ls + R)I(s) = \frac{E\omega}{s^2 + \omega^2}$$

よって

$$I(s) = \frac{E\omega}{(Ls+R)(s^2+\omega^2)} = \frac{E\omega}{R^2+\omega^2 L^2}\left(\frac{L^2}{Ls+R} + \frac{-Ls+R}{s^2+\omega^2}\right)$$

これをさらに変形して

$$I(s) = \frac{E}{R^2+\omega^2 L^2}\left(-\omega L\frac{s}{s^2+\omega^2} + R\frac{\omega}{s^2+\omega^2} + \omega L\frac{1}{s+R/L}\right)$$

とすると、ラプラス変換の表が利用でき

$$I(t) = \frac{E}{R^2+\omega^2 L^2}\left(-\omega L\cos\omega t + R\sin\omega t + \omega Le^{-\frac{R}{L}t}\right)$$

と計算できる。文字式で表現すると、ちょっと複雑であるが、実際の工学的応用の場では、$L, R, \omega$ の具体的な数値が与えられるので、計算はもっと簡単になる。

　このように、ラプラス変換は自動制御技術において工学的に利用される場合が多いが、数学の微分方程式の解法そのものに利用されることはあまりないことを付けくわえておく。これは、補遺に示すように、ラプラス変換の逆変換が、あまり簡単ではないことに原因がある。

## 補遺 7-1　ラプラス逆変換

ラプラス変換が

$$L(f(x)) = F(s) = \int_0^\infty e^{-sx}f(x)dx$$

第7章　ラプラス変換

**図 7A-1**　ラプラス逆変換の積分路。複素平面で虚軸に平行な無限の直線となる。

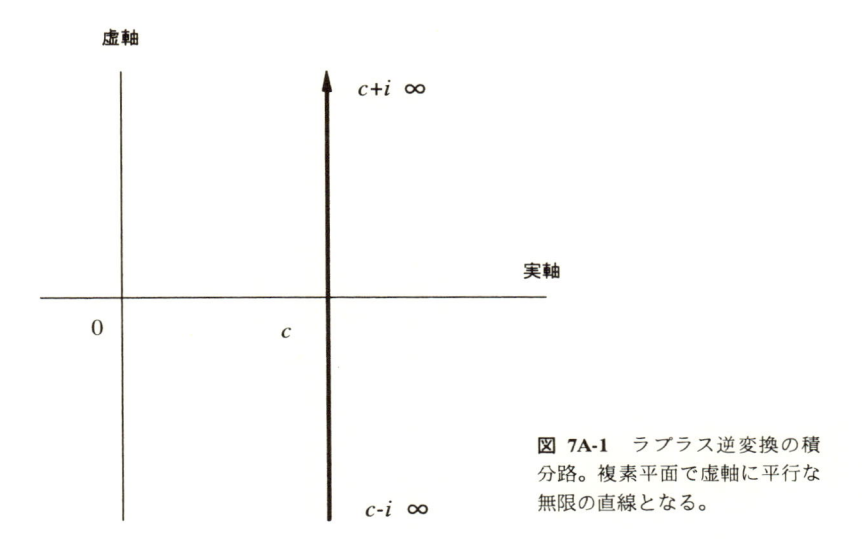

とすると、ラプラス逆変換は
$$L^{-1}(F(s)) = f(x)$$
となるので、通常の計算ではラプラス変換の一覧表を使って、逆変換をしている。ただし、逆変換に対応した定義式もあり、原理的には、適当な像関数 $F(s)$ が与えられれば、原関数 $f(x)$ を計算することができる。

その定義式は
$$f(x) = \frac{1}{2\pi i}\int_{c-i\infty}^{c+i\infty} F(s)e^{sx}ds$$
となる。これは、複素平面上で、図 7A-1 に示した虚軸に平行な無限路での積分となっている。このように逆変換は複素積分となっている。この積分もそれほど簡単ではない。このため、ラプラス変換の教科書でも逆変換そのものの定義式については、あまり触れられていない。

# 第8章　複素積分

　解法の難しい実数積分を求める手法として、複素積分 (complex integral) も理工系の数学ではよく使われる。実は、複素積分には、実数積分にはない都合のよい性質があって、これをうまく利用すると、普通の方法では解けない実数積分の値を求めることができるのである。実数軸を含んだ積分路で複素積分したのち、実数部分だけ取り出すという手法である。
　そこで、本章では、どのような仕組みで複素積分に実数積分を解くための便宜性があるのかに焦点を絞って解説する。

### 8.1.　複素積分の特徴
　複素平面での積分の第一の特徴は、普通の関数 $f(x)$ を複素平面の閉曲線 (closed curve: $c$) 上で積分すると、その値がゼロになるという性質である。すなわち

$$\oint_c f(z)dz = 0$$

となる。ここで、普通の関数 (正則関数 : regular function) とは、(無限遠をのぞいて) 無限大 (infinity) になる点を持たない関数である。
　例えば、

$$f(z) = \frac{1}{z}$$

は、$z = 0$ で無限大になるので正則ではない。また、この無限大になる点を特異点 (singular point) と呼んでいる。
　もうひとつの特徴は、積分路の閉曲線の中に特異点がある場合は、積分値はゼロにならず、ある一定の値をとるという点である。

### 8.2.　なぜ $\oint_c f(z)dz = 0$ か？
　正則関数を複素平面の閉曲線上において積分すると、その値がゼロになるという性質はコーシーの積分定理 (Cauchy's integral theorem) と呼ばれる。

第 8 章　複素積分

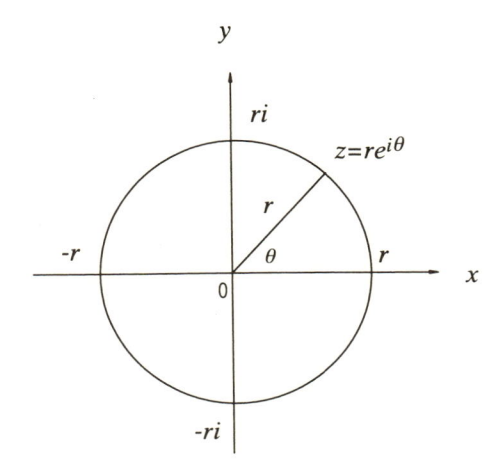

**図 8-1**　複素平面における半径 $r$ の円 ($z=re^{i\theta}$) の積分路。

　まず、図 8-1 に示したような原点を中心とする円に沿って関数 $f(z)$ を積分する場合を考えてみよう。
　この時、積分経路は

$$z = re^{i\theta}$$

で与えられる。ここで

$$dz = ire^{i\theta}d\theta$$

となるので、$\oint_c f(z)dz$ は

$$\oint_c f(z)dz = i\int_0^{2\pi} F(\theta)re^{i\theta}d\theta$$

と変換される。ここで、注目すべきは $e^{i\theta}$ が関数にかかっていて、積分路が円の 1 周（1 回転）に変わるという事実である。これが、積分値がゼロになるカギを握っている。
　それを示すために、例として $f(z) = az^2 + bz + c$ という 2 次関数を考える。これに $z = re^{i\theta}$ を代入すると

$$F(\theta) = ar^2e^{i2\theta} + bre^{i\theta} + c$$

となる。先程の式に代入すると

$$\int_0^{2\pi}(ar^3e^{i3\theta} + br^2e^{i2\theta} + cre^{i\theta})d\theta = ar^3\int_0^{2\pi}e^{i3\theta}d\theta + br^2\int_0^{2\pi}e^{i2\theta}d\theta + cr\int_0^{2\pi}e^{i\theta}d\theta$$

となる。ここで注目すべきは、すべての項が

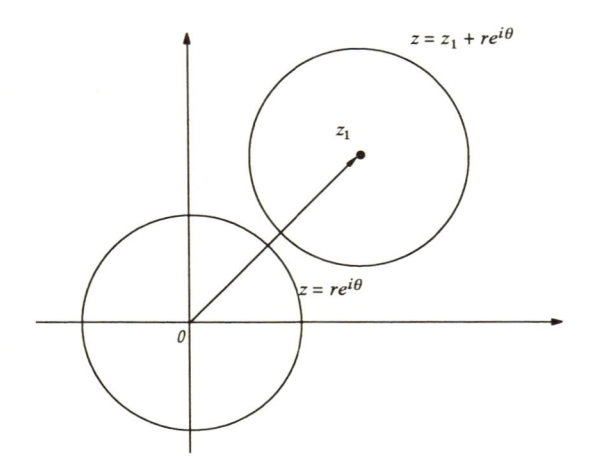

**図 8-2** 積分路を原点を中心とする円($z = re^{i\theta}$)から、中心が $z = z_1$ の任意の円($z = z_1 + re^{i\theta}$)に変える。

$$\int_0^{2\pi} e^{in\theta} d\theta$$

というかたちの積分を含んでいることで、この積分値は

$$\int_0^{2\pi} e^{in\theta} d\theta = \frac{1}{in}\left[e^{in\theta}\right]_0^{2\pi} = \frac{1}{in}(e^{i2n\pi} - e^0) = 0$$

となって、すべてゼロであるから、どうあがいても

$$\oint_c f(z)dz = 0$$

とならざるを得ない。

　これは、$dz$ を $d\theta$ に変換する際に必ず $e^{i\theta}$ の項が付加されることにそもそもの原因がある。つぎに $f(z)$ に代入しても、定数以外は、かならず $(e^{i\theta})^n = e^{in\theta}$ 形式の項しかできないうえ、定数項にも $e^{i\theta}$ がかかるので、結局すべての項が $e^{in\theta}$ というかたちになる。この結果、0 から $2\pi$ までの積分値はゼロとなるので、コーシーの積分定理が成立する。

　ただし、いまの場合は原点を中心とした円の場合である。それでは、図 8-2 のように原点から離れて、第一象限 (first quadrant) に存在する円の場合はどうであろうか。

　この場合は

$$z = z_1 + re^{i\theta}$$

第8章 複素積分

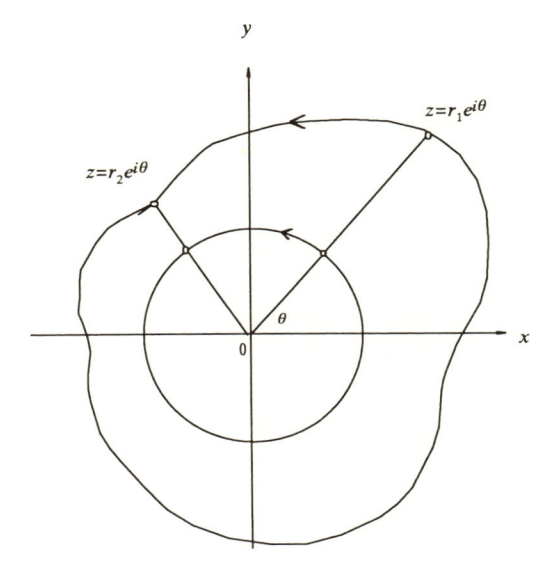

**図 8-3** 複素平面における任意の閉曲線における積分も、円の積分と同様に考えられる。

と置き換える。再び
$$f(z) = az^2 + bz + c$$
を考えると、これは
$$a(z_1 + re^{i\theta})^2 + b(z_1 + re^{i\theta}) + c = az_1^2 + 2az_1 re^{i\theta} + ar^2 e^{i2\theta} + bz_1 + bre^{i\theta} + c$$
$$= ar^2 e^{i2\theta} + (2az_1 + b)re^{i\theta} + (az_1^2 + bz_1 + c)$$
となり、同様の計算をしてみれば、簡単に
$$\oint_c f(z)dz = 0$$
となることが分かる。これが、円ではなく任意の閉曲線の場合でも、閉曲線であれば図8-3に示したように、曲線上の点にはすべて、ある$\theta$が対応し、周回積分は
$$\oint_c dz \to \int_0^{2\pi} d\theta$$
というように、$\theta$が1回転するという変換を行うことができる。しかも、どの項も必ず $e^{in\theta}$ を含むことになるので、積分値がゼロとなる。もちろん、積分路が閉曲線でなければ、このような積分路の変換はできないので積分値がゼロになるとは限らない。

**8.3.** $\oint_c f(z)dz \neq 0$ はどんな場合か？

ここで、ついでにどのような場合に

$$\oint_c f(z)dz$$

がゼロとはならないかを示しておこう。この積分がゼロになるトリックは

 1 閉曲線では $\oint_c dz \to \int_0^{2\pi} d\theta$ の変換が可能である

 2 この変換で被積分関数に $e^{i\theta}$ がかかる

ためである。閉曲線である限り 1 の変換は可能であるから、2 の $e^{i\theta}$ の項が消える工夫が必要となる。この項を消すための方法は簡単で、$e^{-i\theta}$ を含む関数を積分すればよいのである。つまり、$1/z$ である。そうすれば、この項はゼロとならない。

ここで試しに、関数 $f(z)=1/z$ を原点を中心とする半径 $r$ の円上で複素積分を行った場合を計算してみよう。

$$\oint_c \frac{1}{z}dz = i\int_0^{2\pi} \frac{1}{re^{i\theta}} re^{i\theta} d\theta = i\int_0^{2\pi} d\theta = 2\pi i$$

となり、ゼロとはならないことが確かめられる。これは、$1/z$ の項によって $e^{i\theta}$ の項が消えたおかげである。さらに、上の積分では $r$ に関係なく（円の大きさあるいは、閉曲線の大きさに関係なく）積分値は常に一定となることも分かる。

実は、複素積分では特異点を含む閉曲線で、ある関数を積分した場合、その値は常に一定という性質がある。これは、$r$ が分子と分母で相殺されるためであるが、別の証明方法があるので、それは後程紹介する。

もうひとつ大事な点は、$1/z$ の特異点は $z=0$ であるが、今回の積分路として選んだ原点を中心とする円では、この特異点を含んだ閉曲線となっている事実である。実は、特異点を含まない閉曲線では、積分値はゼロとなる。

その理由は簡単で、$e^{i\theta}$ を消すという作用がうまくいかなくなるからである。試しに、$f(z)=1/z$ の積分路として、図 8-4 に示すような原点を含まない積分路を仮定してみよう。この場合には、この関数では

$$\oint_c dz \to \int_0^{2\pi} d\theta$$

第8章　複素積分

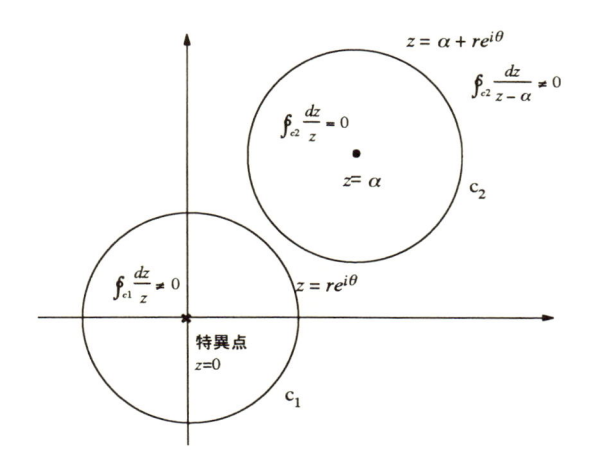

**図 8-4**　積分路を原点を中心とする円（$c_1$）から、$z=\alpha$ を中心とする円（$c_2$）に変えると、$z=\alpha$ が特異点になる。複素関数 $f(z)=1/z$ を $c_1$ に沿って積分するとゼロとはならないが、$c_2$ に沿って積分するとゼロとなる。

の変換ができなくなり、その替りとして $f(z)=1/(z-\alpha)$ という関数を使う必要が出てくる。結局 $1/z$ のままでは $e^{i\theta}$ を消すことができないのである。もちろん、この場合は $f(z)=1/(z-\alpha)$ という関数を想定すれば積分値がゼロではなくなる。ただし、この場合は特異点が $z=\alpha$ となっており、閉曲線は、ちゃんと、この特異点を含んでいることになる。

## 8.4.　なぜ複素積分の値は一定か

すでに $f(z)=1/z$ の積分で示したように、原点を中心とする円の大きさに関係なく、この複素積分の値は常に $2\pi i$ となる。実は、特異点を含む閉曲線上での積分の値はつねに一定となる。これは、特異点を含まない複素平面の閉曲線上での積分はゼロという事実で示すことができる。

今、図 8-5 に示すように特異点を含む円の積分路と、特異点を持たない円の積分路の結合を考えてみよう。後者の積分値はゼロであるから、その経路を足しても値は変わらない。ここで、このふたつの円を結合させた時、結合部分の経路は、ちょうど周回積分になっているから、その値はゼロである。よって、最初の円にどんな経路の閉曲線を足しても、結果は変わらないことになる。このため、特異点を含む任意の閉曲線上の複素積分値はつねに一定となるのである。

## 8.5.　複素積分による実数積分の解法

それでは、ここで複素積分を利用して実数積分を解くという手法を具体的

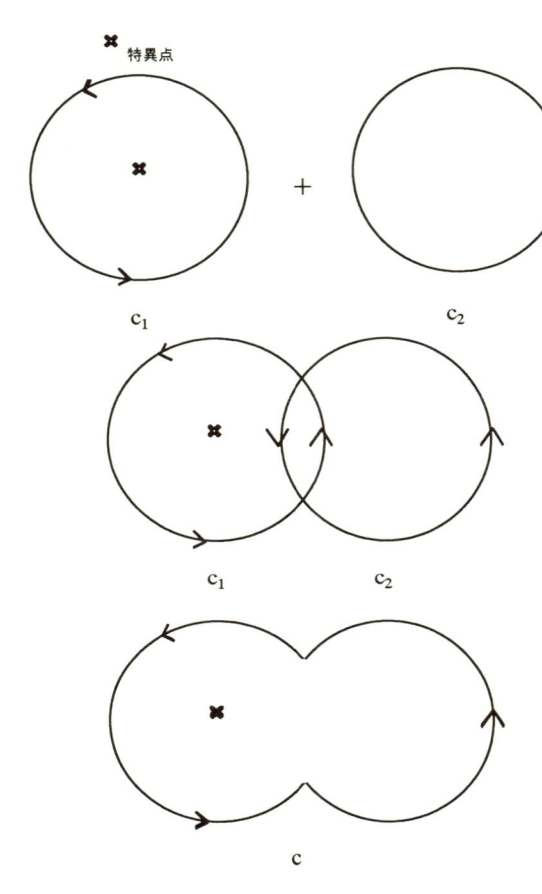

**図 8-5** 特異点を含まない任意の閉曲線（$c_2$）上の積分はつねにゼロである。ここで特異点を含む閉曲線（$c_1$）と結合させたときに、結合部分の積分路は閉曲線となるので、その値はゼロとなる。

よって、特異点を含まないどんな閉曲線を結合させても、合成された閉曲線での複素積分の値は変わらない。

に体験してみよう。前述したように、苦労してまで複素積分をする理由は、解くことの難しい実数積分を複素平面を利用して解きたいからである。

この時、複素積分の都合のよい性質は、任意の閉曲線上で積分した正則関数の積分値がゼロになることである。ここで、任意の閉曲線ということが大きなカギを握っている。

例えば、実数の積分路が$-r$から$+r$までの場合は、図 8-6 に示したように実数軸だけは固定して、任意の積分路を選ぶことができる。こうすると、一周した値がゼロということが分かっているので、他の積分路の値が得られれば、それぞれの積分路の積分値をすべて足した値がゼロになるということを利用して、実数部分の積分値を計算できることになる。

## 第8章 複素積分

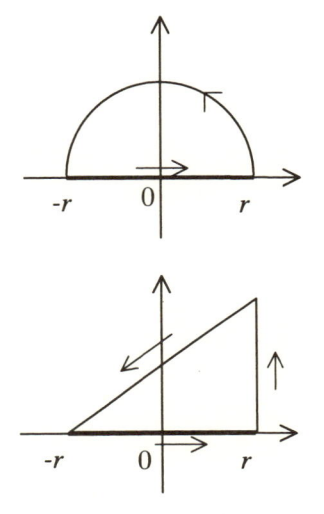

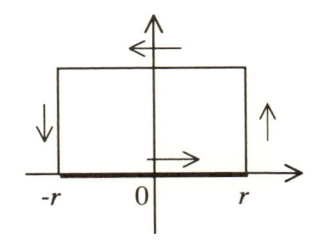

図 8-6 複素積分における積分路の選定。値の必要な実数積分の積分範囲（積分路）$-r \leq x \leq r$ は固定しさえすれば自由に積分路を選ぶことができる。

また、閉曲線ならば何でもよいので、複素平面の部分も積分が簡単となる経路を選んで積分することが可能である。

この手法が可能であるのも、すべて

$$\oint_c f(z) = 0$$

という性質のおかげである。それでは、この性質を利用して実際に実数積分を解いてみよう。ここでは、フレネル積分 (Fresnel Integral)と呼ばれる

$$\int_0^\infty \cos x^2 dx \quad \int_0^\infty \sin x^2 dx$$

という積分を計算する問題を考えてみる。この積分は、複素関数論の教科書には必ず顔を出す有名なものである。フレネルの波動回折の理論に出てくる。

実は、複素積分を利用する場合、どのようにして、その経路を選定するかが重要であって、それさえ決まればあとは数学のテクニックを駆使して計算すれば良い。

　ここでは図 8-7 のような扇形の閉曲線を積分路とする。つぎに被積分関数として

$$f(z) = \exp(-z^2)$$

を考える。この関数には特異点はないから、図 8-7 の閉曲線で積分すれば、その値はゼロとなる。

$$\oint_c f(z)dz = \int_{O \to A} f(z)dz + \int_{A \to B} f(z)dz + \int_{B \to O} f(z)dz = 0$$

となる。ここで最初の積分は

$$\int_{O \to A} f(z)dz = \int_0^R \exp(-x^2)dx$$

で与えられる。扇形の円弧上の積分は $z = Re^{i\theta}$ であり、$dz$ を $d\theta$ に変換すると

$$\int_{A \to B} f(z)dz = \int_0^{\pi/4} \exp(-R^2 e^{2i\theta})iRe^{i\theta}d\theta$$

となる。次に、線分 BO に沿っての積分は、この線上では $z = r\exp(\pi i/4)$ と書けて、$dz = \exp(\pi i/4)dr$ であるから

$$\int_{B \to O} f(z)dz = \int_R^0 \exp\{-r^2 \exp(\frac{\pi}{2}i)\}\exp(\frac{\pi}{4}i)dr$$

で与えられる。

　つぎに、それぞれの経路積分を計算してみよう。最終的には $R \to \infty$ の極限について解きたいので、これを考慮しながら計算をすると、実数軸の積分は

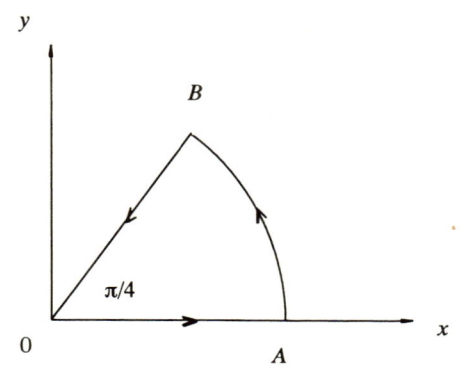

**図 8-7**　積分路

# 第8章 複素積分

$$\lim_{R\to\infty}\int_{0\to R}f(x)dx=\int_0^\infty\exp(-x^2)dx=\frac{\sqrt{\pi}}{2}$$

が得られる。つぎの円弧上の積分は

$$\int_{A\to B}f(z)dz=\int_0^{\pi/4}\exp(-R^2e^{2i\theta})iRe^{i\theta}d\theta$$

を$\varphi=2\theta$と置いて

$$\frac{iR}{2}\int_0^{\pi/2}\exp(-R^2\cos\varphi-iR^2\sin\varphi+\frac{i\varphi}{2})d\varphi$$

となる。これを、そのまま解くのは難しいので、少し技巧を使う。この絶対値をとって、その大きさを検討する。この時、$\exp i\theta$のかたちをした項の絶対値はすべて1であるから

$$\left|\int_{A\to B}f(z)dz\right|=\frac{R}{2}\int_0^{\pi/2}\exp(-R^2\cos\varphi)d\varphi=\frac{R}{2}\int_0^{\pi/2}\exp(-R^2\sin\varphi)d\varphi$$

で与えられる。この値は

$$\leq\frac{R}{2}\cdot\frac{\pi}{2R^2}\{1-\exp(-R^2)\}\leq\frac{\pi}{4R}$$

という関係にあるから、$R\to\infty$では0となる。

最後の積分路では、実部と虚部に分けて

$$\int_{B\to O}f(z)dz=\int_R^0\exp\{-r^2\exp(\frac{\pi}{2}i)\}\exp(\frac{\pi}{4}i)dr=-e^{\frac{i\pi}{4}}\int_0^R\exp(-ir^2)dr$$

$$=-\frac{1}{\sqrt{2}}(\int_0^R\cos r^2dr+\int_0^R\sin r^2dr)-\frac{i}{\sqrt{2}}(\int_0^R\cos r^2dr-\int_0^R\sin r^2dr)$$

となる。ここで、もう一度

$$\int_{0\to A}f(z)dz+\int_{A\to B}f(z)dz+\int_{B\to 0}f(z)dz=0$$

の関係を使い、それぞれについて$\lim_{R\to\infty}$を求めると

$$\frac{\sqrt{2}}{2}(\int_0^\infty\cos r^2dr+\int_0^\infty\sin r^2dr)+i\frac{\sqrt{2}}{2}(\int_0^\infty\cos r^2dr-\int_0^\infty\sin r^2dr)=\frac{\sqrt{\pi}}{2}$$

という結果が得られる。両辺の実部と虚部を比較すると

$$\frac{\sqrt{2}}{2}(\int_0^\infty\cos r^2dr+\int_0^\infty\sin r^2dr)=\frac{\sqrt{\pi}}{2}$$

$$\frac{\sqrt{2}}{2}(\int_0^\infty\cos r^2dr-\int_0^\infty\sin r^2dr)=0$$

となる。これは、簡単な連立方程式であり、結局

$$\int_0^\infty \cos r^2 dr = \frac{1}{2}\sqrt{\frac{\pi}{2}} \qquad \int_0^\infty \sin r^2 dr = \frac{1}{2}\sqrt{\frac{\pi}{2}}$$

と計算できることになる。このように、複素積分をうまく利用することで、解法の困難な実数積分を求めることが可能である。

ただし、気をつけなければならない点は、解ける積分もあるが、解けない場合も圧倒的に多いということである。うまく解くためには、積分路の選定と、被積分関数の選定が重要となる。

今回の例は、正則関数が閉曲線上の積分ではゼロになるということを利用したものであるが、前述したように、多くの正則関数の実数積分はそれほど苦労せずに解けるので、無理に複素平面を利用する必要がない。実際に複素積分の恩恵を受けるのは、次に示すような特異点を有する関数である。

### 8.6. 複素積分の真髄

複素積分においては、閉曲線上における正則関数の積分値がゼロになるという性質を利用した方法は主流ではない。というのも、もともと正則関数であれば、苦労をせずに実数積分が可能であるからだ。

前にも、説明したように苦労してまで複素積分を行う理由は、複素平面が持っているメリットを生かして、解法の難しい実数積分を解くというところにある。そこで、どのような場合に積分値がゼロにならないかを復習してみよう。

周回積分がゼロになるトリックは、

1　閉曲線では $\oint_c dz \to \int_0^{2\pi} d\theta$ の変換が可能である

2　この変換で被積分関数に $e^{i\theta}$ がかかる

ためである。閉曲線である限り1の変換は可能であるから、2の $e^{i\theta}$ の項を消す工夫が必要となる。この項を消せるのは $e^{-i\theta}$ を含む関数、すなわち $1/z$ だけである。

前にも示したが、もう一度復習してみる。今、関数 $f(z) = a/z (= ar^{-1}e^{-i\theta})$ を原点を中心とする半径 $r$ の円上で複素積分を行う。すると

$$\oint_c \frac{a}{z} dz = i\int_0^{2\pi} \frac{a}{re^{i\theta}} re^{i\theta} d\theta = ia\int_0^{2\pi} d\theta = 2\pi i \cdot a$$

第8章　複素積分

となって、周回積分がゼロとはならない。これは、$1/z$ の項によって $e^{i\theta}$ の項が消えたおかげである。

ここで、$1/z$ の定数項を $a_{-1}$ とすれば、その積分値は $2\pi i a_{-1}$ となることが分かる。この定数項のことを留数 (residue)と呼ぶ。これは、ただひとつ残留する項ということから、こう呼ばれるのであるが、その意味を探ってみよう。

### 8.7. 留数とは何か？

さて、一般の関数 ($f(x)$) は次のような級数展開 (power series expansion) が可能であることを示した。

$$f(x) = a_0 + a_1 x + a_2 x^2 + a_3 x^3 + a_4 x^4 + ....$$

複素関数も同様で、同様の展開が可能であり

$$f(z) = a_0 + a_1 z + a_2 z^2 + a_3 z^3 + a_4 z^4 + ....$$

と書ける。しかし、前節で示したように、このような関数（正則関数）の閉曲線上での周回積分はすべてゼロとなる。これは、$z = re^{i\theta}$ と極形式であらわせば、すべての項が

$$\int_0^{2\pi} e^{in\theta} d\theta = 0$$

のかたちの積分を含むためである。これがゼロにならないためには、$1/z$ の項が必要になるので、

$$f(z) = a_{-1} z^{-1} + a_0 + a_1 z + a_2 z^2 + a_3 z^3 + a_4 z^4 + ....$$

のかたちをした関数でなければならない。この関数を積分すれば

$$\oint_c f(z) dz = i \int_0^{2\pi} (a_{-1} + a_0 r e^{i\theta} + a_1 r^2 e^{i2\theta} + a_2 r^3 e^{i3\theta} + ....) d\theta$$

となる。結局、積分値がゼロとならずに残るのは

$$\oint_c f(z) dz = i \int_0^{2\pi} a_{-1} d\theta = 2\pi i \cdot a_{-1}$$

の項だけである。つまり、数ある係数の中で $a_{-1}$ だけが残る（残留する）ことになる。これが、定数項 $a_{-1}$ のことを留数 (residue) と呼ぶ理由である。

それでは、次の関数の場合はどうであろうか。

$$f(z) = a_{-2} z^{-2} + a_{-1} z^{-1} + a_0 + a_1 z + a_2 z^2 + a_3 z^3 + a_4 z^4 + ....$$

この積分は

$$\oint_c f(z)dz = i\int_0^{2\pi} (a_{-2}r^{-1}e^{-i\theta} + a_{-1} + a_0 re^{i\theta} + a_1 r^2 e^{i2\theta} + a_2 r^3 e^{i3\theta} + ....)d\theta$$

となり、結局、この場合も残るのは $a_{-1}$ の項だけとなる。つまり、あらゆる項の中で複素積分で残るのは唯一 $a_{-1}$ の項だけである。

よって、与えられた関数を級数展開したうえで、$1/z$ の項だけ着目すればよいことになる。しかし、$1/z$ を含むような級数展開は、あまりなじみがない。実は、複素積分の関数展開においては、ローラン級数展開 (Laurent series expansion) と呼ばれる特殊な展開方法を使う。

### 8.8. ローラン級数展開

通常の関数の級数展開は、何度も出てきているが

$$f(z) = a_0 + a_1 z + a_2 z^2 + a_3 z^3 + a_4 z^4 + ....$$

というかたちが一般である。これをテーラー級数展開 (Taylor series expansion) と呼んでいる。しかし、このかたちに展開できる関数では、複素平面の周回積分の値がすべての項でゼロにしかならないので、展開しても意味がないのである。しかし、別な視点から見れば、このような関数の実数積分は普通の方法で解けるので、わざわざ複素積分を使う必要がない。

前節でもみたように、複素積分でゼロにならないのは $1/z$ の項だけである。そこで、複素関数では

$$f(z) = ....a_{-3}z^{-3} + a_{-2}z^{-2} + a_{-1}z^{-1} + a_0 + a_1 z + a_2 z^2 + a_3 z^3 + ....$$

のように -$n$ の項を含めて級数展開する。これをローラン展開と呼んでいる。

ただし、これらの表記は $z=0$ のまわりで展開した場合の式で、より一般的には $z=\alpha$ のまわりで展開した式を使う。これは、特異点が $z=0$ ではなく、$z=\alpha$ の場合に対応する。この時、テーラー展開もローラン展開も

$$f(z) = a_0 + a_1(z-\alpha) + a_2(z-\alpha)^2 + a_3(z-\alpha)^3 + a_4(z-\alpha)^4 + ....$$

$$f(z) = .... + a_{-2}(z-\alpha)^{-2} + a_{-1}(z-\alpha)^{-1} + a_0 + a_1(z-\alpha) + a_2(z-\alpha)^2 + ....$$

のように $z$ の項に $z-\alpha$ を代入すれば済む。これをまとめて書けば

テーラー展開では $\quad f(z) = \sum_0^\infty a_n (z-\alpha)^n$

第 8 章 複素積分

ローラン展開では $\quad f(z) = \sum_{-\infty}^{\infty} a_n (z-\alpha)^n$

となる。これが一般式である。

### 8.9. ローラン展開と留数

ある特異点 ($z = \alpha$) のまわりの閉曲線上での積分を考えた時、被積分関数をローラン展開して、

$$f(z) = a_{-2}(z-\alpha)^{-2} + a_{-1}(z-\alpha)^{-1} + a_0 + a_1(z-\alpha) + a_2(z-\alpha)^2 + \ldots$$

のように、$a_{-2}$ の項から始まったとする。この時、この関数を $z=\alpha$ を含む閉曲線で積分した時に、$a_{-1}(z-\alpha)^{-1}$ の項以外はすべてゼロとなる。この項だけが残留するということは、$\exp(i\theta)$ 項が $dz \to d\theta$ の変換の際に被積分関数の各項に付加されることが、そもそもの原因である。この時、前項でみたように、$a_{-2}$ の項でさえも $\exp(-i\theta)$ の項が残り、周回積分の値がゼロになってしまう。つまり、$n=1$ 以外の $a_{-n}$ の項は、すべてゼロとなる。

よって、ローラン展開の最初の項が $a_{-n}$ からはじまっていても、周回積分では、$a_{-1}$ の項しか残らない。

<u>せっかく苦労して、ローラン展開しても、積分に寄与するのは $a_{-1}$ の項だけというのは、何か拍子抜けするが、それだからこそ、複素積分を使う意味があるのである。</u>逆に考えれば、留数 ($a_{-1}$) さえ求まれば、簡単に積分値を求められるからである。では、どうやって留数を求めたら良いのであろうか。

テーラー展開の場合には、微分を繰り返しながら $z=0$ (あるいは $z=\alpha$) を代入していけば定数項が順次得られることは $e$ や三角関数の項で、すでに説明した。しかし、すぐに分かることであるが、ローラン展開では、そう簡単ではない。

たとえば

$$f(z) = a_{-2}\frac{1}{z^2} + a_{-1}\frac{1}{z} + a_0 + a_1 z + a_2 z^2 + a_3 z^3 + \ldots$$

を例にとると、$z=0$ を代入したのでは、$1/z$ の項が無限大になってしまう。

### 8.10. 留数の求め方

それでは、どのようにして留数を求めたら良いのであろうか。
例として

$$f(z) = \frac{a_{-1}}{z} + a_0 + a_1 z + a_2 z^2 + a_3 z^3 + ....$$

の関数を考える。

　この場合、$z=0$ を代入したのでは、最初の項が無限大となる。そこで、両辺に $z$ をかけるのである。すると

$$zf(z) = a_{-1} + a_0 z + a_1 z^2 + a_2 z^3 + a_3 z^4 + ....$$

となる。こうしておいて、$z=0$ を代入すれば $a_{-1}$ が求められる。ただし、注意するのは

$$a_{-1} = \lim_{z \to 0} z f(z)$$

と書くことである。これは、このような表記方法で単純に $z=0$ を代入すると右辺がゼロになってしまうからである。実際の計算では、$f(z)$ に $z$ をかけた結果得られる関数では $z=0$ を代入しても、ゼロとはならないようになっている。

　しかし、これは最も簡単な例であって、普通の関数では、こう簡単にはいかない。例えば

$$f(z) = \frac{a_{-2}}{z^2} + \frac{a_{-1}}{z} + a_0 + a_1 z + a_2 z^2 + a_3 z^3 + ....$$

の場合、$z$ をかけただけでは、最初の項が無限大となる。それならばと、両辺に $z^2$ をかけると、

$$z^2 f(z) = a_{-2} + a_{-1} z + a_0 z^2 + a_1 z^3 + a_2 z^4 + a_3 z^5 + ....$$

となって、肝心の項が $a_{-1}z$ となって、$z=0$ を代入すると消えてしまう。

　ではどうするか。これからが、複素関数論の妙技である。この両辺を $z$ で微分するのだ。これは、すでにテーラー級数展開で使った手法である。すると、次にように右辺が変形される。

$$\frac{d}{dz}[z^2 f(z)] = a_{-1} + 2a_0 z + 3a_1 z^2 + 4a_2 z^3 + 5a_3 z^4 + ....$$

ここで、$z=0$ を代入すれば $a_{-1}$ だけが残る。この方法をうまく利用すると、すべてのローラン級数において、留数を求めることが可能となる。

　ここで留数の求め方をまとめてみよう。まず、最初の項が $a_{-1}/z$ ではじまる場合、関数 $f(z)$ は $z=0$ に「1位の極 (pole) をもつ」という。この時、留数は

$$a_{-1} = \lim_{z \to 0} z f(z)$$

第 8 章　複素積分

で与えられる。
　つぎに、$a_{-2}/z^2$ ではじまる時は「2 位の極」、$a_{-3}/z^3$ ではじまる時は「3 位の極」、そして $a_{-n}/z^n$ ではじまる時、「$n$ 位の極」をもつという。この時の留数は
　　2 位の極を持つときは
$$a_{-1} = \lim_{z \to 0} \frac{d}{dz}[z^2 f(z)]$$
　　3 位の極を持つときは
$$a_{-1} = \frac{1}{2!} \lim_{z \to 0} \frac{d^2[z^3 f(z)]}{dz^2}$$
となり、結局 $n$ 位の極を持つ時には、一般解として
$$a_{-1} = \frac{1}{(n-1)!} \lim_{z \to 0} \frac{d^{n-1}[z^n f(z)]}{dz^{n-1}}$$
が得られる。特異点が $z=0$ ではなく、$z=\alpha$ の場合には、1 位の極および $n$ 位の極の留数は、それぞれ
$$a_{-1} = \lim_{z \to \alpha}[(z-\alpha)f(z)]$$
$$a_{-1} = \frac{1}{(n-1)!} \lim_{z \to \alpha} \frac{d^{n-1}[(z-\alpha)^n f(z)]}{dz^{n-1}}$$
となる。これでめでたく、ローラン展開した後、その特異点における留数を求める手法が確立できたことになる。

### 8.11.　留数が複数ある場合
　さて、留数をいかに求めたらよいかが分かったので、これで複素積分はもう解けるかというと、実は、もうひとつ問題がある。いままでは、閉曲線の中に特異点が 1 個しかない場合しか考えていなかったが、実際には閉曲線内に複数の特異点が存在する場合も考えられる。
　しかし、この問題はそれほど難しくはない。図 8-8 に示すように、まず特異点を 1 個ずつ含む閉曲線を考える。この場合の積分値は、それぞれの留数を $a_1$ と $a_2$ と置くと、$(2\pi i)a_1$ および $(2\pi i)a_2$ となる。ここで、これら閉曲線をつないで、ひとつのおおきな閉曲線をつくることができるが、この操作は、積分値には影響を与えないので、結局、大きな閉曲線の積分値は、これらの和となる。同様にして、閉曲線内に複数の特異点がある場合は、それぞれの留数の和をとれば良いことになる。

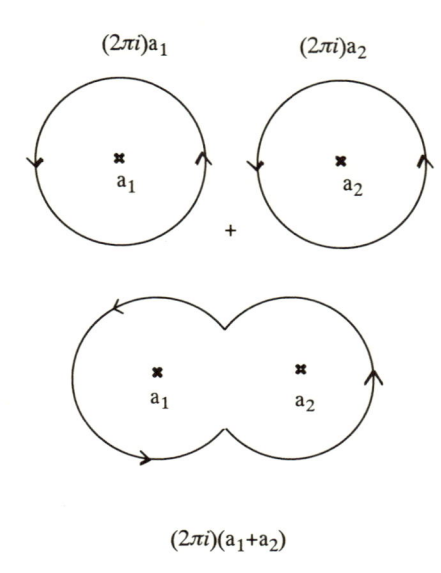

**図 8-8** 特異点を含む積分路を2つ結合させた場合、その積分値は、それぞれの留数を足したものになる。

## 8.12. 複素積分を使う

ここで、複素積分 (complex integral) の手法を整理してみよう。

1. 被積分関数 (integrand) を決める
   (この時、普通の関数は複素積分の対象とはならない)
2. 積分経路を決める
   (この時、積分路となる閉曲線の中に特異点が含まれるように選ぶ)
3. 関数をローラン展開する(わざわざ展開しなくともよい場合が多い)
4. 留数 $a_{-1}$ を求める
5. 積分値を求める
6. 経路ごとに積分値を求める
7. 5,6 から実数部分の積分値を求める

ここで、いくつかの実例を挙げながら、複素関数について練習してみよう。

**演習 8-1** つぎの定積分を求めよ。

# 第8章 複素積分

$$\int_{-\infty}^{\infty} \frac{1}{x^2 + a^2} dx \quad (a > 0)$$

**解)** この関数の特異点は $x = \pm ai$ である。そこで、図8-9のような積分路を考える。実数軸では $-R < x < R$ として、$R \to \infty$ の極限を求める。すると

$$\oint \frac{1}{z^2 + a^2} dz = \int_{-R}^{R} \frac{1}{x^2 + a^2} dx + \int_{C} \frac{1}{z^2 + a^2} dz$$

ここで、左辺の積分値は、積分路内の特異点が $ai$ であり、1位の極であるので

$$a_{-1} = \lim_{z \to ai}[(z - ai) \cdot \frac{1}{z^2 + a^2}] = \lim_{z \to ai}[\frac{1}{z + ai}] = \frac{1}{2ai}$$

であるので

$$\oint \frac{1}{z^2 + a^2} dz = 2\pi i \cdot a_{-1} = 2\pi i \cdot \frac{1}{2ai} = \frac{\pi}{a}$$

となる。つぎに、右辺の第2項の積分は、$z = re^{i\theta}$ と置くと $dz = ire^{i\theta} d\theta$ であるから

$$\int_{C} \frac{ire^{i\theta}}{r^2 e^{i2\theta} + a^2} d\theta$$

と変形できる。ここで被積分関数の絶対値をとると

$$\left| \frac{ire^{i\theta}}{r^2 e^{i2\theta} + a^2} \right| \leq \sqrt{\frac{r^2}{r^4 + 2a^2 r^2 \cos 2\theta + a^4}}$$

となって、$r \to \infty$ でゼロに近づく。したがって、

$$\lim_{R \to \infty} \int_{-R}^{R} \frac{1}{x^2 + a^2} dx = \int_{-\infty}^{\infty} \frac{1}{x^2 + a^2} dx = \frac{\pi}{a}$$

となる。

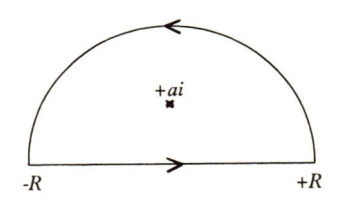

**図8-9** 積分路

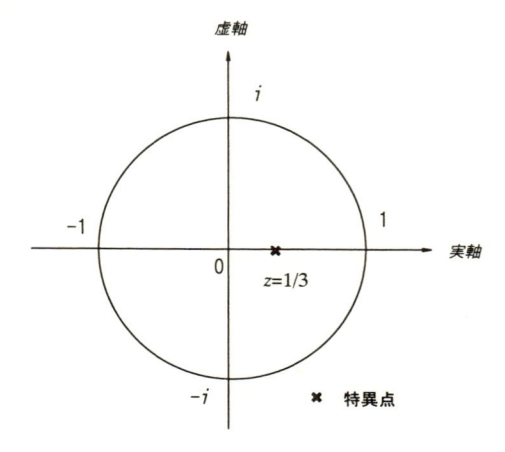

図 8-10　積分路

**演習 8-2**　つぎの定積分を求めよ。

$$\int_0^{2\pi} \frac{d\theta}{5-3\cos\theta}$$

**解）** $z = \exp i\theta$ と置く。すると $dz = i\exp(i\theta)d\theta = izd\theta$ となる。また、オイラーの公式から

$$\cos\theta = \frac{\exp(i\theta)+\exp(-i\theta)}{2}$$

の関係にあるから

$$\cos\theta = \frac{1}{2}(z+\frac{1}{z})$$

となる。すると最初の積分は

$$\int_0^{2\pi} \frac{d\theta}{5-3\cos\theta} = \oint \frac{1}{5-\frac{3}{2}(z+\frac{1}{z})}\cdot\frac{1}{iz}dz$$

と置き換えることができる。ここで、積分路は図 8-10 に示した複素平面における単位円である。これを変形すると

$$\oint \frac{1}{5-\frac{3}{2}(z+\frac{1}{z})}\cdot\frac{1}{iz}dz = \oint \frac{2}{i(-3z^2+10z-3)}dz = \oint \frac{2}{i(3z-1)(3-z)}dz$$

ここで、ローラン展開するまでもなく、単位円内に含まれる特異点は $z=1/3$ である。この関数は 1 位の極を有するから、留数は

$$a_{-1} = \lim_{z \to 1/3}[(z-\frac{1}{3})\cdot\frac{2}{i(3z-1)(3-z)}] = \frac{2}{i3(3-\frac{1}{3})} = \frac{1}{4i}$$

で与えられる。よって積分値は

$$\int_0^{2\pi}\frac{d\theta}{5-3\cos\theta} = 2\pi i \cdot a_{-1} = \frac{2\pi i}{4i} = \frac{\pi}{2}$$

となる。

### 8.13. 複素積分のパターン

前項の二つの演習例で示したように、複素積分を利用すると、解法の困難な実数積分を簡単に解くことが可能となる。ただし、すべての積分が複素積分を利用して解けるかというと、もちろん、そううまい話ばかりは転がっていない。

実は、どういう実数積分に複素積分を利用すると解法が楽になるかということは、長い数学の歴史の中である程度明らかになっている。そのタイプを整理してみる。

### 8.13.1. 多項式の商の積分

演習 8-1 で取り扱った積分も、このグループに属するが

$$\int_{-\infty}^{+\infty}\frac{f(x)}{g(x)}dx$$

のかたちをしており、$g(x)$ の次数が $f(x)$ より高い場合には、複素積分を適用することができる。演習 8-1 では

$$\int_{-\infty}^{\infty}\frac{1}{x^2+a^2}dx \qquad (a>0)$$

を計算した。つまり $f(x)=1, g(x)=x^2+a^2$ の場合に相当する。

このかたちでは、$f(x)$ の次数が $g(x)$ よりも高いと積分は発散するので、もともと値を求めることはできない。さらに、$g(x)$ の次数は、少なくとも $f(x)$ よりも 2 以上高い必要がある。この理由を考えてみよう。

このタイプの積分では、積分路として、図 8-9 に示したような実数軸を含む半円を選ぶ。そのうえで $R \to \infty$ の極限での値を求めるのである。ここで、積分路は

$$\oint\frac{f(z)}{g(z)}dz = \int_{-R}^{R}\frac{f(x)}{g(x)}dx + \int_C\frac{f(z)}{g(z)}dz$$

と分けられるが、$g(x)$ の次数が $f(x)$ よりも 2 以上高いと、うまい具合に第 2 項が $R \to \infty$ でゼロになってくれるのである。どうして次数が 2 以上離れている必要があるかというと、例えば、先程の半円の円弧に沿った積分をするときに

$$z = Re^{i\theta}$$

の置き換えをすると

$$dz = Rie^{i\theta} d\theta$$

となって、$z \to \theta$ の極座標への変換で、分子に $R$ がかかるため、次数が 1 つ離れていただけでは、分子分母で $R$ が相殺されてしまい、$R \to \infty$ で 0 にならないのである。実際の例で確かめてみよう。

**演習 8-3** つぎの定積分を求めよ。

$$\int_{-\infty}^{+\infty} \frac{1}{x^4 + 1} dx$$

解) $f(z) = \dfrac{1}{z^4 + 1}$

という関数を考える。この関数の特異点は $z^4 + 1 = 0$ を満足する $z$ であり、$z = \cos\theta + i\sin\theta$ とおくと

$$z^4 = \cos 4\theta + i \sin 4\theta = -1$$

より

$$4\theta = \pi + 2n\pi \quad (n = 0, 1, 2, 3, ...)$$

となり

$$\theta = \frac{\pi}{4},\ \frac{3}{4}\pi,\ \frac{5}{4}\pi,\ \frac{7}{4}\pi,\ \frac{9}{4}\pi\left(=\frac{\pi}{4}\right),\ .....$$

と与えられる。よって、特異点は 4 つあり

$$z = \cos\frac{\pi}{4} + i\sin\frac{\pi}{4} = \frac{\sqrt{2}}{2} + \frac{\sqrt{2}}{2}i = \frac{1+i}{\sqrt{2}}$$

$$z = \cos\frac{3\pi}{4} + i\sin\frac{3\pi}{4} = -\frac{\sqrt{2}}{2} + \frac{\sqrt{2}}{2}i = \frac{-1+i}{\sqrt{2}}$$

$$z = \cos\frac{5\pi}{4} + i\sin\frac{5\pi}{4} = -\frac{\sqrt{2}}{2} - \frac{\sqrt{2}}{2}i = \frac{-1-i}{\sqrt{2}}$$

$$z = \cos\frac{7\pi}{4} + i\sin\frac{7\pi}{4} = \frac{\sqrt{2}}{2} - \frac{\sqrt{2}}{2}i = \frac{1-i}{\sqrt{2}}$$

## 第8章　複素積分

となる。ここで、積分路として、図8-11のような実軸を含んだ半円を考える。すると、特異点としては

$$z = \frac{1+i}{\sqrt{2}} \qquad z = \frac{-1+i}{\sqrt{2}}$$

の2点が、この閉曲線の中に含まれることになる。ここで、円弧上の積分路を $C$ と書くと

$$\oint \frac{1}{z^4+1} dz = \int_{-R}^{R} \frac{1}{x^4+1} dx + \int_{C} \frac{1}{z^4+1} dz$$

となる。

$$\oint \frac{1}{z^4+1} dz = \oint \frac{1}{\left(z - \frac{1+i}{\sqrt{2}}\right)\left(z - \frac{-1+i}{\sqrt{2}}\right)\left(z + \frac{1+i}{\sqrt{2}}\right)\left(z - \frac{1-i}{\sqrt{2}}\right)} dz$$

であり、すべての特異点は1位の極である。ここで、特異点 $a$ に対応した留数を $\text{Res}(a)$ と書くと

$$\oint \frac{1}{z^4+1} dz = 2\pi i \cdot \text{Res}\left(\frac{1+i}{\sqrt{2}}\right) + 2\pi i \cdot \text{Res}\left(\frac{-1+i}{\sqrt{2}}\right)$$

で与えられることになる。ここで

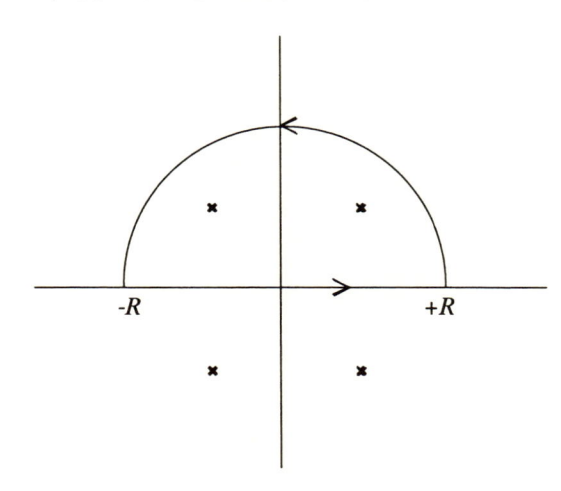

**図8-11**　積分路

× 特異点

271

$$\text{Res}\left(\frac{1+i}{\sqrt{2}}\right) = \lim_{z \to \frac{1+i}{\sqrt{2}}}\left(z - \frac{1+i}{\sqrt{2}}\right)\frac{1}{z^4+1} = \frac{1}{\left(\frac{1+i}{\sqrt{2}} - \frac{-1+i}{\sqrt{2}}\right)\left(\frac{1+i}{\sqrt{2}} + \frac{1+i}{\sqrt{2}}\right)\left(\frac{1+i}{\sqrt{2}} - \frac{1-i}{\sqrt{2}}\right)}$$

$$= \frac{1}{\frac{2}{\sqrt{2}} \cdot \frac{2+2i}{\sqrt{2}} \cdot \frac{2i}{\sqrt{2}}} = \frac{1}{2\sqrt{2}i(i+1)} = \frac{-1-i}{4\sqrt{2}}$$

$$\text{Res}\left(\frac{-1+i}{\sqrt{2}}\right) = \lim_{z \to \frac{-1+i}{\sqrt{2}}}\left(z - \frac{-1+i}{\sqrt{2}}\right)\frac{1}{z^4+1} = \frac{1}{\left(\frac{-1+i}{\sqrt{2}} - \frac{1+i}{\sqrt{2}}\right)\left(\frac{-1+i}{\sqrt{2}} + \frac{1+i}{\sqrt{2}}\right)\left(\frac{-1+i}{\sqrt{2}} - \frac{1-i}{\sqrt{2}}\right)}$$

$$= \frac{1}{\frac{-2}{\sqrt{2}} \cdot \frac{2i}{\sqrt{2}} \cdot \frac{-2+2i}{\sqrt{2}}} = \frac{1}{-2\sqrt{2}i(i-1)} = \frac{1-i}{4\sqrt{2}}$$

と計算できるので

$$\oint \frac{1}{z^4+1}dz = 2\pi i \cdot \text{Res}\left(\frac{1+i}{\sqrt{2}}\right) + 2\pi i \cdot \text{Res}\left(\frac{-1+i}{\sqrt{2}}\right) = 2\pi i \left(\frac{-1-i}{4\sqrt{2}} + \frac{1-i}{4\sqrt{2}}\right) = \frac{\pi}{\sqrt{2}}$$

と求められる。ここで、つぎの積分において $R \to \infty$ とすると

$$\oint \frac{1}{z^4+1}dz = \int_{-R}^{R}\frac{1}{x^4+1}dx + \int_{C}\frac{1}{z^4+1}dz$$

まず、右辺の第 1 項は

$$\int_{-R}^{R}\frac{1}{x^4+1}dx \to \int_{-\infty}^{\infty}\frac{1}{x^4+1}dx$$

となる。次に、第 2 項の積分は

$$\int_{C}\frac{1}{z^4+1}dz = \int_{0}^{\pi}\frac{1}{R^4 e^{i4\theta}+1}Rie^{i\theta}d\theta \leq \int_{0}^{\pi}\sqrt{\frac{R^2}{R^8+2R^4\cos 4\theta+1}}d\theta$$

であるから $R \to \infty$ でゼロとなる。よって

$$\lim_{R \to \infty}\oint \frac{1}{z^4+1}dz = \int_{-\infty}^{\infty}\frac{1}{x^4+1}dx = \frac{\pi}{\sqrt{2}}$$

と与えられる。

### 8.13.2. 三角関数を含んだ積分

演習 8-1 でも紹介したように、三角関数はオイラーの公式をつかって、複素数（極座標）への変換が簡単にできるため、sin と cos を含んでいて、しか

第 8 章　複素積分

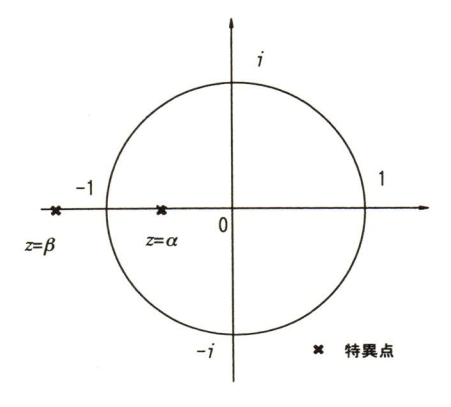

図 8-12　積分路

も実数積分が難しい場合に、複素積分を利用すると活路が開ける場合が多い。つまり、オイラーの公式から

$$\sin\theta = \frac{e^{i\theta} - e^{-i\theta}}{2i} \qquad \cos\theta = \frac{e^{i\theta} + e^{-i\theta}}{2}$$

と変形できるが、偏角 $\theta$ として、極座標を $z = e^{i\theta}$ とすれば

$$\sin\theta = \frac{1}{2i}\left(z - \frac{1}{z}\right) \qquad \cos\theta = \frac{1}{2}\left(z + \frac{1}{z}\right)$$

の置き換えができる。演習 8-2 では、まさにこれを利用して積分計算を行っている。それでは、実際の例で考えてみよう。

**演習 8-4**　つぎの定積分を求めよ。

$$\int_0^{2\pi} \frac{d\theta}{a + b\cos\theta}$$

解）　$z = e^{i\theta}$ と置く。すると、$dz = ie^{i\theta}d\theta = izd\theta$ となる。また、

$$\cos\theta = \frac{e^{i\theta} + e^{-i\theta}}{2} \quad \text{であるから} \quad \cos\theta = \frac{1}{2}\left(z + \frac{1}{z}\right)$$

となる。

すると最初の積分は

$$\oint \frac{1}{a + \frac{b}{2}\left(z + \frac{1}{z}\right)} \cdot \frac{1}{iz} dz$$

と置き換えることができる。ここで、積分路は図 8-12 に示した複素平面にお

ける単位円を考える。これを変形すると

$$\oint \frac{1}{a+\frac{b}{2}(z+\frac{1}{z})} \cdot \frac{1}{iz} dz = \oint \frac{2}{i(bz^2+2az+b)} dz = \frac{2}{i} \oint \frac{1}{bz^2+2az+b} dz$$

ここで

$$bz^2 + 2az + b = 0$$

のふたつの根を $\alpha, \beta$ とすると

$$\alpha = \frac{-a+\sqrt{a^2-b^2}}{b} \qquad \beta = \frac{-a-\sqrt{a^2-b^2}}{b}$$

となる。このとき最初の積分は

$$\int_0^{2\pi} \frac{d\theta}{a+b\cos\theta} = \frac{2}{ib} \oint \frac{dz}{(z-\alpha)(z-\beta)}$$

と変形できる。ローラン展開するまでもなく、特異点は $z=\alpha$ と $z=\beta$ で、どちらも1位の極となる。

　ここで、$a$ と $b$ の値によって、単位円内に含まれる特異点は変化する。演習8-2の場合は、$a=5, b=-3$ であり、$\alpha=1/3, \beta=3$ となるので、$z=\alpha=1/3$ の特異点が単位円に含まれる。

　例えば、$a > b > 0$ とすると、$-1 < \alpha < 0, \beta < -1$ となるので、$z=\alpha$ が単位円に含まれる特異点となる。このとき留数は

$$a_{-1} = \lim_{z \to \alpha}[(z-\alpha) \cdot \frac{2}{ib(z-\alpha)(z-\beta)}] = \frac{2}{ib(\alpha-\beta)} = \frac{1}{i\sqrt{a^2-b^2}}$$

で与えられる。よって積分値は

$$\int_0^{2\pi} \frac{d\theta}{a+b\cos\theta} = 2\pi i \cdot a_{-1} = 2\pi i \frac{1}{i\sqrt{a^2-b^2}} = \frac{2\pi}{\sqrt{a^2-b^2}}$$

となる。

### 8.13.3. オイラーの公式を利用する方法

　つぎに上記ふたつを組み合わせたケース、つまり三角関数と有理関数が混在する場合を考えてみよう。これは、具体例でみた方が分かりやすいので、つぎの積分で解法を示そう。

$$\int_{-\infty}^{\infty} \frac{\cos nx}{x^2+1} dx$$

　すでに読者はお気づきと思うが、このように、積分範囲が $-\infty < x < \infty$ の場合は、積分路は大体決まっていて、図のような、実数軸（$-R \leq x \leq R$）を含

第8章　複素積分

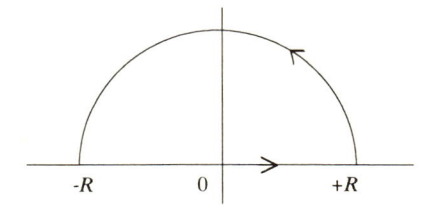

**図 8-13** 実数積分の積分範囲が $-\infty < x < \infty$ の場合の典型的な複素平面の積分路。実数軸 $-R<x<R$ を含む半円を積分路として、積分を行ったのち $R \to \infty$ の極限値を求める。このとき、半円上の複素積分が $R \to \infty$ の極限でゼロになる被積分関数しか、うまく積分値を求めることはできない。

んだ半円を考える。そして、円の半径（$R$）が無限大（$R \to \infty$）となる極限を求める。

さらに、三角関数が入っているときは、オイラーの公式を利用する。この場合は、まず図の閉曲線に沿った

$$\oint \frac{e^{inz}}{z^2+1} dz$$

という積分を考える。すると、この特異点は $z = \pm i$ であるが、図の半円に含まれるのは $z = i$ である。この時の留数は

$$a_{-1} = \lim_{z \to i}(z-i)\frac{e^{inz}}{(z+i)(z-i)} = \frac{e^{-n}}{2i}$$

となる。よって

$$\oint \frac{e^{inz}}{z^2+1} dz = 2\pi i a_{-1} = 2\pi i \frac{e^{-n}}{2i} = \pi e^{-n}$$

半円弧の積分路を $C$ とすると

$$\oint \frac{e^{inz}}{z^2+1} dz = \int_{-R}^{R} \frac{e^{inx}}{x^2+1} dx + \int_{C} \frac{e^{inz}}{z^2+1} dz$$

と分解できるが、第2項は

$$\int_{C} \frac{e^{inz}}{z^2+1} dz = \int_{0}^{2\pi} \frac{e^{inRe^{i\theta}}}{R^2 e^{i2\theta}+1} iRe^{i\theta} d\theta \leq \int_{0}^{2\pi} \sqrt{\frac{R^2}{R^4+2R^2\cos 2\theta+1}} d\theta$$

となって、$R \to \infty$ で 0 となる。よって

$$\int_{-\infty}^{\infty} \frac{e^{inx}}{x^2+1} dx = \lim_{R \to \infty} \int_{-R}^{R} \frac{e^{inx}}{x^2+1} dx = \pi e^{-n}$$

ここでオイラーの公式をつかって変形すると

$$\int_{-\infty}^{\infty} \frac{e^{inx}}{x^2+1} dx = \int_{-\infty}^{\infty} \frac{\cos nx}{x^2+1} dx + i\int_{-\infty}^{\infty} \frac{\sin nx}{x^2+1} dx = \pi e^{-n}$$

となる。この値は実数であるから

$$\int_{-\infty}^{\infty} \frac{\cos nx}{x^2+1} dx = \pi e^{-n} \qquad \int_{-\infty}^{\infty} \frac{\sin nx}{x^2+1} dx = 0$$

でなければならない。このように、この手法では

$$\int_{-\infty}^{\infty} \frac{\sin nx}{x^2+1} dx$$

の積分値も同時に求められる。

# 終　章　微積分と無限

　微積分の考えの基本には、つねに極限(limitation)あるいは無限(infinity)という概念がある。本書でも、微分においては「微小区間$\Delta x$を無限に小さくした極限を$dx$と書く」と無造作に無限という概念を使っている。例えば$\Delta y/\Delta x$において、$\Delta x \to 0$の極限（つまり無限小）で微分$dy/dx$を定義しているのである。

　また、積分においても、面積を求める近似式

$$S = \sum_{k=1}^{n} f\left(a + k \cdot \frac{b-a}{n}\right) \cdot \frac{b-a}{n}$$
$$= \left\{ f\left(a + \frac{b-a}{n}\right) + f\left(a + 2 \cdot \frac{b-a}{n}\right) + .... + f\left(a + n \cdot \frac{b-a}{n}\right) \right\} \frac{b-a}{n}$$

において、分割数$n$が無限大となった極限では、正確な面積が得られるとして

$$S = \int_a^b f(x)dx = \lim_{n \to \infty} \left\{ f\left(a + \frac{b-a}{n}\right) + f\left(a + 2 \cdot \frac{b-a}{n}\right) + .... + f\left(a + n \cdot \frac{b-a}{n}\right) \right\} \frac{b-a}{n}$$

の式を定積分を与える定義式として用いている。

　さらに、微分方程式をつくる構成要素を考える際にも、暗に無限小という考えを持ち込んでいる。例えば、曲線の長さの構成要素を

$$ds = \sqrt{(dx)^2 + (dy)^2}$$

という式によって求めるが、これは、直角三角形の辺の長さを求める式であり、曲線には使えない。無限小では曲がった線分が直線と考えても問題がないという前提のもとに、この式を使っているのである。（ここで、この仮定を納得するかどうかは、個人の資質にもよるが、悩むこと自体は決して無駄ではない。ただし、不満が残っていたとしても、この仮定を認めないと、その先に進めないのも事実である。）

　このように、微積分においては、無限という考えが重要な基礎となってい

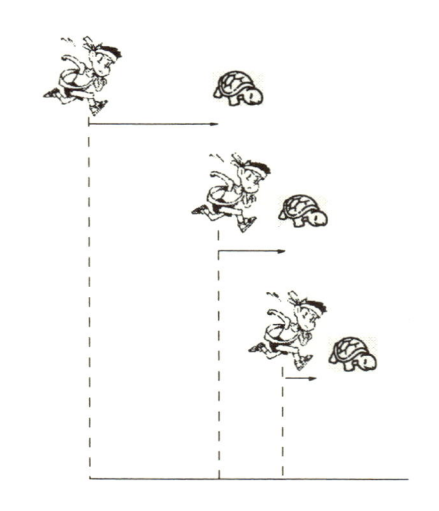

図 E-1　ゼノンのパラドックス：アキレスと亀の競争。亀が先に出発して、その後をアキレスがその2倍の速さで追いかける。アキレスが亀の最初の位置にたどりついたときは、亀がその先、はじめの1/2の距離に進んでいる。つぎにアキレスが、ふたたび亀の位置にたどりついたときにも、亀はその先1/4の距離に進んでいる。このサイクルは無限に続くので、アキレスは亀に追いつくことはできない。

るのである。

### E. 1.　数学的な無限

　真正面から取り組むと、無限 (infinity) というのは、分かったようで分からない概念である。無限をまじめに考えて気がふれてしまった人間もいると聞くが、確かに、どこまで行ってもきりがないというのは座り心地が悪い。(ただし、これに惚れ込むひとも多いようであるが。)

　しかし、数学において「無限」という考えを無視しては通れない。土台にして、数の世界が正負の方向で無限である。いくらでも大きな数を想定できる。無限の記号を $\infty$ と表すが、矛盾するのは、$\infty+1$ という、それより1だけ大きい数が原理的には考えられることである。

　よって $\infty+1>\infty$ と書くことができる。さらに $\infty/2<\infty$ という表現もあるが、これもよく考えれば変である。無限は無限なのであるから、たかが2で割ったぐらいで大きさが変わるとは思えない。しかし、だからと言って、これらが等しいと置くと都合が悪い。宇宙の大きさは無限と言われるが、それは宇宙が有限とすると、必ず、その先は何なのかという問題に直面するからである。つまり $\infty+1>\infty$ の問題がつきまとう。これが、いまだに多くのひとを悩ます問題である。

　しかし、無限を数学的に取り扱うことも、ある程度は可能である。例えばゼノンのパラドックス (Zeno's paradox) を例にとってみよう。有名なアキレス

## 終 章 微積分と無限

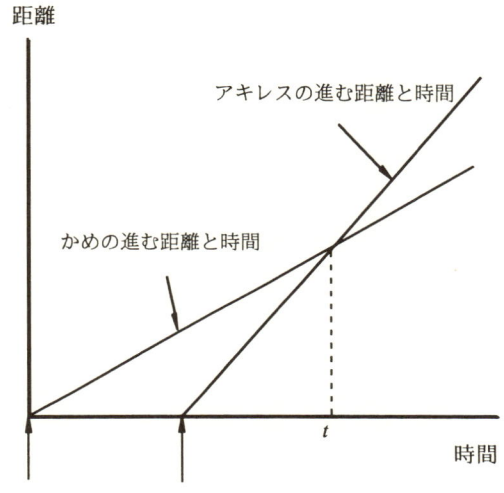

**図 E-2** アキレスと亀のレースと距離-時間曲線。

と亀の競争である。いま、亀がアキレスより先にスタート時点を出発したとしよう。図 E-1 に示すように、亀が距離 1 だけ進んだ時に、アキレスが追いかけ出したとする。簡単のため、アキレスの速さを亀の 2 倍と考える。すると、アキレスが亀が居た地点まで来る間に、亀は距離 1/2 だけ先に進んでいることになる。次に、アキレスがその地点まで来た時には、亀は、さらに、その先の距離 1/4 の位置に進んでいる。アキレスがどんなに頑張って、亀の居た位置に追いついても、亀は必ず、その半分の距離だけ先に居ることになるから、アキレスは亀に永久に追いつくことはできない。これがゼノンのパラドックスである。

実際の徒競走では、後から追いかけるランナーが、前のランナーを追いこす場面をいくらでも見かけるから、このゼノンの考えには、どこかに矛盾があることが分かる。(実際に図 E-2 のように両者の時間と距離の関係をグラフに示せば、どの時点で追いこすかはすぐに分かる。)

ゼノンの時代には、このパラドックスは、数学が無限を扱うには無力であるということを示す証拠として認識されていたようである。しかし、この問題は本書でも取り上げた無限級数 (infinite series) によって数学的に取り扱うことができる。

いまの競争を考えると、結局、亀が進める距離は

$$1+\frac{1}{2}+\frac{1}{4}+\frac{1}{8}+...+\frac{1}{2^n}+....$$

と無限に続く級数で表すことができる。もし、ゼノンのパラドックスが正しいとすると、亀は時間をかければいくらでも進めるから、この和はいくらでも大きくなるはずである。これを数学的には、収束 (convergence) しないと呼んでいる。

　この無限級数の総和は、数学的には、初項 (first term) が1で公比 (common ratio) が 1/2 の無限等比級数 (infinite geometrical progression series) の和 (sum) として求めることができる。初項が $a$ で公比が $r(<1)$ の無限級数の和 ($S$) は

$$S = \frac{a}{1-r}$$

で与えられる。ゼノンの無限等比級数は、初項が1で公比が 1/2 であるから

$$1+\frac{1}{2}+\frac{1}{4}+\frac{1}{8}+...+\frac{1}{2^n}+.... = \frac{1}{1-\frac{1}{2}} = 2$$

となって、その和は2となる。無限に続くものが、ある一定の数に落ち着くというのは何か違和感を覚えるが、数学的に計算するとこうなる。つまり、ゼノンの考えでは、亀は距離2しか進めないのである。よって、ゼノンの考えは間違っていることになる。

　これでゼノンのパラドックスを完全制覇したとは言わないが、数学が無限を取り扱うことに無力ではないひとつの例である。

　無限の数学的取り扱いの例としては、つぎの等式が成立するかどうかという問題がよく取り上げられる。

$$1 = 0.999999999999........$$

ちなみに、右辺の9は無限に続く。常識では、これらを等号で結ぶのはおかしいと思われる。しかし、数学的な取り扱いをすると

$$0.99999.... = 0.9 + 0.9 \times (0.1) + 0.9 \times (0.1)^2 + 0.9 \times (0.1)^3 + ...$$

と書くことができる。これは、初項が 0.9 で、公比が 0.1 の無限等比級数である。よって、この級数の和を $S$ とおくと

$$S = \frac{0.9}{1-0.1} = \frac{0.9}{0.9} = 1$$

となって、和は1となる。つまり、数学的には上の等式が証明されたことになる。実際に、多くの解説書は、無限等比級数の和をもって、この等式が正しいと片づけている。しかし、こういう結果が得られるのにはトリックがあ

## 終　章　微積分と無限

る。つまり、無限等比級数の和の公式を求める段階で、すでに無限小の概念（あるいは無限小は数学的に切り捨ててもよいという操作）を取り入れている点である。

ここで、等比級数の和を求める方法を復習してみよう。

初項 (first term) が $a$ で公比 (common ratio) が $r$ の級数の $n$ 項までの和は

$$\sum_{n=0}^{n-1} ar^n = a + ar + ar^2 + ar^3 + ar^4 + ar^5 + \ldots + ar^{n-1}$$

と書ける。この和を $S_n$ として、両辺に $r$ をかける。すると

$$S_n r = ar + ar^2 + ar^3 + ar^4 + ar^5 + \ldots + ar^n + ar^n$$

ここで

$$S_n r - S_n = S_n(r-1) = ar^n - a = a(r^n - 1)$$

となり、和は

$$S_n = \frac{a(r^n - 1)}{r - 1}$$

で与えられる。ここで、無限級数の和 $S$ は、$n$ がどんどん大きくなった極限 ($\infty$) の値として得られる。よって

$$S = \sum_{n=0}^{\infty} ar^n = \lim_{n \to \infty} \frac{a(r^n - 1)}{r - 1}$$

となる。つまり、数学的には $n \to \infty$ の極限で $r^n$ の値が計算可能かどうかという問題につきる。

ここで $|r| > 1$ の場合には、この値はいくらでも大きくなるので、発散してしまう。つまり、一定の値には収束しないので計算できない。

一方、$|r| < 1$ の場合には $r^n \to 0$ となる。ためしに $r = 0.9$ として $n = 10$ および 100 を計算すれば

$$(0.9)^{10} = 0.3486\ldots$$

$$(0.9)^{100} = 0.0000265\ldots$$

となって、$n = 100$ ですでに十分 0 に近い値になる。このまま $n$ が増えると、さらに、この値は限りなく 0 に近づいていく。そして、$n$ が無限大では、この値は 0 とみなしてよいと判断される。

すると、無限級数の和は

$$S = \lim_{n \to \infty} \frac{a(r^n - 1)}{r - 1} = \frac{a(0 - 1)}{r - 1} = \frac{-a}{r - 1} = \frac{a}{1 - r}$$

と簡単な式で与えられることになる。

　ところで、ゼノンのパラドックスや 0.99999…=1 の計算においては、この無限級数の和の公式が成立するものとして考察を加えているが、もし
$$r^n \to 0$$
を納得しないひとがいたとしたらどうであろうか。限りなく0には近づくものの、決して0にはならないと抗弁されたら、反論のしようがない。「ゼノンのアプローチでは、かめが距離2以上進めないので、その考えは根本的にまちがっている」と反論しても、それは、あくまでも別問題と言われるかもしれない。

　数学的には、これを0と認めないと、論理的な展開ができないということになるが、これを認めるかどうかは、数学というよりも哲学の問題になってくる。

　物理においては、無限小ということはなく、ミクロの領域では、アナログからデジタルの世界に変わり、量子という概念が導入される。すると、数学における無限小は、物理的実体と連動しているわけではなく、数学を論理的に取り扱うための便法と考えることもできるのである。あとは、これを受け入れられるか否かにかかっている。極言すれば
$$0.999999\ldots\ldots = 1$$
という等式を受け入れられるかどうかと言いかえても良い。その受けとめ方は、ひとによって差が出るであろう。たとえば

1　あまり、気にもとめずに、無限等比級数の和の説明で、この等式は成り立つものと納得する。
2　少し疑問には思いながらも、数学的な取り扱いとしては、これを受け入れないと前に進めないから、建て前として納得する。
3　近似式として割り切る。
4　これらふたつは違うものであると断固として否定する。

　いずれにせよ、現代数学では、この等式が成り立つとして論理体系が組まれており、その場合でも不都合は生じていない。むしろ、この関係をみとめないと不都合が生じるということだけ断わっておきたい。

### E. 2. オイラーの誤解

　いったん無限ということが出てくると、さすがの大数学者でも、その取り

扱いには苦労する。その証拠に有名なオイラー (Euler) でさえ間違いをおかしている。

本書で、何度も紹介しているが、関数がいったん無限のべき級数に展開できれば、その取り扱いが便利であるということを解説した。それに対して、無限に続く級数では、かえって不便ではないかという意見が学生から出されたことも紹介した。

確かにその通りではあるが、実際の取り扱いにおいては、無限級数の項をすべて計算するのではなく、その係数間の関連を調べることで、もとの関数の特徴を調べることができる。それが級数展開のひとつの効用である。また実際の計算に級数展開を利用する場合、(実用的には)最初の数項で十分近似的な値が得られることを説明した。

ところで、ある関数が無限級数に展開できるからといって、そのまま、その級数展開式を普通の関数と同じように扱うことができない場合がある。その例を次に示そう。

オイラーは

$$\frac{x}{1-x} + \frac{x}{x-1} = 0$$

という関係（この等式は $x \neq 1$ のすべての数に対して成り立つ）をもとにして、ある展開式を導き出した。まず

$$\frac{1}{1-x} = 1 + x + x^2 + x^3 + x^4 + x^5 + \cdots + x^n + \cdots$$

の関係にあるから、第1項は

$$\frac{x}{1-x} = x + x^2 + x^3 + x^4 + x^5 + \cdots + x^n + \cdots$$

となる。次に第2項は

$$\frac{x}{x-1} = \frac{1}{1-\frac{1}{x}}$$

と変形できるから、上の無限級数の $x$ を $1/x$ に置き換えると

$$\frac{1}{1-\frac{1}{x}} = 1 + \frac{1}{x} + \frac{1}{x^2} + \frac{1}{x^3} + \frac{1}{x^4} + \cdots + \frac{1}{x^n} + \cdots$$

という無限級数となる。よって、これらを足しあわせると

$$\frac{x}{1-x} + \frac{x}{x-1} =$$

$$\ldots + \frac{1}{x^n} + \ldots + \frac{1}{x^2} + \frac{1}{x} + 1 + x + x^2 + x^3 + \ldots + x^n + \ldots = 0$$

という関係が得られる。しかし少し考えれば、このオイラーの導出した等式は何かおかしいことに気づく。$x$ にどんな値を代入しても $0$ にはならない。

では何がまちがいかというと

$$\frac{x}{1-x} = x + x^2 + x^3 + x^4 + x^5 + \ldots + x^n + \ldots$$

の無限級数が、ある一定の値をもつ（つまり収束する）のは $|x| < 1$ の場合であるが

$$\frac{1}{1-\frac{1}{x}} = 1 + \frac{1}{x} + \frac{1}{x^2} + \frac{1}{x^3} + \frac{1}{x^4} + \ldots + \frac{1}{x^n} + \ldots$$

の無限級数が収束するのは $|x| > 1$ の場合である。

つまり、それぞれの無限級数が、関数のように、ある決まった値を持つのは、まったく異なる条件の場合であり、これら別々の無限級数を一緒の変数 $x$ を介して結びつけることはできないのである。

このように、多くの無限級数において、それが意味をもつのは限られた条件下であり、その条件を無視して無限級数を、あたかも関数のように自由に使うことはできないのである。同様に、無限級数において項の順序を勝手に変えることもできない。大数学者のオイラーでさえ、このような単純なミスをおかすのである。これは、無限という概念が、それだけ扱いにくいことを示している。

ただし、この誤りをもって、オイラーを非難するむきもあるが、それはどうであろうか。人間だれしも不注意や間違いはおかすものである。むしろ、最初から厳密性にばかりこだわると、数学の発展を妨げることにもなりかねない。

その証拠に、現代数学で最も重要かつ美しいと言われるオイラーの公式

$$e^{ix} = \cos x + i \sin x$$

は、自由な発想のもとで生まれたと考えられる。この式は指数関数の級数展開式

$$e^x = 1 + x + \frac{1}{2!}x^2 + \frac{1}{3!}x^3 + \frac{1}{4!}x^4 + \frac{1}{5!}x^5 + \ldots + \frac{1}{n!}x^n + \ldots$$

終　章　微積分と無限

において、まず $x$ に $ix$ と虚数を代入したことからはじまる。ここで、誰かが、実数で成り立つことが虚数で成り立つとは限らないから、この操作は無効だといったら、これ以上の進展はなかったであろう。

厳密な証明はさておき、虚数を指数関数の展開式に代入すると

$$e^{ix} = 1 + ix + \frac{1}{2!}(ix)^2 + \frac{1}{3!}(ix)^3 + \frac{1}{4!}(ix)^4 + \frac{1}{5!}(ix)^5 + \ldots + \frac{1}{n!}(ix)^n + \ldots$$

$$= 1 + ix - \frac{1}{2!}x^2 - \frac{i}{3!}x^3 + \frac{1}{4!}x^4 + \frac{i}{5!}x^5 - \frac{1}{6!}x^6 - \frac{i}{7!}x^7 + \ldots$$

と計算できる。この実部 (real part) と虚部 (imaginary part) を取り出すと、実部は

$$1 - \frac{1}{2!}x^2 + \frac{1}{4!}x^4 - \frac{1}{6!}x^6 + \ldots + (-1)^n \frac{1}{(2n)!}x^{2n} + \ldots$$

であるから、まさに $\cos x$ の展開式となっている。一方、虚部は

$$x - \frac{1}{3!}x^3 + \frac{1}{5!}x^5 - \frac{1}{7!}x^7 + \ldots + (-1)^n \frac{1}{(2n+1)!}x^{2n+1} + \ldots$$

となっており、$\sin x$ の展開式である。よって、$e^{ix} = \cos x + i \sin x$ という有名なオイラーの公式が得られる。

しかし、無限級数においては、勝手に項の順序を変えてよいとは保証されていないうえ、級数をふたつの部分に分けて、別な無限級数をあてることも保証されていない。つまり、オイラーの公式導出では、厳密性を重視すれば、何重もの禁を犯していることになる。

だからといって、この自由な発想を制限していたら、オイラーの公式は生まれなかったであろう。現代数学が面白くなくなったのは、厳密性にこだわるあまり、数学本来の醍醐味が味わえなくなったという説もある。

本書でも、あまり厳密性には断わらずに、無限や無限級数を扱っているが、それに、こだわり過ぎると本質を見失うと思ったからである。(それについて深く考えることは重要ではあるが。)

また、数学を応用するという立場から言わせてもらえば、少々乱暴な取り扱いをしても、何か誤りがあれば、結果の整合性が失われるから、後から自然と間違いには気づくのである。オイラーのおかした間違いも、高校生でも簡単に確認できる。

### E. 3.　特異点と無限——微分によるアプローチ

微積分の基礎となっている無限という概念は、つきつめて考えると、その

正体がまったく解明されていない概念である。現代科学が宇宙の解明や素粒子探索に向かうのも、いわば無限大と無限小のなぞにせまろうとする人類の知識欲のなせるわざであろう。宇宙は有限であるのか。しかし、有限であれば、その先はどうなっているのか。物質の最小単位は何か。素粒子とはいったい何であるのか。そして、究極において物質とは、いったい何からできているのか。これらの問いには、まだ明確な答えは出されていない。（しかし、それを解明しようという努力の過程で、いろいろな新しい知識や技術が生まれているのも事実である。）

一方、数学においては、無限は無限ではあるが、それを無限のままで放っておいたのでは、手の施しようがない。そこで、無限に小さくなる項は0とみなしてよいという考えを導入する。この操作を行うことで、すべての数学が論理性を失うことなく整合性を保つことができる。ただし、無限に大きくなる方は、いまのところ打つ手がない。そこで、無限大になる点を特異点と呼んで、その点だけは、数学的に取り扱うのを避けるという方法を採っている。こういう点があると、微分や積分もできなくなる。

実際の研究の場で数学を使っていると、特異点があらわれる場合が意外と多い。それは、有限の数を0で割れば、∞になるからである。知らぬ間に、分母に0が入り込んでいて、思わぬ失敗をする場合も多い。特に、コンピュータを利用して解析していると、分母が0となった時点でエラーと出てしまう。苦労してつくったソフトが動かずに困っていると、その原因が、分母が0になっていたということが多い。

なぜ、こんな単純な誤りが多いかというと、多くの研究者は、具体的な数値ではなく、文字式で多くの現象を表現するのが常だからである。文字式では、0になるかどうかの判断がすぐにつかない。

しかし、特異点はすべて悪かというと、必ずしもそうではない。そのような特異現象があらわれるということは、何か新しい概念や、発想が必要となっていることを示している。実際に、ブラックホールは重力が無限大になった特異点であるし（という仮定で宇宙論が展開されているが、正しいと証明されたわけではない）、ファインマンと朝永振一郎のノーベル賞競争も、量子電磁力学 (quantum electrodynamics) の構築において、いかに無限大に対処するかということが焦点であった。その研究によって大きな成果が得られている。

ただし、その取り扱いは数学的に正しいかどうかは疑問がある場合が多い。例えば、単純化して説明すれば、1/0 というかたちの無限大が出てきたら、これを回避するために 0（になる適当な関数）をかけてやるのである。そし

て、0/0 を有限の数とみなして計算を続ける(これができる場合がある)。逆に ∞ が出てきたら、これを ∞ で割って、∞/∞ のかたちにする。これも計算できる場合がある。これらは、不定形 (indeterminate form) と呼ばれている。なぜなら、0 に近づく、あるいは ∞ に近づくといっても、その近づき方の違いによって、この値が変わるからである。では、この値をどうやって計算すればよいのであろうか。

この計算にも微分を利用している。その手法を紹介しよう。

いま、ふたつの関数 $f(x), g(x)$ があったとしよう。これが

$$\lim_{x \to a} f(x) = 0, \quad \lim_{x \to a} g(x) = 0$$

という特性を持っているとした場合

$$\lim_{x \to a} \frac{f(x)}{g(x)}$$

はどのように計算できるであろうか。このままでは、0/0 である。(何も考えずに 1 とする研究者もいるが、それは正しくない。)単純な例として

$$f(x) = x^2 - a^2, \quad g(x) = x - a$$

を考えてみる。この場合は

$$\lim_{x \to a} \frac{f(x)}{g(x)} = \lim_{x \to a} \frac{x^2 - a^2}{x - a} = \lim_{x \to a} (x + a) = 2a$$

と計算できるから問題はない。では、より一般的な場合には、どうすればよいのであろうか。結果から言えば、それぞれの微分をとればよいのである。つまり

$$\lim_{x \to a} \frac{f(x)}{g(x)} = \lim_{x \to a} \frac{f'(x)}{g'(x)}$$

の関係がある。こうしても計算できない場合があるが、計算できる場合もある。上の関数の例にこれを当てはめれば

$$\lim_{x \to a} \frac{f(x)}{g(x)} = \lim_{x \to a} \frac{f'(x)}{g'(x)} = \lim_{x \to a} \frac{2x}{1} = 2a$$

となって、確かに同じ答えが得られる。この手法は ∞ になる場合も使えるのであるが、どうして成り立つのであろうか。それを考えてみよう。

微分の定義から

$$\lim_{x \to a} f'(x) = \lim_{x \to a} \frac{f(x) - f(a)}{x - a} \quad \lim_{x \to a} g'(x) = \lim_{x \to a} \frac{g(x) - g(a)}{x - a}$$

と書くことができる。よって

$$\lim_{x \to a}\frac{f'(x)}{g'(x)} = \lim_{x \to a}\frac{\dfrac{f(x)-f(a)}{x-a}}{\dfrac{g(x)-g(a)}{x-a}} = \lim_{x \to a}\frac{f(x)-f(a)}{g(x)-g(a)}$$

となるが、$f(a) = 0$, $g(a) = 0$ であるから

$$\lim_{x \to a}\frac{f'(x)}{g'(x)} = \lim_{x \to a}\frac{f(x)-0}{g(x)-0} = \lim_{x \to a}\frac{f(x)}{g(x)}$$

となる。例えば

$$\lim_{x \to 0}\frac{e^x - e^{-x}}{\sin x}$$

について考えてみよう。この場合

$$\lim_{x \to 0}(e^x - e^{-x}) = e^0 - e^0 = 1 - 1 = 0 \qquad \lim_{x \to 0}\sin x = \sin 0 = 0$$

であるから、このままでは 0/0 のかたちになっている。そこで、分子分母を微分してやると

$$\lim_{x \to 0}\frac{e^x - e^{-x}}{\sin x} = \lim_{x \to 0}\frac{(e^x - e^{-x})'}{(\sin x)'} = \lim_{x \to 0}\frac{e^x + e^{-x}}{\cos x} = \frac{e^0 + e^0}{\cos 0} = 2$$

となって、2 という値が得られる。

それでは、無限大の場合はどうか。この場合は

$$\lim_{x \to a} f(x) = \infty, \qquad \lim_{x \to a} g(x) = \infty$$

となっている。ここで

$$\phi(x) = \frac{1}{f(x)}, \qquad \varphi(x) = \frac{1}{g(x)}$$

という置き換えを行う。すると

$$\lim_{x \to a}\frac{f(x)}{g(x)} = \lim_{x \to a}\frac{1}{\phi(x)} \bigg/ \frac{1}{\varphi(x)} = \lim_{x \to a}\frac{\varphi(x)}{\phi(x)}$$

となる。ここで

$$\lim_{x \to a}\phi'(x) = \lim_{x \to a}\frac{\phi(x) - \phi(a)}{x - a} \qquad \lim_{x \to a}\varphi'(x) = \lim_{x \to a}\frac{\varphi(x) - \varphi(a)}{x - a}$$

であるから

## 終　章　微積分と無限

$$\lim_{x \to a}\frac{\varphi'(x)}{\phi'(x)} = \lim_{x \to a}\frac{\dfrac{\varphi(x)-\varphi(a)}{x-a}}{\dfrac{\phi(x)-\phi(a)}{x-a}} = \lim_{x \to a}\frac{\varphi(x)-\varphi(a)}{\phi(x)-\phi(a)} = \lim_{x \to a}\frac{\varphi(x)}{\phi(x)}$$

$$\phi'(x) = \left(\frac{1}{f(x)}\right)' = -\frac{f'(x)}{(f(x))^2} \qquad \varphi'(x) = \left(\frac{1}{g(x)}\right)' = -\frac{g'(x)}{(g(x))^2}$$

を考えて、$f(x)$, $g(x)$ にもどすと

$$\lim_{x \to a}\frac{f(x)}{g(x)} = \lim_{x \to a}\frac{1}{\phi(x)} \bigg/ \frac{1}{\varphi(x)} = \lim_{x \to a}\frac{\varphi(x)}{\phi(x)} = \lim_{x \to a}\frac{\varphi'(x)}{\phi'(x)}$$

$$= \lim_{x \to a}\frac{-g'(x)}{(g(x))^2} \bigg/ \frac{-f'(x)}{(f(x))^2} = \lim_{x \to a}\frac{g'(x)}{f'(x)}\left(\frac{f(x)}{g(x)}\right)^2$$

よって、無限大の場合でも

$$\lim_{x \to a}\frac{f(x)}{g(x)} = \lim_{x \to a}\frac{f'(x)}{g'(x)}$$

となることが分かる。

　例えば

$$\lim_{x \to \infty}\frac{\ln(2x-3)}{2x+3}$$

という極限を考えてみよう。すると

$$\lim_{x \to \infty}\ln(2x-3) = \infty, \qquad \lim_{x \to \infty}2x+3 = \infty$$

であるから、$\infty/\infty$ のかたちになっているので、このままでは計算できない。
　そこで、分子分母の微分をとると

$$\lim_{x \to \infty}\frac{\ln(2x-3)}{2x+3} = \lim_{x \to \infty}\frac{(\ln(2x-3))'}{(2x+3)'} = \lim_{x \to \infty}\frac{\dfrac{2}{2x-3}}{2} = \lim_{x \to \infty}\frac{1}{2x-3} = 0$$

と計算できる。
　もし仮に

$$\lim_{x \to a}\frac{f'(x)}{g'(x)} \quad \text{が} \quad 0/0 \quad \text{や} \quad \infty/\infty$$

のかたちになってしまった場合には、同様の考えで

$$\lim_{x \to a} \frac{f'(x)}{g'(x)} = \lim_{x \to a} \frac{f''(x)}{g''(x)}, \quad \lim_{x \to a} \frac{f''(x)}{g''(x)} = \lim_{x \to a} \frac{f'''(x)}{g'''(x)}$$

を順次利用することができる。例えば

$$\lim_{x \to \infty} \frac{2x^3 - 2x^2 + 3x - 2}{x^3 - x^2 + 2x + 1}$$

を考えてみよう。このままでは∞/∞となっているので、分子分母の微分をとると

$$\lim_{x \to \infty} \frac{(2x^3 - 2x^2 + 3x - 2)'}{(x^3 - x^2 + 2x + 1)'} = \lim_{x \to \infty} \frac{6x^2 - 4x + 3}{3x^2 - 2x + 2}$$

となるが、これも∞/∞のかたちとなっている。そこでさらに微分をとると

$$\lim_{x \to \infty} \frac{(2x^3 - 2x^2 + 3x - 2)''}{(x^3 - x^2 + 2x + 1)''} = \lim_{x \to \infty} \frac{12x - 4}{6x - 2}$$

さらに、もう一度微分をとると

$$\lim_{x \to \infty} \frac{2x^3 - 2x^2 + 3x - 2}{x^3 - x^2 + 2x + 1} = \lim_{x \to \infty} \frac{(12x - 4)'}{(6x - 2)'} = \frac{12}{6} = 2$$

となって、結局、極限値は2と計算できることになる。このような数学的手法を知っていると、実際の研究の場において、例えば無限大があらわれた時に、問題を回避するヒントが得られる。

　無限大は数学的に取り扱いのできないやっかいなものという側面もあるが、一方では、それにうまく対処できれば、大きな成果につながる。微積分は、そのきっかけを与えてくれる可能性がある。このように、微積分は数学的な解析の基礎であるとともに、最先端の研究の場においても、ブレイクスルーのチャンスを与えている。

# 索　引

**あ行**

1次関数　21
1位の極　264
ウェーバーの法則　179
運動方程式　177, 232
$n$ 次関数　23
演算子法　236
円周率　70
オイラー　283
オイラーの公式　156, 284
遅れ角　191

**か行**

回転体の体積　133
回転体の表面積　135
化学反応　183
角速度
下端　84
加法定理　71, 165
関数に囲まれた面積　125
関数の逆数　31
関数の逆数の積分　99
関数の商　31
関数の定義域　49
奇関数　224
逆関数　47
逆の演算　138
級数展開　140

境界条件　186
境界値問題　209
共振周波数　196
強制振動　190
鏡像関係　48
極形式　158
極限　18, 277
極座標　119, 131
曲線の長さ　128, 131
極大と極小　58, 63
極値　60
虚数 ($i$)　157
虚数軸　158
偶関数　224, 225
$k$ 階導関数　34
係数　140, 151
ケプラー　198
原関数　237
原始関数　78, 86
高階導関数　33
高階の偏微分　54
合成関数　44
合成関数の微分　45
公比　146
交流回路　191
交流回路の共振　196
コーシーの積分定理　250, 252
弧度法　40, 72

## さ行

最大と最小　65
座標変換　118
3階導関数　33
三角関数　40, 70, 143, 156, 216, 241
三角関数の加法定理　41
三角関数の逆関数　104, 106
三角関数の公式　74
3次関数　22
3重積分　122
次数　22, 209, 210
指数関数　35, 142, 156, 185, 241, 285
自然対数　35
実数軸　158
周回積分　261
重積分　111
収束　280
重力加速度　82
上端　84
初期条件　186
初期値問題　209, 246
初項　146
初等関数　80, 92
数式モデル　177
正則関数　250
積の公式　31
積分　15
積分記号　84, 112
積分公式　93, 106
積分定数　82
積分範囲　100
積分領域　111
接線の傾き　18

接線の方程式　68
ゼノンのパラドックス　278
漸化式　205
線形微分方程式　212
線積分　136
全微分　56
線分の長さ　130
増加関数　61
像関数　237
双曲線　77
双曲線関数　77, 162

## た行

第一象限　115
対数関数　146, 148
多価関数　49
多項式　92, 140
単位円　160, 218
単振動　150, 178, 187
置換積分　98
直交座標　119
定数関数　19
定数項　79, 141
定数のラプラス変換　238
定積分　83
テーラー展開　167
電気回路　192
伝達関数　247
等加速度運動　81, 178
導関数　17
導関数の階数　209, 210
同次形　211
等比級数　146
特異点　250, 263, 286

## 索 引

特殊関数　197
朝永振一郎　286

### な行

2階導関数　33, 62
2項定理　145
2次関数　22, 88
2重積分　112
ニュートン　138
ニュートンの冷却の法則　182
任意の関数　208
熱伝導方程式　226

### は行

倍角の公式　74, 115
波動方程式　230
半減期　181
被積分関数　109
ピタゴラスの定理　40
微分　12
微分概念の拡張　25
微分積分学の基本定理　138
微分の基礎公式　30
微分の定義式　17
微分方程式　150, 176, 209
ファインマン　286
フーリエ解析　215
フーリエ級数　215
フーリエ級数展開　224
フーリエ級数の一般式　224
フーリエコサイン級数　225
フーリエサイン級数　225
複素積分　250
複素平面　158

不定形　287
不定積分　79
部分積分　101, 223, 242
フレネル積分　257
閉曲線　250
べき級数　140, 153
べき指数　26
ベッセル関数　197
ベッセル微分方程式　198
ベルヌーイ　91
偏角 $\theta$　160
変曲点　60, 63
変数分離　181, 211
偏導関数　54
偏微分　51
偏微分方程式　207
放射性元素の崩壊現象　180
法線の方程式　68

### ま行

マクローリン展開　167
まさつのある振動　188
無限　277, 278
無限級数　279, 283
無限級数の和　280
無限小　286
無限大　286, 289
無限等比数　280, 281
無理数　28, 38

### や行

有理化　26, 29
有理数　27

## ら行

ライプニッツ　138
ラジアン　70
ラプラス　81
ラプラス逆変換　249
ラプラス変換　236
ラプラス変換のまとめ　244
留数　261, 264
量子電磁力学　286
ルジャンドル多項式　205, 207
ルジャンドル微分方程式　204
ローラン級数展開　262

著者：村上　雅人（むらかみ　まさと）

　　1955 年，岩手県盛岡市生まれ．東京大学工学部金属材料工学科卒，同大学工学系大学院博士課程修了．工学博士．超電導工学研究所第一および第三研究部長を経て，2003 年 4 月から芝浦工業大学教授．2008 年 4 月同副学長，2011 年 4 月より同学長．

　　1972 年米国カリフォルニア州数学コンテスト準グランプリ，World Congress Superconductivity Award of Excellence，日経 BP 技術賞，岩手日報文化賞ほか多くの賞を受賞．

　　著書：『なるほど虚数』『なるほど微積分』『なるほど線形代数』『なるほど量子力学』など「なるほど」シリーズを十数冊のほか，『日本人英語で大丈夫』．編著書に『元素を知る事典』（以上，海鳴社），『はじめてナットク超伝導』（講談社，ブルーバックス），『高温超伝導の材料科学』（内田老鶴圃）など．


なるほど微積分
　　2001 年 4 月 10 日　第 1 刷発行
　　2022 年 6 月 30 日　第 6 刷発行

発行所：㈱海鳴社　http://www.kaimeisha.com/
　　　〒 101-0065　東京都千代田区西神田 2 − 4 − 6
　　　E メール：kaimei@d8.dion.ne.jp
　　　Tel.：03-3262-1967　Fax：03-3234-3643

**JPCA**
本書は日本出版著作権協会（JPCA）が委託管理する著作物です．本書の無断複写などは著作権法上での例外を除き禁じられています．複写（コピー）・複製，その他著作物の利用については事前に日本出版著作権協会（電話 03-3812-9424, e-mail:info@e-jpca.com）の許諾を得てください．

発　行　人：辻　信行
組　　　版：小林　忍
印刷・製本：モリモト印刷㈱

出版社コード：1097　　　　　　　　© 2001 in Japan by Kaimeisha
ISBN 978-4-87525-200-9　　落丁・乱丁本はお買い上げの書店でお取替えください

## 村上雅人の理工系独習書「なるほどシリーズ」

| | |
|---|---|
| なるほど虚数——理工系数学入門 | A5判 180 頁、1800 円 |
| なるほど微積分 | A5判 296 頁、2800 円 |
| なるほど線形代数 | A5判 246 頁、2200 円 |
| なるほどフーリエ解析 | A5判 248 頁、2400 円 |
| なるほど複素関数 | A5判 310 頁、2800 円 |
| なるほど統計学 | A5判 318 頁、2800 円 |
| なるほど確率論 | A5判 310 頁、2800 円 |
| なるほどベクトル解析 | A5判 318 頁、2800 円 |
| なるほど回帰分析　（品切れ） | A5判 238 頁、2400 円 |
| なるほど熱力学 | A5判 288 頁、2800 円 |
| なるほど微分方程式 | A5判 334 頁、3000 円 |
| なるほど量子力学Ⅰ——行列力学入門 | A5判 328 頁、3000 円 |
| なるほど量子力学Ⅱ——波動力学入門 | A5判 328 頁、3000 円 |
| なるほど量子力学Ⅲ——磁性入門 | A5判 260 頁、2800 円 |
| なるほど電磁気学 | A5判 352 頁、3000 円 |
| なるほど整数論 | A5判 352 頁、3000 円 |
| なるほど力学 | A5判 368 頁、3000 円 |
| なるほど解析力学 | A5判 238 頁、2400 円 |
| なるほど統計力学 | A5判 270 頁、2800 円 |
| なるほど統計力学　◆応用編 | A5判 260 頁、2800 円 |
| なるほど物性論 | A5判 360 頁、3000 円 |
| なるほど生成消滅演算子 | A5判 268 頁、2800 円 |
| なるほどベクトルポテンシャル | A5判 312 頁、3000 円 |
| なるほどグリーン関数 | A5判 272 頁、2800 円 |

（本体価格）